Paul Schmitz
Alfred Schönlein

Lineare und linearisierbare Optimierungsmodelle sowie ihre ADV-gestützte Lösung

Mit 209 Bildern

Vieweg

CIP-Kurztitelaufnahme der Deutschen Bibliothek

Schmitz, Paul:
Lineare und linearisierbare Optimierungsmodelle
sowie ihre ADV-gestützte Lösung / Paul Schmitz;
Alfred Schönlein. – 1. Aufl. – Braunschweig:
Vieweg, 1978.

NE: Schönlein, Alfred:

Dr. *Paul Schmitz* ist ordentlicher Professor für Informatik und wissenschaftlicher
Direktor des Rechenzentrums an der Universität zu Köln.

Dr. *Alfred Schönlein* ist wissenschaftlicher Mitarbeiter am Rechenzentrum der
Universität zu Köln.

Verlagsredaktion: *Alfred Schubert*

1978

ISBN-13: 978-3-528-03330-9   e-ISBN-13: 978-3-322-85866-5
DOI: 10.1007/978-3-322-85866-5

Vorwort

Das vorliegende Buch ist aus einer in regelmäßigen Abständen an der Universität zu Köln gehaltenen Übung hervorgegangen. Es soll dem Leser einen Überblick über Anwendungen der linearen und gemischt ganzzahlig linearen Optimierung auf Probleme der Betriebswirtschaft und deren Lösung mit Hilfe von Standardprogrammpaketen vermitteln und ferner einen Einblick in spezielle problemabhängige Lösungsalgorithmen gewähren.

Als Leser kommen in erster Linie Studierende an wissenschaftlichen Hochschulen und an Fachhochschulen, insbesondere für den Bereich Operations Research innerhalb der Wirtschaftswissenschaften in Betracht. Darüber hinaus wird das Buch auch für Praktiker als Einführung in die Handhabung entsprechender Standardoptimierungspakete mit Datenverarbeitungsanlagen von Nutzen sein.

Auf dem Gebiet des Operations Research werden keine Vorkenntnisse vorausgesetzt. Die mathematischen Hilfsmittel übersteigen den in der höheren Schule dargebotenen Stoff nicht, sie werden darüber hinaus an den betreffenden Stellen - auf das jeweilige Problem zugeschnitten - explizit dargestellt und erläutert.

Im Vordergrund der Betrachtungen steht die Herleitung mathematischer Modelle und deren Lösung mittels eines Standardprogrammpaketes. Hierfür ist die Kenntnis des dem Lösungsalgorithmus entsprechenden Formelmechanismus nicht erforderlich. Als weitere Gründe, die den Verzicht auf eine mathematische Abhandlung der Lösungsalgorithmen rechtfertigen, seien die geringen mathematischen Vorkenntnisse des angesprochenen Leserkreises sowie die Fülle von Literatur, die sich mit der mathematischen Herleitung solcher Lösungsalgorithmen beschäftigt, angeführt. Die Verfasser erachten es deshalb auch als nützlicher, statt des Formelmechanismus, dem der Nichtmathematiker meist hilflos und ohne jegliche Beziehung gegenübersteht, die Idee darzustellen, die dem jeweiligen Lösungsalgorithmus zugrunde liegt. In Verbindung mit den bei der Beschreibung verwendeten Definitionen und Sätzen - diese wurden nicht möglichst allgemein, sondern vielmehr so formuliert, wie sie dem Anwender am zugänglichsten erscheinen - wird dem interessierten Leser hierdurch auch das Eindringen in die "Spezialliteratur" wesentlich erleichtert.

Zur ersten Orientierung ist jedem Kapitel ein Literaturverzeichnis beigefügt.

Es ist wohl unmittelbar verständlich, daß eine solche Darstellung der Algorithmen nicht auf "Feinheiten" und "mögliche Spezialfälle" eingehen kann. So erhebt auch die Beschreibung der Algorithmen keinen Anspruch auf Vollständigkeit, es wird lediglich die zugrunde liegende Idee wiedergegeben und erläutert.

Das erste Kapitel behandelt den Begriff des Operations Research. Es beschreibt die verschiedenen Phasen der Bearbeitung von Optimierungsmodellen, die sich im Aufbau der Kapitel widerspiegeln, in denen konkrete Optimierungsmodelle behandelt werden. Es wird ferner auf Klassifikationsmöglichkeiten von O.R.-Modellen sowie die Bedeutung der automatisierten Datenverarbeitung zu deren Lösung eingegangen

Im zweiten Kapitel werden die Grundzüge der Theorie zur linearen Optimierung mit kontinuierlichen Variablen sowie die Idee des Simplexalgorithmus dargestellt.

Das dritte Kapitel behandelt die Lösung linearer Modelle mit kontinuierlichen Variablen mittels eines Standardprogrammpaketes. Da diese Programmpakete, wie APEX III von CDC, MPSX/370 von IBM, FMPS von UNIVAC, etc. zur Eingabe der Modelldaten das sogenannte MPS-Format verwenden und ferner - was Aufbau und Inhalt betrifft - im wesentlichen dieselbe Druckausgabe erzeugen, kann diese Beschreibung als herstellerunabhängig angesehen werden.

Kapitel vier und fünf beschäftigen sich mit der linearen Optimierung mit diskreten Variablen - speziell der Idee, die den wichtigsten Lösungsverfahren zugrunde liegt - sowie der Lösung linearer Modelle mit diskreten Variablen mittels eines Standardprogrammpaketes.

Im sechsten Kapitel werden speziell strukturierte Modelle, die den Themenkreisen

. Transportproblem

. Zuordnungsprobleme

. Netzwerkprobleme

entstammen, nach der in Kapitel 1 beschriebenen Art behandelt. Da sämtliche dieser Probleme auf speziell strukturierte Restriktionsmatrizen führen, konnten hierzu spezielle Lösungsalgorithmen entwickelt werden. Um dem Leser zu zeigen, wie die Struktur eines Modells vorteilhaft in einen Lösungsalgorithmus einbezogen werden kann, ist jedem der behandelten Probleme ein Abschnitt mit der Beschreibung eines speziellen Lösungsverfahrens angefügt. Bei der Auswahl dieser Lösungsverfahren stand nicht so sehr die Effizienz im Vordergrund, sondern vielmehr Klarheit und Anschaulichkeit.

Kapitel sieben beschäftigt sich mit Problemen, die - im Gegensatz zu denen des vorausgegangenen Kapitels - lediglich bzgl. einzelner Restriktionen spezielle Strukturen aufweisen. Es handelt sich hierbei um die beiden folgenden Themenkreise

. Multiple-Choice-Probleme
. Separable Optimierungsprobleme

Beide Probleme führen auf Modelle mit Restriktionstypen bzgl. derer spezielle Lösungsalgorithmen entwickelt wurden. Da sich beide Verfahren aufgrund ihrer Struktur in das Konzept der von den Standardprogrammpaketen verwendeten Lösungsmethoden der linearen Optimierung mit diskreten Variablen einfügen lassen, wurden sie in die Standardprogrammpakete aufgenommen.

Abschließend möchten die Verfasser es nicht versäumen, ihren herzlichen Dank Fräulein stud.rer.pol. P. Rohde und Herrn stud.rer.pol. A. Lenz für die sorgfältige Anfertigung des Manuskriptes sowie dem Vieweg-Verlag gegenüber, der stets Verständnis für die beim Schreiben des Buches auftretenden Probleme zeigte, zum Ausdruck zu bringen.

Köln, im Februar 1978   P. Schmitz
              A. Schönlein

Inhaltsverzeichnis

1. Einführung

1.1 Der Modellbegriff

Lineare und linearisierbare Modelle repräsentieren den größten Teil von Optimierungsproblemen, die mit Hilfe der Methoden des Operations Research (O.R.) behandelt werden. O.R. als methodisches Vorgehen ist während des zweiten Weltkrieges in den angelsächsischen Ländern bei der Entwicklung optimaler Kriegsstrategien entstanden, z.B. zur Ermittlung optimaler Versorgungspläne, zur Festlegung optimaler Strategien für das Aufsuchen von feindlichen Unterseebooten usw. In den Begriff des O.R. sind dabei alle Schritte bei der Bearbeitung solcher Optimierungsprobleme von der Modellerstellung über die Modellösung bis zur Übertragung der Modellösung in den Problembereich einzubeziehen; Abbildung 1-1 stellt den gesamten Bearbeitungskreislauf für ein Optimierungsproblem dar:

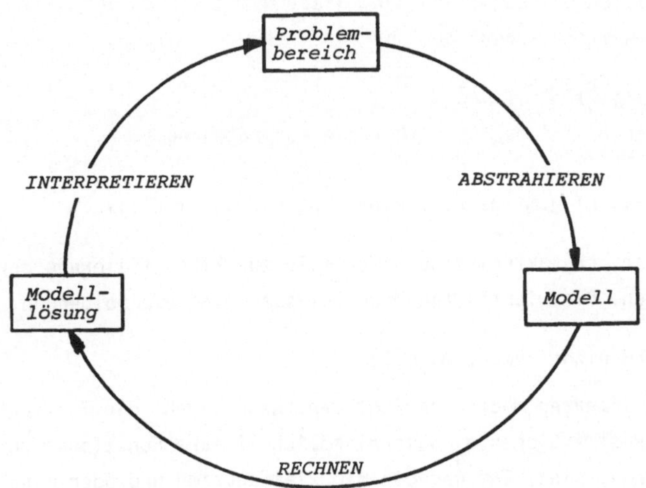

Abb. 1-1: Der Bearbeitungskreislauf für ein Optimierungsproblem

In der ersten Phase - der abstrahierenden Modellbildung - werden die Einflußgrößen und ihre Zusammenhänge in einem Modell abgebildet. Die Durchführung dieser Teilaufgabe obliegt in erster Linie dem Sachkenner der betrieblichen Gegebenheiten, bei Aufgaben aus dem Bereich der Betriebswirtschaft also dem Betriebswirt. In der zweiten Phase wird das erstellte Modell einer

Lösung zugeführt; hierbei handelt es sich - da das Modell üblicherweise als abstraktes mathematisches Modell gegeben ist - um ein mathematisches Problem, das sich allerdings bei Verwendung standardisierter Lösungsverfahren häufig auf eine Routineaufgabe der automatisierten Datenverarbeitung (ADV) reduziert. Die Bearbeitung dieser Teilaufgabe fällt daher in die Zuständigkeit des Mathematikers bzw. - bei o.g. Voraussetzungen - in die des ADV-Spezialisten. Demgegenüber ist die dritte Phase - die Übertragung der Modellösung in den Problembereich - wiederum Aufgabe des Sachkenners des Problembereiches.

Die hier betrachteten Optimierungsmodelle lassen sich in folgender allgemeiner Form darstellen:

> Zu bestimmen sind (hier: n) unbekannte Größen $x_1, \ldots, x_n$, so daß eine Funktion dieser Unbekannten - die Zielfunktion - optimal wird:
>
> $$f(x_1, \ldots, x_n) = \text{Opt!}$$
>
> unter gleichzeitiger Einhaltung einer Reihe von (hier: m) Nebenbedingungen (Restriktionen) der Form
>
> $$g_j(x_1, \ldots, x_n) :: 0, \quad j = 1, 2, \ldots, m.$$
>
> Das Zeichen "::" repräsentiert die Ausprägungen $>, \geq, =, \leq, <$

Modell 1-1: Allgemeine Form eines Optimierungsmodells

Es ist üblich, charakteristische Merkmale zur Klassifizierung der Modelle zu definieren. Die wichtigsten Modellklassen sind die folgenden:

. Lineare und nichtlineare Modelle

Von einem linearen Modell spricht man, wenn sowohl die Zielfunktion f als auch die Restriktionen g_j ausschließlich lineare Funktionen der unbekannten Größen x_i sind. Ist dagegen die Zielfunktion und/oder mindestens eine der Restriktionen nicht linear in den x_i, so handelt es sich um ein nichtlineares Modell.

Während die lineare Optimierung vom mathematischen Standpunkt als völlig gelöst angesehen werden kann, sind im Rahmen der nichtlinearen Modelle nur ganz bestimmte Probleme gelöst.

Für die Betriebswirtschaft haben die linearen Modelle eine besondere Bedeutung, da sich eine Vielzahl von Aufgabenstellungen aus diesem Bereich als lineare Modelle darstellen lassen bzw. mit genügender Genauigkeit

durch lineare Modelle approximiert werden und daher den entsprechenden Lösungsverfahren für lineare Modelle zugänglich gemacht werden können.

. Deterministische und stochastische Modelle

Sind sämtliche im Modell enthaltenen Größen festgelegt, dann spricht man
von einem deterministischen Modell. Bei stochastischen Modellen wird dagegen für mindestens eine Größe nur eine Wahrscheinlichkeitsaussage gemacht.
Dementsprechend ist die Lösung eines deterministischen Modells im allgemeinen (von Mehrfachlösungen abgesehen) eindeutig, wogegen die Lösung eines stochastischen Modells durch Wahrscheinlichkeitsaussagen für die Variablen repräsentiert wird.

. Statische und dynamische Modelle

Wird die Lösung des Modells durch eine einzige Lösung (auch Lösungsvektor)
repräsentiert, so handelt es sich um ein statisches Modell. Besteht dagegen die Lösung aus einer Folge voneinander abhängiger Teillösungen, so
spricht man von einem dynamischen Modell.

Neben diesen (und einigen anderen) rein formalen Modellklassen findet man in
der Literatur häufig auch eine Einteilung der Optimierungsmodelle nach An-
wendungsbereichen; es wird dann z.B. von Lagerhaltungsmodellen, Transport-
modellen usw. gesprochen. Eine solche Klassenbildung kann jedoch irreführend
sein, da ein und dasselbe mathematische Modell Abbild von Aufgabenstellungen
aus verschiedenen Problembereichen sein kann, und umgekehrt eine Modifikation
in einer Problemstellung zu einem völlig anderen formalen Modell führen kann.

1.2 <u>Die Bedeutung der automatisierten Datenverarbeitung (ADV) für die Bearbeitung von Optimierungsmodellen</u>

Die Anwendung von O.R.-Modellen hat in der Praxis erst durch die automati-
sierte Datenverarbeitung (ADV) einen entscheidenden Durchbruch erzielt. Dies
hat im wesentlichen die folgenden Gründe:

. Große Dimension von O.R.-Modellen

Die Dimension eines O.R.-Modells ist gegeben durch die Anzahl der Variablen des Modells und durch die Anzahl der zwischen den Variablen bestehenden Verknüpfungen. So kann etwa das Modell für einen Produktionsprogramm-
plan mehrere Hundert oder sogar Tausende von Variablen und Restriktionen
umfassen. Die Anzahl der Elementaroperationen zur Lösung einer solchen

Aufgabe beläuft sich bei einem Modell in der Größenordnung von tausend Variablen und Restriktionen auf mehrere Hundert Millionen. Mit herkömmlichen Mitteln ist die Lösung eines solchen Modells völlig ausgeschlossen. Die Bearbeitung mit Hilfe einer leistungsfähigen automatischen Datenverarbeitungsanlage (ADVA) erfordert selbst bei Modellen dieser Größenordnung nur wenige Minuten, wenn man eine schnelle Anlage und ein entsprechend wirkungsvolles Programm zur Verfügung hat.

. Komplexität von O.R.-Modellen

Die komplexen Zusammenhänge zwischen den Einflußgrößen vieler Modelle zwingen oft zur Anwendung von heuristischen Methoden, wenn analytische Verfahren nicht mehr praktikabel sind. Diese heuristischen Verfahren vereinfachen zwar den Lösungsalgorithmus, bedingen aber andererseits eine erhöhte Anzahl von Programmschritten, wodurch ebenfalls der Einsatz der automatisierten Datenverarbeitung erforderlich wird.

. Großer Datenumfang zur Behandlung von O.R.-Modellen

Viele O.R.-Modelle erfordern zu ihrer Behandlung den Zugriff auf sehr große Datenbestände; dies ist ohne die Verwendung einer leistungsfähigen ADVA vielfach nicht möglich. Hinzu kommt, daß die Ausgangsdaten vielfach aus anderen Daten, die bereits im Datenverarbeitungssystem der Unternehmung enthalten sind, aufbereitet werden müssen. Auch diese Vorarbeiten können praktisch nur mit Einsatz einer automatischen Datenverarbeitungsanlage bewältigt werden.

Insgesamt kann festgestellt werden, daß die mathematischen Methoden zur Bearbeitung von O.R.-Modellen unter Einsatz der ADV in den letzten Jahren sehr weit vorangetrieben worden sind. Damit ist ein hervorragendes Hilfsmittel zur Vorbereitung von Führungsentscheidungen gegeben, das den Unternehmungen, die es zu nutzen verstehen, zu wertvollen Erkenntnissen und letztlich zu wirtschaftlichem Vorteil verhilft.

1.3 Literatur

Ackoff, R. L.   "Operations Research"
Sasieni, M. W.   Stuttgart 1971

Müller-Merbach, H.   "Operations Research"
                                 Berlin - Frankfurt 1973

Schmitz, P.   "Entscheidungsmodelle und automati-
                               sierte Datenverarbeitung"
                               Elektr. Datenverarbeitung, 8, 329-
                               335 (1967)

2. Grundlegende Aussagen zur linearen Optimierung mit kontinuierlichen Variablen

2.1 Einführendes Beispiel

Anhand eines Beispiels der optimalen Produktionsplanung soll die Aufgabenstellung der linearen Optimierung erläutert und graphisch veranschaulicht werden.

2.1.1 Problemstellung und Modellbildung

Beispiel 1

Einem Betrieb stehen zur Fertigung zweier <u>beliebig teilbarer</u> Produkte P_1 und P_2 die Maschinen M_1, M_2 und M_3 zur Verfügung. Die verfügbaren Gesamtkapazitäten, ferner die zur Erstellung einer Mengeneinheit (ME) von P_1 bzw. P_2 benötigten Kapazitäten, sowie die Geldeinheiten (GE) pro Mengeneinheit bzgl. Erlös und Kosten sind in den nachfolgenden Tabellen zusammengestellt:

Masch.	P_1 Kap./ME	P_2 Kap./ME	Gesamt-kapazität
M_1	1	3	11
M_2	1	1	8
M_3	0	3	9

Produkte	Erlös GE/ME	Kosten GE/ME
P_1	10	9
P_2	12	10

Abb. 2-1: Problemspezifische Angaben zu Beispiel 1

Es treten ferner fixe Kosten in Höhe von 6 Geldeinheiten auf.

Gefragt ist nach den Mengeneinheiten der Produkte P_1 und P_2, die produziert werden müssen, damit der Gewinn maximal wird.

Zur Formulierung dieses Problems als Aufgabe der linearen Optimierung sind zunächst für die unbekannten Größen - das sind die Mengeneinheiten der Produkte P_1 und P_2 - Variablen einzuführen.

Für i=1,2 bezeichnet

x_i: Anzahl der Mengeneinheiten vom Produkt P_i.

Da der Erlös bzw. die Kosten bzgl. der Mengeneinheiten x_1 und x_2

$$10x_1 + 12x_2$$

bzw.

$$9x_1 + 10x_2 + 6$$

betragen, ergibt sich die Zielforderung - nämlich die Gewinnmaximierung - zu

$$z = (10 - 9)x_1 + (12 - 10)x_2 - 6 = \text{Max!}$$

Der Einsatz der einzelnen Maschinen ist durch die zur Verfügung stehende Kapazität beschränkt, d.h. die Variablen x_1 und x_2 müssen den folgenden Beziehungen genügen:

$$1x_1 + 3x_2 \leqq 11$$
$$1x_1 + 1x_2 \leqq 8$$
$$0x_1 + 3x_2 \leqq 9$$

Da keine negativen Mengeneinheiten produziert werden können, muß ferner

$$x_1 \geqq 0 \text{ und } x_2 \geqq 0$$

gelten.

Zusammenfassend ergibt sich somit für Beispiel 1 das folgende mathematische Modell:

$$z = x_1 + 2x_2 - 6 = \text{Max!}$$

unter den Restriktionen

(i)   a) $x_1 + 3x_2 \leqq 11$
         b) $x_1 + x_2 \leqq 8$
         c) $3x_2 \leqq 9$

(ii) $x_1 \geqq 0, x_2 \geqq 0$

Modell 2-1: Mathematisches Modell zu Beispiel 1

2.1.2 Graphische Lösung und ergänzende Betrachtungen

Die Lösung dieser Aufgabe ist graphisch und numerisch möglich. Bei der Lösung auf graphischem Wege, auf die zunächst eingegangen werden soll, ist zuerst der durch die Restriktionen gegebene Bereich in einem x_1, x_2-Koordinatensystem zu bestimmen. Wegen Restriktion (ii) ist nur der erste Quadrant des x_1, x_2-Koordinatensystems von Interesse.

Die Restriktionen des Types (i)

$$
\begin{aligned}
&\text{a)} \quad x_1 + 3x_2 \leqq 11 \\
&\text{b)} \quad x_1 + x_2 \leqq 8 \\
&\text{c)} \quad 3x_2 \leqq 9
\end{aligned}
$$

stellen Halbebenen im x_1, x_2-Koordinatensystem dar. Zu ihrer Bestimmung löst man die Restriktionen zunächst nach x_2 auf, was

$$
\begin{aligned}
&\text{a)} \quad x_2 \leqq -\tfrac{1}{3}x_1 + \tfrac{11}{3} \\
&\text{b)} \quad x_2 \leqq -x_1 + 8 \\
&\text{c)} \quad x_2 \leqq 3
\end{aligned}
$$

liefert. Denkt man sich das "$\leqq$"-Zeichen durch ein "="-Zeichen ersetzt - die Beziehungen stellen dann Geraden dar - und trägt man anschließend die entsprechenden Geraden in das Koordinatensystem ein, dann bleibt lediglich noch festzustellen, welcher Bereich durch die jeweilige Ungleichung gegeben ist, d.h. die Halbebenen ober- bzw. unterhalb der entsprechenden Geraden. Hierzu aber kann ein Punkt, der auf keiner dieser Geraden liegt, herangezogen werden. Da z.B. der Punkt (0,0) allen drei Ungleichungen mit dem "<"-Zeichen genügt, sind jeweils die unter den entsprechenden Geraden liegenden Halbebenen von Interesse.

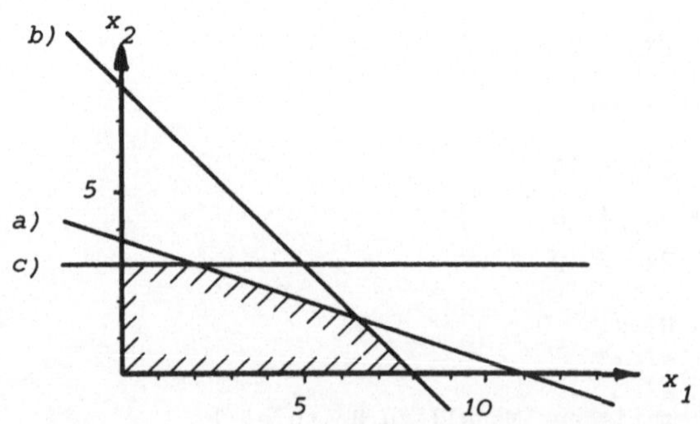

Abb. 2-2: Zulässiger Bereich zu Modell 2-1
(Beispiel 1)

Als "zulässiger" Bereich, d.h. die Menge der Punkte (x_1, x_2), die den Restriktionen (i) und (ii) aus Modell 2-1 gleichzeitig genügen, ergibt sich somit das schraffierte Fünfeck aus Abb. 2-2.

Indem man die Zielfunktion

$$z = x_1 + 2x_2 - 6$$

nach x_2 auflöst, ergibt sich

$$x_2 = -\frac{x_1}{2} + 3 + \frac{z}{2} .$$

Für verschiedene z-Werte erhält man hieraus verschiedene Geraden, z.B. für

$$z = -6: \quad x_2 = -\frac{x_1}{2}$$

$$z = 0: \quad x_2 = -\frac{x_1}{2} + 3$$

$$z = 5: \quad x_2 = -\frac{x_1}{2} + \frac{11}{2} .$$

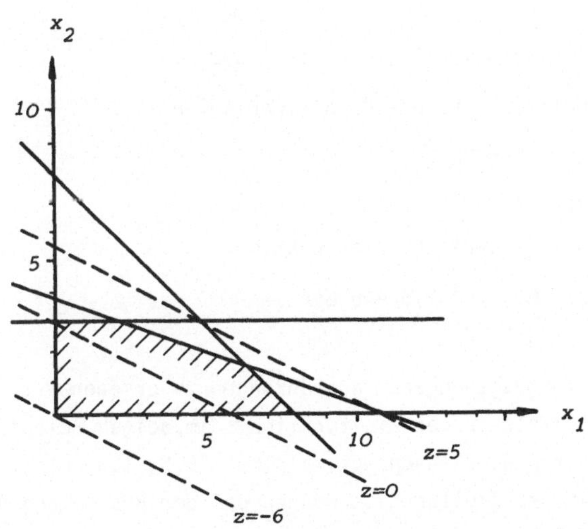

Abb. 2-3: Zulässiger Bereich mit Exemplaren
der Zielfunktion zu Modell 2-1 (Beispiel 1)

Durch Variation von z erhält man also eine Schar paralleler Geraden. Hieraus folgt, daß z - der Gewinn - unter Beachtung der Restriktionen am größten wird, wenn man die Gerade wählt, die durch den äußersten Eckpunkt des zulässigen Bereiches geht, nämlich durch den Punkt (6.5, 1.5).

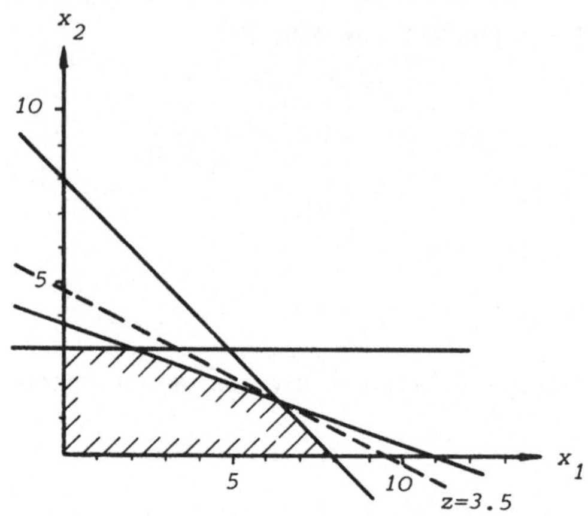

Abb. 2-4: Zulässiger Bereich mit Optimallösung
zu Modell 2-1 (Beispiel 1)

Als Lösung von Beispiel 1 ergibt sich somit:

Optimalwerte der Problemvariablen:

x_1 = 6.5 ME
x_2 = 1.5 ME

Optimalwert der Zielfunktion:

z = 6.5 + 2·1.5 - 6 GE
  = 3.5 GE .

Wie aus den vorausgegangenen Ausführungen zu ersehen ist, beeinflußt eine additive Konstante in der Zielfunktion - im obigen Beispiel die fixen Kosten in Höhe von 6 GE - den Optimalpunkt (6.5, 1.5) nicht, d.h. additive Konstanten in der Zielfunktion können bei der Bestimmung des Optimalpunktes außer acht gelassen werden. Bei der Berechnung des Optimalwertes - d.h. des zugehörigen Zielfunktionswertes - müssen sie jedoch beachtet werden.

Aus der Anschauung heraus - speziell wenn man die Ebene zugrunde legt - hat sich ergeben, daß der Optimalwert der Zielfunktion - falls ein solcher existiert - in einer Ecke des zulässigen Bereiches liegt. Da auf einer Restriktionsgeraden das Gleichheitszeichen gilt, sind in einem Eckpunkt - wenn man wieder die Ebene betrachtet - mindestens zwei Restriktionen als Gleichheitsrestriktionen erfüllt. In dem obigen Produktionsplanungsbeispiel heißt das, daß die entsprechenden Kapazitäten - nämlich die Kapazitäten der Maschinen M_1 und M_2 - voll ausgeschöpft werden, während für Maschine M_3 - da die entsprechende Restriktion nicht mit dem Gleichheitszeichen erfüllt ist - noch Reserven vorhanden sind.

Anhand der graphischen Lösung zu Modell 2-1 (Abb. 2-4) soll nun untersucht werden, wie durch Hinzufügen einer zusätzlichen Restriktion der "zulässige" Bereich sowie der Wert der Zielfunktion beeinflußt werden. Es sind hierbei drei Fälle denkbar:

. Die hinzugefügte Restriktion ist redundant. Fügt man zu Modell 2-1 etwa die Restriktion

$$x_1 \leqq 9$$

hinzu, dann ändert sich hierdurch der "zulässige" Bereich nicht und folglich auch nicht der Optimalwert der Zielfunktion.

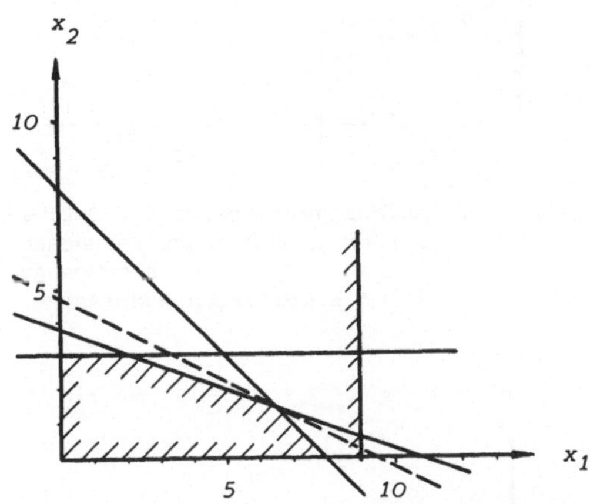

Abb. 2-5: *Zulässiger Bereich mit Optimallösung des durch die redundante Restriktion $x_1 \leqq 9$ erweiterten Modells 2-1 (Beispiel 1)*

. Die hinzugefügte Restriktion ist nicht redundant und erzeugt auch keinen Widerspruch. Fügt man zu Modell 2-1 etwa die Restriktion

$$x_1 \leqq 7$$

hinzu, so verkleinert sich der "zulässige" Bereich; der Optimalwert der Zielfunktion bleibt jedoch erhalten, da die Optimallösung des Ausgangsproblems auch dem "zulässigen" Bereich des modifizierten Problems angehört.

Fügt man dagegen die Restriktion

$$x_1 \leqq 6$$

hinzu, verkleinert sich nicht nur der "zulässige" Bereich, sondern auch der Optimalwert der Zielfunktion, denn die einzige Optimallösung des Ausgangsproblems gehört nicht mehr dem "zulässigen" Bereich des modifizierten Problems an.

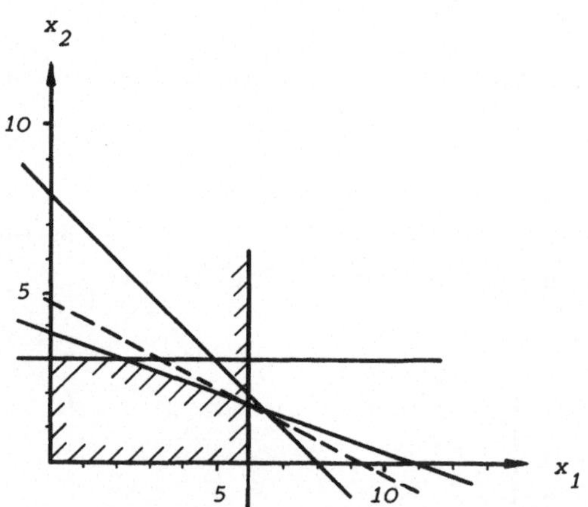

Abb. 2-6: *Zulässiger Bereich mit Optimallösung des durch die nicht redundante und keinen Widerspruch erzeugende Restriktion $x_1 \leqq 6$ erweiterten Modells 2-1 (Beispiel 1)*

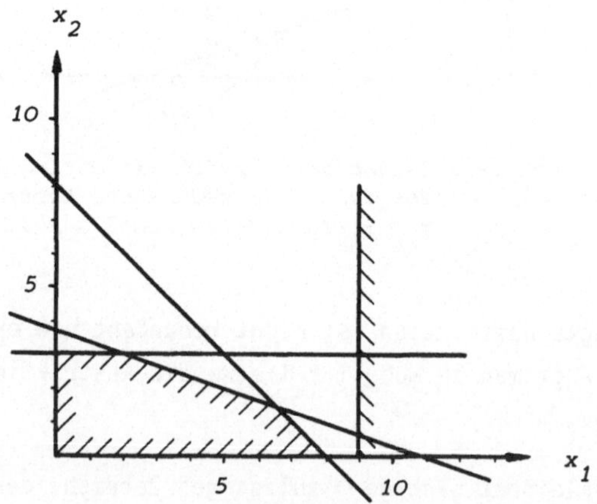

Abb. 2-7: *Leerer zulässiger Bereich des durch die einen Widerspruch erzeugende Restriktion $x_1 \geqq 9$ erweiterten Modells 2-1 (Beispiel 1)*

. Die hinzugefügte Restriktion erzeugt einen Widerspruch. Fügt man zu Modell 2-1 etwa die Restriktion

$$x_1 \geqq 9$$

hinzu, dann ist der "zulässige" Bereich leer, und somit ist das Problem nicht lösbar.

Zusammenfassend hat sich also - speziell aus der Anschauung heraus - ergeben, daß der "zulässige" Bereich eines Modells durch das Anfügen weiterer Restriktionen höchstens kleiner wird. Erzeugen die Restriktionen keinen Widerspruch, d.h. wird der "zulässige" Bereich nicht leer, dann bewirken sie bei einem Maximierungsproblem höchstens ein Sinken des Optimalwertes der Zielfunktion. Erzeugen die Restriktionen einen Widerspruch, d.h. wird der "zulässige" Bereich leer, dann existiert keine Lösung.

2.2 Abriß zur Theorie und zum numerischen Lösungsverfahren (Simplexalgorithmus)

Im folgenden soll - in Verbindung mit der graphischen Veranschaulichung - ein Abriß zur Theorie der linearen Optimierung gegeben werden.

2.2.1 Standardmodell der linearen Optimierung mit kontinuierlichen Variablen

Allgemein hat ein lineares Optimierungsmodell folgende Gestalt:

$$z = \sum_{j=1}^{n} c_j x_j + k = \text{Opt!}$$

d.h. z ist zu maximieren bzw. zu minimieren unter den Restriktionen

$$\text{(i)} \quad \sum_{j=1}^{n} a_{ij} x_j :: b_i \qquad i = 1, 2, \ldots, m$$

wobei :: für $\leqq$, $\geqq$ bzw. = steht.

$$\text{(ii)} \quad x_j \in \mathbb{R} \qquad j = 1, 2, \ldots, n$$

Modell 2-2: Allgemeines lineares Optimierungsmodell

Ausführlich geschrieben - speziell ohne Verwendung des Summenzeichens - hat

Modell 2-2 folgende Form:

$$z = c_1 x_1 + c_2 x_2 + \ldots + c_n x_n + k = \text{Opt!}$$

d.h. z ist zu maximieren bzw. zu minimieren unter den Restriktionen

$$(i) \quad a_{11} x_1 + a_{12} x_2 + \ldots + a_{1n} x_n :: b_1$$

$$a_{21} x_1 + a_{22} x_2 + \ldots + a_{2n} x_n :: b_2$$

$$\vdots$$

$$a_{m1} x_1 + a_{m2} x_2 + \ldots + a_{mn} x_n :: b_m$$

wobei :: für =, $\leq$ bzw. $\geq$ steht.

$$(ii) \quad x_j \text{ Element aus der Menge} \qquad j = 1, 2, \ldots, n$$
$$\text{der reellen Zahlen}$$

Modell 2-3: Allgemeines lineares Optimierungsmodell in expliziter Form

Zunächst soll gezeigt werden, daß anstelle des Modells 2-2 bzw. 2-3 das folgende Standardmodell 2-4 betrachtet und bei den weiteren Untersuchungen ohne Beschränkung der Allgemeinheit zugrunde gelegt werden kann.

Das Standardmodell der linearen Optimierung lautet:

$$z = \sum_{j=1}^{n} c_j x_j = \text{Max!}$$

unter den Restriktionen

$$(i) \quad \sum_{j=1}^{n} a_{ij} x_j \leq b_i \qquad i = 1, 2, \ldots, m$$

$$(ii) \quad x_j \geq 0 \qquad j = 1, 2, \ldots, n$$

Modell 2-4: Standardmodell der linearen Optimierung
mit kontinuierlichen Variablen

. Nimmt ein Problem mit der Zielfunktion

$$z = \sum_{j=1}^{n} c_j x_j + k$$

den Optimalwert an der Stelle $(x_1^0, x_2^0, \ldots, x_n^0)$ an, so gilt dasselbe für das entsprechende Problem mit der Zielfunktion

$$z = \sum_{j=1}^{n} c_j x_j \ .$$

Eine additive Konstante in der Zielfunktion beeinflußt somit den Optimalpunkt nicht - wohl den Optimalwert der Zielfunktion - und kann deshalb bei der Bestimmung des Optimalpunktes $(x_1^0, x_2^0, \ldots, x_n^0)$ außer acht gelassen werden.

. Handelt es sich nicht um eine Maximierungsaufgabe, sondern um eine Minimierungsaufgabe, dann folgt aus der Gleichheit der Forderungen

$$c_1 x_1 + c_2 x_2 + \ldots + c_n x_n = \text{Min!}$$

und

$$-c_1 x_1 - c_2 x_2 - \ldots - c_n x_n = \text{Max!}$$

daß die Zielfunktion lediglich mit (-1) zu multiplizieren ist, um eine Maximierungsaufgabe zu erstellen.

Es kann also stets davon ausgegangen werden, daß die Zielfunktion zu maximieren ist und ferner keine additive Konstante auftritt.

. Enthält ein Optimierungsmodell eine Restriktion der Form

$$a_{i1} x_1 + a_{i2} x_2 + \ldots + a_{in} x_n \geq b_i$$

dann läßt sich diese durch Multiplikation mit (-1) in die "$\leq$"-Restriktion

$$-a_{i1} x_1 - a_{i2} x_2 - \ldots - a_{in} x_n \leq -b_i \quad \text{überführen.}$$

. Tritt in einem Optimierungsmodell eine Restriktion der Form

$$a_{i1} x_1 + a_{i2} x_2 + \ldots + a_{in} x_n = b$$

auf, so läßt sich diese zunächst durch die beiden Ungleichungen

$$a_{i1} x_1 + a_{i2} x_2 + \ldots + a_{in} x_n \leq b$$

und

$$a_{i1} x_1 + a_{i2} x_2 + \ldots + a_{in} x_n \geq b$$

ausdrücken.

Multipliziert man anschließend die zweite dieser Ungleichungen mit (-1), dann kann die obige "="-Restriktion durch die beiden "$\leq$"-Restriktionen

$$a_{i1}x_1 + a_{i2}x_2 + \ldots + a_{in}x_n \leqq b_i$$
$$-a_{i1}x_1 - a_{i2}x_2 - \ldots - a_{in}x_n \leqq -b_i$$

ersetzt werden.

Sämtliche Restriktionen vom Typ (i) können somit als "$\leqq$"-Restriktionen ausgedrückt werden.

. Da ferner jede Variable x_j, die negative Werte annehmen kann, sich in der Form

$$x_j = x_j' - x_j'' \quad \text{mit} \quad x_j' \geqq 0, \; x_j'' \geqq 0$$

darstellen läßt, können sämtliche Restriktionen (ii) durch Variablen mit nicht negativen Werten ausgedrückt werden.

Zusammenfassend hat sich somit ergeben, daß sich jedes Modell 2-2 bzw. 2-3 auf ein Standardmodell 2-4 zurückführen läßt.

Anhand des Beispiels

$$z = -2x_1 - x_2 + 7 = \text{Min}!$$

unter den Restriktionen

$$
\begin{aligned}
\text{(i)} \quad & x_1 + 2x_2 \leqq 6 \\
& x_1 + x_2 \geqq 4 \\
& x_1 + 4x_2 = 8 \\
\text{(ii)} \quad & x_1 \in \mathbb{R}, \; x_2 \geqq 0
\end{aligned}
$$

soll die Rückführung auf das entsprechende Standardmodell explizit erläutert werden.

Betrachtet man zunächst die Zielfunktion, dann erhält man bei Vernachlässigung der additiven Konstanten und Multiplikation mit (-1) als Zielfunktion des entsprechenden Standardmodells

$$z = 2x_1 + x_2 = \text{Max}!$$

Die Umformung der Restriktionen (i) auf ein Ungleichungssystem vom Typ "$\leqq$" liefert dann:

$$
\begin{aligned}
x_1 + 2x_2 &\leqq 6 \\
-x_1 - x_2 &\leqq -4 \\
x_1 + 4x_2 &\leqq 8 \\
-x_1 - 4x_2 &\leqq -8 \; .
\end{aligned}
$$

Setzt man nun

$$x_1 = x_1' - x_1'' \quad \text{mit } x_1' \geq 0, \ x_1'' \geq 0,$$

dann ergibt sich das folgende Standardmodell:

$$z = 2x_1' - 2x_2'' + x_2 = \text{Max!}$$

unter den Restriktionen

$$\begin{aligned}
\text{(i)} \quad x_1' - x_1'' + 2x_2 &\leq 6 \\
-x_1' + x_1'' - x_2 &\leq -4 \\
x_1' - x_1'' + 4x_2 &\leq 8 \\
-x_1' + x_1'' - 4x_2 &\leq -8
\end{aligned}$$

$$\text{(ii)} \quad x_1' \geq 0, \ x_1'' \geq 0, \ x_2 \geq 0 \ .$$

Als Standardmodell zu Beispiel 1 erhält man:

$$z = x_1 + 2x_2 = \text{Max!}$$

unter den Restriktionen

$$\begin{aligned}
\text{(i)} \quad x_1 + 3x_2 &\leq 11 \\
x_1 + x_2 &\leq 8 \\
3x_2 &\leq 9
\end{aligned}$$

$$\text{(ii)} \quad x_1 \geq 0, \ x_2 \geq 0$$

Modell 2-5: Standardmodell zu Modell 2-1
(Beispiel 1)

Ohne Beschränkung der Allgemeinheit können somit, ausgehend von dem Standardmodell 2-4, die im weiteren Verlauf benötigten Grundbegriffe hergeleitet und geometrisch interpretiert werden.

2.2.2 <u>Zusammenstellung und Erläuterung von Definitionen und Sätzen zur linearen Optimierung mit kontinuierlichen Variablen</u>

Für die weiteren Betrachtungen ist es zweckmäßig, das Standardmodell 2-4 durch Einführen sogenannter "Schlupfvariablen" $y_1, y_2, \ldots, y_m$ in ein System mit "="-Restriktionen zu überführen; die zur Modellbildung benötigten Variablen $x_1, x_2, \ldots, x_n$ werden auch als "Problemvariablen" bezeichnet.

Ausgehend von Modell 2-4 geht man über zu:

$$\sum_{j=1}^{n} c_j x_j = \text{Max!}$$

unter den Restriktionen

$$(i) \quad \sum_{j=1}^{n} a_{ij} x_j + y_i = b_i \qquad i = 1, 2, \ldots, m$$

$$(ii) \quad x_j \geqq 0 \qquad j = 1, 2, \ldots, n$$
$$ y_i \geqq 0 \qquad i = 1, 2, \ldots, m$$

Modell 2-6: Standardmodell der linearen Optimierung mit kontinuierlichen Variablen nach Einführen von Schlupfvariablen

Ausführlich geschrieben hat Modell 2-6 folgende Form:

$$c_1 x_1 + c_2 x_2 + \ldots + c_n x_n = \text{Max!}$$

unter den Restriktionen

$$(i) \quad a_{11} x_1 + a_{12} x_2 + \ldots + a_{1n} x_n + y_1 = b_1$$
$$ a_{21} x_1 + a_{22} x_2 + \ldots + a_{2n} x_n + y_2 = b_2$$
$$ \vdots$$
$$ a_{m1} x_1 + a_{m2} x_2 + \ldots + a_{mn} x_n + y_m = b_m$$
$$(ii) \quad x_j \geqq 0 \qquad j = 1, 2, \ldots, n$$
$$ y_i \geqq 0 \qquad i = 1, 2, \ldots, m$$

Modell 2-7: Standardmodell der linearen Optimierung mit kontinuierlichen Variablen nach Einführung von Schlupfvariablen
in expliziter Form

Zu Beispiel 1 erhält man aus Modell 2-5 als Standardmodell mit Schlupfvariablen:

$$z = x_1 + 2x_2 = \text{Max!}$$

unter den Restriktionen

$$(i) \quad x_1 + 3x_2 + y_1 = 11$$

$$x_1 + x_2 \qquad + y_2 \qquad = 8$$
$$3x_2 \qquad\qquad + y_3 = 9$$

(ii) $x_1 \geq 0,\ x_2 \geq 0$
$y_1 \geq 0,\ y_2 \geq 0,\ y_3 \geq 0$.

Modell 2-8: Standardmodell mit Schlupfvariablen zu Modell 2-1
(Beispiel 1)

Der Grund für die Aufnahme der Schlupfvariablen - im obigen Produktionsbei-
spiel könnten sie als Kapazitätsreserven interpretiert werden - ist der,
daß ein Gleichungssystem einfacher zu handhaben ist, als ein Ungleichungssystem. Mittels der Schlupfvariablen sind die Restriktionen (i) des Standardmodells 2-4 übergegangen in ein Gleichungssystem mit m Gleichungen und
(n + m) Variablen. Da dieses Gleichungssystem weniger Gleichungen als Unbekannte hat, ist es unterbestimmt und besitzt somit unendlich viele Lösungen.
Der Rang des Gleichungssystems ist gleich m, denn das Hinzufügen der Schlupfvariablen y_1, y_2, ..., y_m entspricht gerade einer (m,m) Einheitsmatrix.
Über die Lösungen dieses Systems gibt der folgende Satz Auskunft:

Satz 2-1
Bezüglich der Lösungen des aus den Restriktionen (i) des Standardmodells 2-4
durch Aufnahme von Schlupfvariablen erzeugten Gleichungssystems (i) von Mo-
dell 2-6 mit m Gleichungen und n + m Variablen gilt:
Aus den Variablen x_1, x_2, ..., x_n, y_1, y_2, ..., y_m lassen sich n Variablen
auswählen, so daß bei Zuweisung von Werten an diese ausgewählten Variablen
die Werte der übrigen Variablen eindeutig bestimmt sind. Die n ausgewählten
Variablen heißen <u>unabhängig</u> oder <u>unabhängiges System</u>, die restlichen m Va-
riablen heißen abhängig. Durch Vorgabe geeigneter Werte an die Variablen
des unabhängigen Systems lassen sich sämtliche Lösungen des Gleichungssy-
stems (i) erzeugen.

Anhand des Gleichungssystems (i) von Modell 2-8

$$x_1 + 3x_2 + y_1 \qquad\qquad = 11$$
$$x_1 + x_2 \qquad + y_2 \qquad = 8$$
$$3x_2 \qquad\qquad + y_3 = 9$$

soll dies explizit erläutert werden.

Mit

$$m = 3 \text{ und } n = 2$$

lassen sich nach Satz 2-1 aus den fünf Variablen zwei auswählen, sodaß die übrigen drei Variablen hierdurch eindeutig bestimmt sind, d.h. ordnet man den zwei ausgewählten Variablen Werte zu, dann lassen sich die Werte der übrigen drei Variablen hieraus eindeutig berechnen.

Um die Variablen y_1, y_2 und y_3 durch die Variablen x_1 und x_2 zu bestimmen, löst man die erste Gleichung nach y_1, die zweite nach y_2 und die dritte nach y_3 auf und erhält:

$$\begin{aligned}
y_1 &= 11 - x_1 - 3x_2 \\
y_2 &= 8 - x_1 - x_2 \\
y_3 &= 9 \qquad\;\; - 3x_2
\end{aligned}$$

Hieraus erkennt man aber unmittelbar, daß durch Vorgabe von Werten für die Variablen x_1 und x_2 die Werte der Variablen y_1, y_2 und y_3 eindeutig bestimmt sind, d.h. die Variablen x_1 und x_2 bilden ein unabhängiges System.

Subtrahiert man dagegen die erste Gleichung von der zweiten und ersetzt die zweite Gleichung durch diese - man hat dann das System

$$\begin{aligned}
x_1 + 3x_2 + y_1 &= 11 \\
- 2x_2 - y_1 + y_2 &= -3 \\
3x_2 \qquad\;\; + y_3 &= 9
\end{aligned}$$

- und dividiert man anschließend die dritte Gleichung durch 3 und ersetzt mittels der hieraus gewonnenen Beziehung

$$x_2 = 3 - \tfrac{1}{3}y_3$$

die Variable x_2 in der ersten und zweiten Gleichung, so erhält man

$$\begin{aligned}
x_1 \qquad + y_1 \qquad - y_3 &= 2 \\
- y_1 + y_2 + \tfrac{2}{3}y_3 &= 3 \\
x_2 \qquad\quad + \tfrac{1}{3}y_3 &= 3
\end{aligned}$$

oder aufgelöst nach x_1, y_2 und x_2

$$\begin{aligned}
x_1 &= 2 - y_1 + y_3 \\
y_2 &= 3 + y_1 - \tfrac{2}{3}y_3 \\
x_2 &= 3 \qquad\;\; - \tfrac{1}{3}y_3 \; ,
\end{aligned}$$

d.h. die Variablen x_1, y_2 und x_2 lassen sich durch die Variablen y_1 und y_3 ausdrücken.

Dies zeigt, daß im allgemeinen mehrere unabhängige Systeme existieren.

Da andererseits die Variablen x_1, y_1 und y_2 - wie aus der Gleichung

$$3x_2 + y_3 = 9$$

zu ersehen ist - nicht durch die Variablen x_2 und y_3 ausgedrückt werden können, bilden nicht je zwei beliebige Variablen ein unabhängiges System.

Betrachtet man etwa die Lösungen des Systems in Abhängigkeit von y_1 und y_3, d.h.

$$\begin{aligned}
x_1 &= 2 - y_1 + y_3 \\
y_2 &= 3 + y_1 - \tfrac{2}{3}y_3 \\
x_2 &= 3 \quad\;\; - \tfrac{1}{3}y_3
\end{aligned}$$

so erkennt man, daß - je nach Wahl der Werte der Variablen y_1 und y_3 - Lösungen mit negativen Komponenten auftreten können. So erhält man z.B. für

$$y_1 = 3 \text{ und } y_3 = 0$$

die Lösung

$$(x_1, x_2, y_1, y_2, y_3) = (-1, 3, 3, 6, 0).$$

Lösungen mit negativen Komponenten sind aber für Modell 2-8 wegen der Restriktionen (ii) irrelevant, d.h. solche Punkte sind für das Problem unzulässig.

Dies legt folgenden Begriff nahe:

Definition 2-1
Ein Punkt mit den Koordinaten $(x_1, x_2, \ldots, x_n, y_1, y_2, \ldots, y_m)$ heißt <u>zulässig</u> bzgl. Modell 2-6, wenn er den Restriktionen

$$(i) \quad \sum_{j=1}^{n} a_{ij}x_j + y_i = b_i \qquad i = 1, 2, \ldots, m$$

$$(ii) \quad \begin{aligned} x_j &\geqq 0 \qquad j = 1, 2, \ldots, n \\ y_i &\geqq 0 \qquad i = 1, 2, \ldots, m \end{aligned}$$

genügt. Die Menge der zulässigen Punkte bezeichnet man als <u>zulässigen Bereich</u>.

Nachfolgend sollen nun - für den Fall der Ebene - allgemeine Betrachtungen bzgl. des zulässigen Bereichs sowie der Zielfunktion durchgeführt werden.

Legt man die x_1, x_2-Ebene zugrunde, dann können folgende Fälle eintreten:

. Der zulässige Bereich ist leer.

Die Restriktionen widersprechen sich, und somit ist das Problem nicht lösbar.

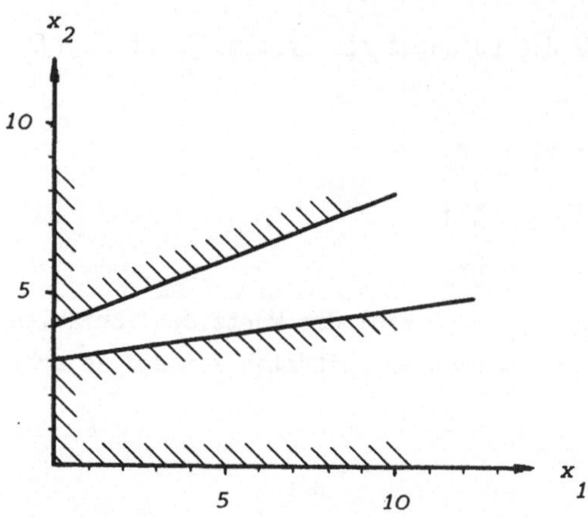

Abb. 2-8: Beispiel eines leeren zulässigen Bereichs

. Der zulässige Bereich ist nicht leer und nicht beschränkt, d.h. es existieren Variablen, die bzgl. des zulässigen Bereichs beliebig große Werte annehmen können.

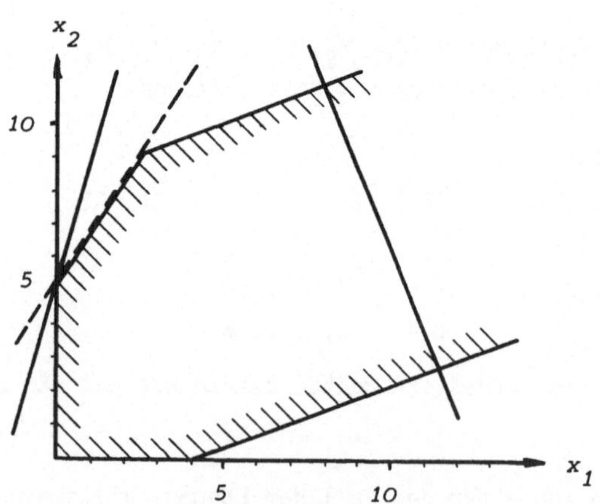

Abb. 2-9: Beispiel eines unbeschränkten zulässigen Bereichs entweder ohne oder mit einem bzw. unendlich vielen Optimalpunkten in Abhängigkeit zur Zielfunktion

In Abhängigkeit von der Zielfunktion existiert entweder kein Maximum, da die Zielfunktion beliebig große Werte annehmen kann, oder aber sie nimmt ihr Maximum in einem bzw. unendlich vielen Punkten an (Abb. 2-9).

. Der zulässige Bereich ist nicht leer und beschränkt, d.h. die Werte der Variablen bzgl. des zulässigen Bereichs können nicht beliebig groß werden.

In Abhängigkeit von der Zielfunktion wird das Maximum entweder in einem oder aber in unendlich vielen Punkten angenommen.

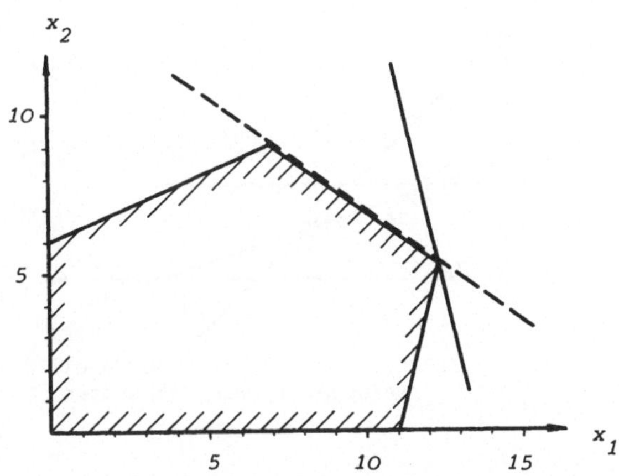

Abb. 2-10: Beispiel eines beschränkten zulässigen Bereichs mit einem bzw. unendlich vielen Optimalpunkten in Abhängigkeit zur Zielfunktion

Es hat sich somit gezeigt, daß ein nicht leerer zulässiger Bereich im allgemeinen nicht die Existenz einer Optimallösung impliziert. Zusammen mit der zusätzlichen Bedingung aber, daß der zulässige Bereich beschränkt ist, d.h. daß die Werte der Variablen bzgl. des zulässigen Bereichs nicht beliebig groß werden können, ist die Existenz einer Optimallösung garantiert. Dies gilt nicht nur für die Ebene, sondern allgemein, wie im folgenden Satz zum Ausdruck kommt:

Satz 2-2
Ist der zulässige Bereich beschränkt und nicht leer, dann existiert eine Optimallösung.

Bezüglich des Optimalpunkts selbst hat sich gezeigt, daß dieser stets auch in einer Ecke des zulässigen Bereichs, d.h. dem Schnittpunkt mindestens zweier Restriktionsgeraden im Falle der Ebene liegt. Somit spielen die Eckpunkte bei der Lösung linearer Optimierungsprobleme eine zentrale Rolle.

Bestimmt man die den Eckpunkten des zulässigen Bereichs der graphischen Darstellung zu Modell 2-1 (Beispiel 1)

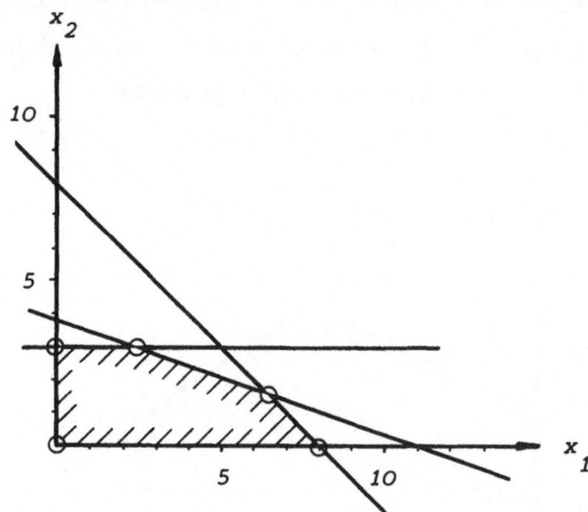

Abb. 2-11: Zulässiger Bereich zu Modell 2-1
(Beispiel 1) mit Eckpunkten

entsprechenden Lösungen des Systems (i) von Modell 2-8

$$\begin{array}{rcl}
x_1 + 3x_2 + y_1 & = & 11 \\
x_1 + x_2 + y_2 & = & 8 \\
3x_2 + y_3 & = & 9
\end{array}$$

so erhält man

<u>Ecke</u>

<u>Lösung</u>

$(x_1,x_2) = (0,0)$

$(x_1,x_2,y_1,y_2,y_3) = (0,0,11,8,9)$

$(x_1,x_2) = (8,0)$

$(x_1,x_2,y_1,y_2,y_3) = (8,0,3,0,9)$

$(x_1,x_2) = (6.5,1.5)$

$(x_1,x_2,y_1,y_2,y_3) = (6.5,1.5,0,0,4.5)$

$(x_1,x_2) = (2,3)$

$(x_1,x_2,y_1,y_2,y_3) = (2,3,0,3,0)$

$(x_1,x_2) = (0,3)$

$(x_1,x_2,y_1,y_2,y_3) = (0,3,2,5,0)$ -

Man entnimmt, daß die Lösungen des Systems jeweils zwei Variablen mit dem Wert Null enthalten, während die übrigen Variablen positiv sind. Wie man leicht nachprüft, bilden die beiden Variablen mit dem Wert Null darüber hinaus jeweils ein unabhängiges System.

Zusammenfassend hat sich also ergeben, daß die den Ecken entsprechenden Lö-

sungen des Systems (i) von Modell 2-8 nicht negativ sind und jeweils zwei
unabhängige Variablen mit dem Wert Null enthalten.

Hieraus leitet sich der folgende Begriff der Ecke ab:

Definition 2-2
Ein bzgl. Modell 2-6 zulässiger Punkt $(x_1, x_2, \ldots, x_n, y_1, y_2, \ldots, y_m)$
heißt Ecke bzw. Basislösung, wenn er n unabhängige Variablen mit dem Wert
Null enthält. Die n unabhängigen Variablen mit dem Wert Null heißen Nicht-
basisvariablen, die übrigen m, die hierdurch eindeutig bestimmt sind, heißen
Basisvariablen oder Basis.

Eine unmittelbare Folgerung hieraus ist, daß in einer Ecke mindestens n Variablen den Wert Null bzw. höchstens m Variablen positive Werte haben.

Der folgende Satz, der bzgl. der x_1, x_2-Ebene anschaulich völlig klar ist,
beinhaltet allgemein eine Aussage über die Existenz von Eckpunkten.

Satz 2-3
Ist der zulässige Bereich nicht leer, dann enthält er mindestens eine Ecke.

Die zentrale Bedeutung der Ecke innerhalb der linearen Optimierung bringt
der Hauptsatz der linearen Optimierung zum Ausdruck. Aufgrund der vorausgegangenen Betrachtungen genügt es, diesen Satz bzgl. Modell 2-6 zu formulieren:

Satz 2-4 (Hauptsatz der linearen Optimierung)
Besitzt ein Modell 2-6 ein Maximum, dann existiert eine Basislösung, für die
das Maximum angenommen wird.

Bezogen auf die x_1, x_2-Ebene enthält dieser Satz gerade die bereits aus der
Anschauung heraus gewonnene Erkenntnis, nämlich daß - falls ein Maximum existiert - auch immer eine Ecke des zulässigen Bereichs existiert, in der das
Maximum angenommen wird. Die nachfolgende Abbildung 2-12 soll dies noch einmal verdeutlichen.

Bevor auf die Lösung linearer Optimierungsprobleme unter Verwendung von
Satz 2-4 eingegangen werden soll, seien noch die - ebenfalls mittels der Anschauung hergeleiteten - Ergebnisse aus Kapitel 2.1.2 in Form eines Satzes
zusammengefaßt, da diese im weiteren noch benötigt werden.

Satz 2-5
Der zulässige Bereich eines Modells 2-6 wird durch Anfügen weiterer Restrik-

tionen höchstens kleiner. Erzeugen die Restriktionen keinen Widerspruch, d.h. wird der zulässige Bereich nicht leer, dann bewirken sie höchstens ein Sinken des Optimalwerts der Zielfunktion. Erzeugen die Restriktionen einen Widerspruch, d.h. wird der zulässige Bereich leer, dann existiert keine Lösung.

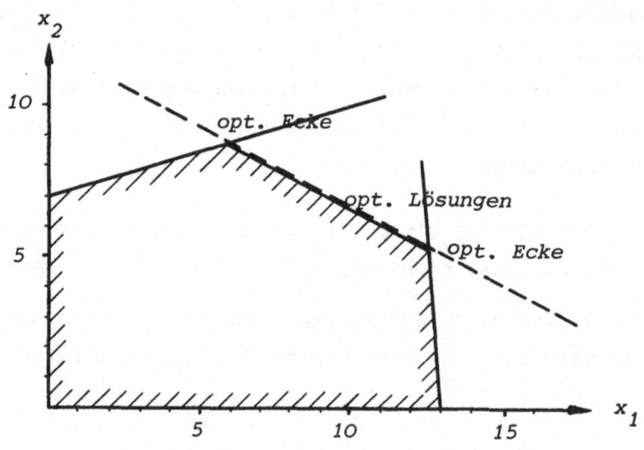

Abb. 2-12: Optimallösung eines linearen Optimierungsmodells in der Ebene

Nach Satz 2-4, dem Hauptsatz der linearen Optimierung, sind zur Lösung einer linearen Optimierungsaufgabe lediglich die Ecken des zulässigen Bereichs von Interesse. Ihnen entsprechen Lösungen des Gleichungssystems (i) aus Modell 2-6 mit nicht negativen Komponenten, die n unabhängige Variablen mit dem Wert Null enthalten. Eine denkbare Vorgehensweise zur Lösung einer linearen Optimierungsaufgabe wäre demnach die, sämtliche Ecken des zulässigen Bereichs zu bestimmen, die entsprechenden Werte in die Zielfunktion einzusetzen und die Lösung mit dem optimalen Zielfunktionswert auszuwählen.

Zur Bestimmung einer Ecke ist zunächst n Variablen der Wert Null zuzuweisen und anschließend zu prüfen, ob die übrigen m Variablen hierdurch eindeutig bestimmt und nicht negativ sind. Ist dies der Fall, dann stellt diese Lösung nach Definition 2-2 eine Ecke dar. Da die Anzahl der Möglichkeiten n Variablen aus n + m Variablen auszuwählen durch

$$\binom{n + m}{n} = \frac{(n + m)(n + m - 1) \ldots (m + 1)}{1 \quad 2 \quad \ldots \quad n}$$

gegeben ist, sind zur Bestimmung sämtlicher Ecken somit

$$\binom{n + m}{n}$$

Gleichungssysteme zu betrachten.

Anhand des Modells 2-8

$$z = x_1 + 2x_2 + 0y_1 + 0y_2 + 0y_3 = \text{Max!}$$

unter den Restriktionen

$$\begin{aligned}
\text{(i)} \quad x_1 + 3x_2 + y_1 \qquad\qquad &= 11 \\
x_1 + x_2 \qquad + y_2 \qquad &= 8 \\
3x_2 \qquad\qquad + y_3 &= 9
\end{aligned}$$

$$\begin{aligned}
\text{(ii)} \quad x_1 &\geq 0, \ x_2 \geq 0 \\
y_1 &\geq 0, \ y_2 \geq 0, \ y_3 \geq 0
\end{aligned}$$

soll diese Vorgehensweise erläutert werden.

Wie Abbildung 2-11 zu entnehmen ist, enthält der entsprechende zulässige Bereich fünf Ecken.

Nach den vorausgegangenen Überlegungen sind $\binom{5}{2} = 10$ Gleichungssysteme zu untersuchen, die sich dadurch ergeben, daß jeweils zwei Variablen der Wert Null zugeordnet wird. Sind die übrigen drei Variablen dann eindeutig bestimmt und nicht negativ, dann stellt diese Lösung eine Ecke dar.

Nachfolgend sind die zehn Möglichkeiten, je zwei der fünf Variablen den Wert Null zuzuordnen, aufgeführt:

1) $(x_1,x_2) = (0,0)$: $(x_1,x_2,y_1,y_2,y_3) = (0,0,11,8,9)$
   Ecke; $z = 0$

2) $(x_1,y_1) = (0,0)$: $(x_1,x_2,y_1,y_2,y_3) = (0,\frac{11}{3},0,\frac{13}{3},-2)$
   keine Ecke;

3) $(x_1,y_2) = (0,0)$: $(x_1,x_2,y_1,y_2,y_3) = (0,8,-13,0,-15)$
   keine Ecke;

4) $(x_1,y_3) = (0,0)$: $(x_1,x_2,y_1,y_2,y_3) = (0,3,2,5,0)$
   Ecke; $z = 6$

5) $(x_2,y_1) = (0,0)$: $(x_1,x_2,y_1,y_2,y_3) = (11,0,0,-3,9)$
   keine Ecke;

6) $(x_2,y_2) = (0,0)$: $(x_1,x_2,y_1,y_2,y_3) = (8,0,3,0,9)$
   Ecke; $z = 8$

7) $(x_2,y_3) = (0,0)$: nicht lösbar

8) $(y_1,y_2) = (0,0)$: $(x_1,x_2,y_1,y_2,y_3) = (\frac{13}{2},\frac{3}{2},0,0,\frac{9}{2})$
   Ecke; $z = 9.5$

9) $(y_1,y_3) = (0,0)$: $(x_1,x_2,y_1,y_2,y_3) = (2,3,0,3,0)$
   Ecke; $z = 8$

10) $(y_2,y_3) = (0,0)$: $(x_1,x_2,y_1,y_2,y_3) = (5,3,-3,0,0)$
   keine Ecke;

Das Maximum wird folglich durch die Lösung (8)

$$(x_1,x_2,y_1,y_2,y_3) = (\tfrac{13}{2},\tfrac{3}{2},0,0,\tfrac{9}{2})$$

repräsentiert, der in der x_1,x_2-Ebene die Ecke

$$(x_1,x_2) = (\tfrac{13}{2},\tfrac{3}{2})$$

entspricht.

Vor der Übertragung dieses Ergebnisses auf Beispiel 1 sei eine generelle Bemerkung bzgl. der Dimensionierung der Variablen angeführt. Während sich die Dimension einer Problemvariablen unmittelbar aus der Aufgabenstellung ergibt, hängt die Dimension einer Schlupfvariablen vom Inhalt der zugehörigen Restriktion ab. So drücken z.B. in Modell 2-8 (Beispiel 1) die Problemvariablen Produktmengeneinheiten, die Schlupfvariablen dagegen Kapazitätsmengeneinheiten aus.

Der Einfachheit halber sollen im folgenden Problemvariablen entsprechend der Aufgabenstellung dimensioniert werden, während Schlupfvariablen sämtlich die Dimension "abhängige Mengeneinheit" (aME) erhalten.

Für die Lösung von Beispiel 1 ergibt sich somit:

Optimalwert der Zielfunktion ohne Beachtung der fixen Kosten:

    9.5 GE

Optimalwert der Zielfunktion unter Beachtung der fixen Kosten:

    9.5 GE
  - 6.0 GE
    3.5 GE

Optimalwerte der Variablen:

$$
\left.
\begin{array}{l}
x_1 = 6.5 \text{ ME} \\
x_2 = 1.5 \text{ ME} \\
y_3 = 4.5 \text{ aME}
\end{array}
\right\} \quad \text{Basisvariablen}
$$

$$
\left.
\begin{array}{l}
y_1 = 0 \quad \text{aME} \\
y_2 = 0 \quad \text{aME}
\end{array}
\right\} \quad \text{Nichtbasisvariablen}
$$

Die Basis besteht folglich aus zwei Problemvariablen und einer Schlupfvariablen.

2.2.3 Simplexalgorithmus und dessen geometrische Interpretation

Vom praktischen Standpunkt aus ist die im vorausgegangenen Kapitel beschriebene Vorgehensweise zur Lösung linearer Optimierungsaufgaben kaum anwendbar.
Geht man nämlich von einem System mit 10"$\leq$"-Restriktionen und 10 Variablen
aus, dann erhält man nach Hinzufügen der Schlupfvariablen ein Gleichungssystem mit 10 Gleichungen und 20 Variablen. Zur Bestimmung sämtlicher Ecken
müßten dann $\binom{20}{10}$ = 184756 Gleichungssysteme untersucht werden.

Im Jahre 1947 veröffentlichte DANTZIG den Simplexalgorithmus zur Lösung linearer Optimierungsmodelle. Dieser Algorithmus gestattet es, durch Austausch
von Basislösungen - nach endlich vielen Schritten - festzustellen, ob eine
gegebene lineare Optimierungsaufgabe

. sich widersprechende Restriktionen enthält und somit nicht lösbar ist,
. keine endliche Optimallösung besitzt,
. eine endliche Optimallösung besitzt.

Verbal läßt sich der Simplexalgorithmus wie folgt beschreiben:

Ausgangspunkt ist eine Basislösung des zulässigen Bereichs. Existiert keine Basislösung, dann ist der zulässige Bereich leer (vgl. Satz 2-3) und
folglich ist das Problem nicht lösbar. Andernfalls geht man - unter Beachtung der Vorschrift, daß bei einer Maximierungsaufgabe der Wert der
Zielfunktion nicht fällt - zu einer anderen Basislösung über. Nach endlich
vielen Schritten ist dann entweder eine Optimallösung erreicht, d.h. es
existiert keine Basislösung, die den vorliegenden Wert der Zielfunktion
vergrößert, oder aber man stellt fest, daß der Wert der Zielfunktion beliebig groß werden kann, d.h. es existiert keine endliche Optimallösung.

Der Übergang von einer Basislösung zur anderen - man spricht auch von Basiswechsel oder Basisaustausch - vollzieht sich dadurch, daß ausgehend von der
vorliegenden Basislösung eine Nichtbasisvariable den Platz einer Basisvariablen einnimmt. Zur Durchführung eines Austauschschrittes werden somit die beiden folgenden Angaben benötigt:

. die Variable, die in die Basis eintreten soll, d.h. die Nichtbasisvariable,
  die zur Basisvariablen werden soll,

. die Variable, die die Basis verläßt, d.h. die Basisvariable, die zur Nichtbasisvariablen wird.

Über die bzgl. eines Zielfunktionswertzuwachses relevanten Variablen gibt
der folgende Satz Auskunft:

Satz 2-6
Bei der Darstellung eines Modells in Abhängigkeit von den Nichtbasisvariab-
len einer bekannten Basislösung, gilt für eine Variable mit positivem Ziel-
funktionskoeffizienten folgende Alternative:

. Es ist ein Austauschschritt möglich, der die Variable in die Basis ein-
führt. Der Wert der Zielfunktion wird hierbei höchstens größer.

. Es ist kein Austauschschritt möglich, der die Variable in die Basis ein-
führt. Die Variable kann beliebig groß werden, ohne die Nichtnegativitäts-
bedingung zu verletzen. Da infolgedessen auch der Zielfunktionswert be-
liebig groß werden kann, existiert keine endliche Lösung.

Bei der Bestimmung einer Variablen, die in die Basis eintreten soll, verbindet man diesen Satz mit einer heuristischen Überlegung, nämlich daß der maximale Zuwachs des Zielfunktionswertes am ehesten durch den maximalen Koeffizienten der Zielfunktion bewirkt wird.

Dies führt zu der im folgenden Satz enthaltenen Auswahlregel:

Satz 2-7 (Auswahlregel)
Bei der Darstellung eines Modells in Abhängigkeit von den Nichtbasisvariab-
len einer bekannten Basislösung, wählt man zur Durchführung eines Austausch-
schrittes eine Variable mit maximalem positivem Zielfunktionskoeffizienten.

Die Variable, die für die in die Basis eintretende Variable die Basis verläßt, ergibt sich aus der folgenden Überlegung:

> Da bei einem Basiswechsel eine der bisherigen Basisvariablen zur Nicht-
> basisvariablen wird und somit den Wert Null annehmen muß, ergibt sich
> - in Abhängigkeit von der in die Basis aufzunehmenden Variablen - die
> aus der Basis ausscheidende Variable dadurch, daß man den Wert der in die
> Basis eintretenden Variablen - unter Beachtung der Nichtnegativitätsbe-
> dingung sowie der Forderung, daß die übrigen Nichtbasisvariablen erhalten
> bleiben - so groß wählt, bis eine der Basisvariablen den Wert Null an-
> nimmt und somit in eine Nichtbasisvariable übergegangen ist.

Nach diesen Ausführungen lassen sich die für einen Basiswechsel benötigten
Angaben bestimmen, nämlich eine Nichtbasisvariable, die beim Eintritt in die

Basis keine Reduktion des Zielfunktionswertes nach sich zieht, sowie eine Basisvariable, die der Nichtbasisvariablen ihren Platz in der Basis überläßt. Anschaulich gesprochen vollzieht sich ein Austauschschritt dadurch, daß man von einem Eckpunkt des zulässigen Bereichs entlang einer Restriktionsgeraden zu einem benachbarten Eckpunkt übergeht (Abb. 2-13).

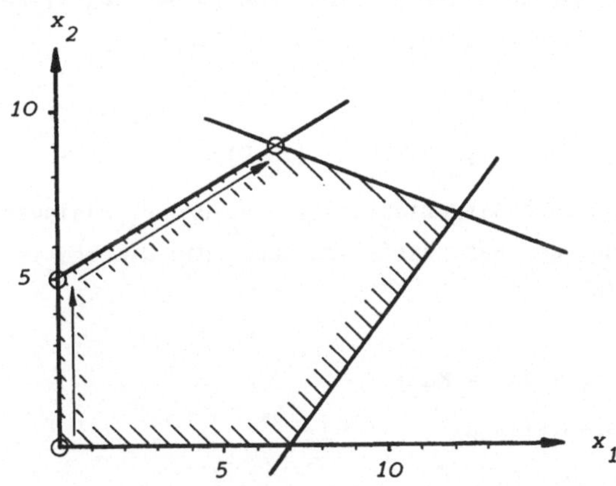

*Abb. 2-13: Darstellung eines Basiswechsels in
der Ebene*

Anhand von Modell 2-8 soll die Vorgehensweise des Simplexalgorithmus explizit erläutert und veranschaulicht werden.

Modell 2-8 lautet

$$z = x_1 + 2x_2 = \text{Max}!$$

unter den Restriktionen

$$
\begin{aligned}
\text{(i)} \quad x_1 + 3x_2 + y_1 \qquad\qquad &= 11 \\
x_1 + x_2 \qquad + y_2 \qquad &= 8 \\
3x_2 \qquad\qquad + y_3 &= 9
\end{aligned}
$$

$$
\begin{aligned}
\text{(ii)} \quad & x_1 \geq 0, \; x_2 \geq 0 \\
& y_1 \geq 0, \; y_2 \geq 0, \; y_3 \geq 0 .
\end{aligned}
$$

Als Ausgangspunkt diene die Basislösung

$$(x_1, x_2, y_1, y_2, y_3) = (0,0,11,8,9)$$

mit dem Zielfunktionswert

$$z = 0 .$$

Die Vorgehensweise des Simplexalgorithmus, d.h. der Übergang von einer Basislösung zur anderen, läßt sich besonders deutlich verfolgen, wenn man für jede der betrachteten Basislösungen zu Modell 2-8 die Basisvariablen explizit
durch die Nichtbasisvariablen, die ein unabhängiges System bilden, ausdrückt.
Da in der Zielfunktion dann lediglich die Koeffizienten zu Nichtbasisvariablen ungleich Null sind, die zugehörigen Nichtbasisvariablen aber den Wert
Null haben, ist der Wert der Zielfunktion zu der jeweiligen Basislösung
gleich der additiven Konstanten in der Zielfunktion.

Bezüglich der Ausgangsbasis

$$(x_1, x_2, y_1, y_2, y_3) = (0, 0, 11, 8, 9)$$

sind x_1 und x_2 Nichtbasisvariablen, y_1, y_2 und y_3 Basisvariablen. Bei expliziter Darstellung der Basisvariablen durch die Nichtbasisvariablen geht Modell 2-8 über in

$$z = x_1 + 2x_2 = \text{Max!}$$

unter den Restriktionen

$$
\begin{aligned}
\text{(i)} \quad y_1 &= 11 - x_1 - 3x_2 \\
y_2 &= 8 - x_1 - x_2 \\
y_3 &= 9 \qquad\;\; - 3x_2
\end{aligned}
$$

$$
\begin{aligned}
\text{(ii)} \quad & x_1 \geqq 0,\; x_2 \geqq 0 \\
& y_1 \geqq 0,\; y_2 \geqq 0,\; y_3 \geqq 0
\end{aligned}
$$

Modell 2-9: Darstellung von Modell 2-8
in Abhängigkeit von x_1 und x_2.

Die oben angeführte Ausgangsbasislösung ergibt sich aus Modell 2-8 dadurch,
daß man den Nichtbasisvariablen x_1 und x_2 den Wert Null zuordnet. Da lediglich die Nichtbasisvariablen in der Zielfunktion auftreten, und keine additive Konstante vorhanden ist, ist der zur Ausgangsbasislösung gehörende
Zielfunktionswert gleich Null.

Die Variable x_2 hat den größten positiven Zielfunktionskoeffizienten. Es ist
somit ein Austauschschritt durchzuführen, der x_2 in die Basis einführt. Die
Variable, die für x_2 die Basis verläßt, ergibt sich dadurch, daß man x_2
- unter Beachtung der Nichtnegativitätsbedingung - möglichst groß wählt.
Den Restriktionen (i) aus Modell 2-9 entnimmt man, daß x_2 - da x_1 als Nichtbasisvariable den Wert Null hat - maximal den Wert 3 annehmen kann; hierfür
nämlich wird y_3 zu Null, während die übrigen Basisvariablen positiv bleiben.

Es hat sich somit eine Basislösung ergeben, die x_1 und y_3 als Nichtbasisvariablen und x_2, y_1 und y_2 als Basisvariablen enthält.

Löst man die Restriktion

$$y_3 = 9 - 3x_2$$

aus Modell 2-9 nach x_2 auf - man erhält

$$x_2 = 3 - \frac{y_3}{3} -$$

und setzt man dies anschließend in Modell 2-9 ein, dann ergibt sich als Darstellung von Modell 2-8 in Abhängigkeit von den Nichtbasisvariablen x_1 und y_3

$$z = x_1 - \frac{2}{3}y_3 + 6 = \text{Max!}$$

unter den Restriktionen

$$\text{(i)} \quad y_1 = 2 - x_1 + y_3$$
$$y_2 = 5 - x_1 + \frac{y_3}{3}$$
$$x_2 = 3 \qquad - \frac{y_3}{3}$$
$$\text{(ii)} \quad x_1 \geqq 0, \ x_2 \geqq 0$$
$$y_1 \geqq 0, \ y_2 \geqq 0, \ y_3 \geqq 0$$

Modell 2-10: Darstellung von Modell 2-8 in
Abhängigkeit von x_1 und y_3

Ordnet man den Nichtbasisvariablen den Wert Null zu, so entnimmt man Modell 2-10 als Basislösung

$$(x_1, x_2, y_1, y_2, y_3) = (0,3,2,5,0)$$

und als zugehörigen Zielfunktionswert

$$z = 6.$$

Im nächsten Schritt ist nun x_1 in die Basis aufzunehmen, denn - wie Modell 2-10 zu entnehmen ist - hat lediglich x_1 einen positiven Zielfunktionskoeffizienten. Den Restriktionen (i) von Modell 2-10 entnimmt man, daß x_1 - da y_3 als Nichtbasisvariable den Wert Null hat - maximal den Wert 2 annehmen kann, ohne die Nichtnegativitätsbedingung zu verletzen. Die Variable y_1 nimmt hierfür den Wert Null an, während die übrigen Basisvariablen positiv bleiben. Folglich übernimmt die Variable x_1 den Platz der Variablen y_1 in der Basis. Die Basislösung, die sich ergeben hat, besteht somit aus den

Nichtbasisvariablen y_1 und y_3 und den Basisvariablen x_1, x_2 und y_2. Löst man die Restriktion

$$y_1 = 2 - x_1 + y_3$$

aus Modell 2-10 nach x_1 auf - man erhält

$$x_1 = 2 - y_1 + y_3 -$$

und setzt man dies in Modell 2-10 ein, so ergibt sich als Darstellung von Modell 2-8 in Abhängigkeit von den Nichtbasisvariablen y_1 und y_3

$$z = -y_1 + \tfrac{1}{3}y_3 + 8 = \text{Max!}$$

unter den Restriktionen

$$\text{(i)} \quad x_1 = 2 - y_1 + y_3$$
$$y_2 = 3 + y_1 - \tfrac{2}{3}y_3$$
$$x_2 = 3 \qquad - \tfrac{1}{3}y_3$$
$$\text{(ii)} \quad x_1 \geqq 0,\ x_2 \geqq 0$$
$$y_1 \geqq 0,\ y_2 \geqq 0,\ y_3 \geqq 0.$$

Modell 2-11: Darstellung von Modell 2-8 in
Abhängigkeit von y_1 und y_3

Als Basislösung entnimmt man Modell 2-11

$$(x_1, x_2, y_1, y_2, y_3) = (2,3,0,3,0)$$

und als zugehörigen Zielfunktionswert

$$z = 8.$$

Da die Variable y_3 in Modell 2-11 einen positiven Zielfunktionskoeffizienten hat, ist nun ein Austauschschritt durchzuführen, der y_3 in die Basis einführt. Den Restriktionen (i) von Modell 2-11 entnimmt man, daß y_3 - da y_1 als Nichtbasisvariable den Wert Null hat - maximal den Wert $\tfrac{9}{2}$ annehmen kann, ohne daß die Nichtnegativitätsbedingung verletzt wird. Die Variable y_2 nimmt hierfür den Wert Null an, während die übrigen Basisvariablen positiv bleiben. Die Basislösung, die sich somit ergeben hat, besteht aus den Nichtbasisvariablen y_1 und y_2 und den Basisvariablen x_1, x_2 und y_3. Indem man die Restriktion

$$y_2 = 3 + y_1 - \tfrac{2}{3}y_3$$

aus Modell 2-11 nach y_3 auflöst - es ergibt sich

$$y_3 = \frac{9}{2} + \frac{3}{2}y_1 - \frac{3}{2}y_2 -$$

und anschließend in Modell 2-11 einsetzt, erhält man als Darstellung von Modell 2-8 in Abhängigkeit von den Nichtbasisvariablen y_1 und y_2

$$z = -\frac{1}{2}y_1 - \frac{1}{2}y_2 + \frac{19}{2} = \text{Max!}$$

unter den Restriktionen

$$\text{(i)} \quad x_1 = \frac{13}{2} + \frac{1}{2}y_1 - \frac{3}{2}y_2$$

$$y_3 = \frac{9}{2} + \frac{3}{2}y_1 - \frac{3}{2}y_2$$

$$x_2 = \frac{3}{2} - \frac{1}{2}y_1 + \frac{1}{2}y_2$$

$$\text{(ii)} \quad x_1 \geqq 0, \; x_2 \geqq 0$$

$$y_1 \geqq 0, \; y_2 \geqq 0, \; y_3 \geqq 0.$$

Modell 2-12: Darstellung von Modell 2-8 in
Abhängigkeit von y_1 und y_2

Als Basislösung entnimmt man

$$(x_1, x_2, y_1, y_2, y_3) = (\frac{13}{2}, \frac{3}{2}, 0, 0, \frac{9}{2})$$

und als zugehörigen Zielfunktionswert

$$z = \frac{19}{2}.$$

Betrachtet man die Zielfunktion von Modell 2-12, so erkennt man, daß sämtliche Zielfunktionskoeffizienten negativ sind. Die Aufnahme von y_1 bzw. y_2 in die Basis, d.h. ein Zuweisen von positiven Werten an y_1 bzw. y_2, würde folglich keinen Anstieg des Zielfunktionswertes nach sich ziehen, sondern vielmehr ein Sinken. Die Optimallösung ist somit erreicht.

Aus diesen Betrachtungen läßt sich das im folgenden Satz zum Ausdruck gebrachte Optimalitätskriterium herleiten:

Satz 2-8 (Optimalitätskriterium)
Eine Basislösung ist genau dann maximal, wenn bei der Darstellung eines Modells in Abhängigkeit von den Nichtbasisvariablen sämtliche Koeffizienten der Zielfunktion kleiner oder gleich Null sind.

Die nachfolgende Abbildung 2-14 mit den den Basislösungen entsprechenden Ecken des zulässigen Bereichs, soll die Vorgehensweise des Simplexalgorithmus zur Lösung von Modell 2-8 noch einmal veranschaulichen.

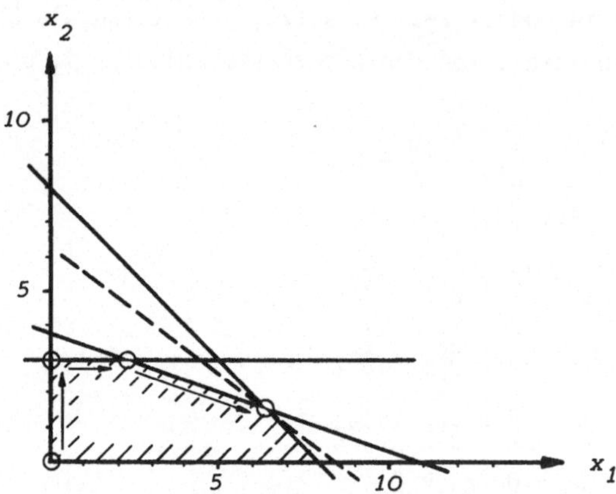

Abb. 2-14: Reihenfolge und Ecken des zulässigen
Bereichs, entsprechend den bei Anwendung
des Simplexalgorithmus auf Modell 2-8
(Beispiel 1) erzeugte Basislösungen

Vor einigen abschließenden Bemerkungen, die sich mit der Übertragung der beschriebenen Vorgehensweise auf größere Modelle und die hierbei auftretenden Schwierigkeiten, sowie mit dem Begriff Simplexalgorithmus selbst beschäftigen, soll noch darauf eingegangen werden, wie erkannt wird, daß ein Problem keine endliche Optimallösung besitzt.

Zur Illustration diene das folgende Beispiel:

$$z = x_1 + 2x_2 = \text{Max}!$$

unter den Restriktionen

$$\text{(i)} \quad -2x_1 + x_2 \leq 2$$
$$x_1 - 3x_2 \leq 3$$
$$\text{(ii)} \quad x_1 \geq 0, \, x_2 \geq 0$$

Modell 2-13: Beispiel eines Modells ohne
endliche Optimallösung

Die nachfolgende Abbildung 2-15 gibt den entsprechenden zulässigen Bereich mit einem Exemplar der Zielfunktion wieder.

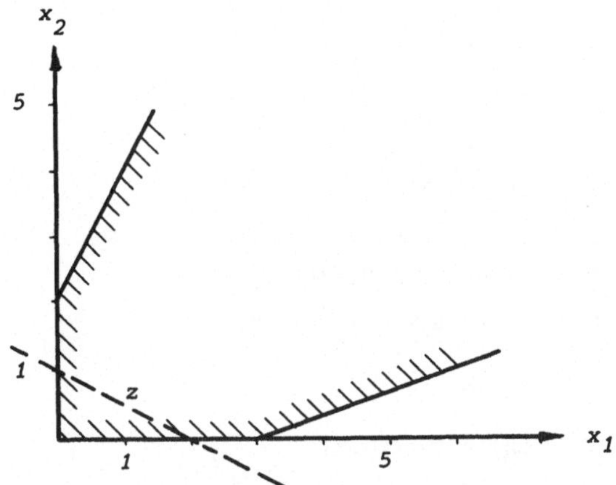

Abb. 2-15: *Zulässiger Bereich mit Exemplar der Zielfunktion zu Modell 2-13*

Einführen der Schlupfvariablen und Darstellung derselben durch x_1 und x_2 liefert Modell 2-14:

$$z = x_1 + 2x_2 = \text{Max!}$$

unter den Restriktionen

$$(i) \quad y_1 = 2 + 2x_1 - x_2$$
$$y_2 = 3 - x_1 + 3x_2$$

$$(ii) \quad x_1 \geq 0, \ x_2 \geq 0$$
$$y_1 \geq 0, \ y_2 \geq 0$$

Modell 2-14: Darstellung von Modell 2-13 in Abhängigkeit von x_1 und x_2

Modell 2-14 entnimmt man als Basislösung

$$(x_1, x_2, y_1, y_2) = (0,0,2,3)$$

und als zugehörigen Zielfunktionswert

$$z = 0.$$

Ein Austauschschritt, der x_2 in die Basis einführt liefert Modell 2-15:

$$z = 5x_1 - 2y_1 + 4 = \text{Max!}$$

unter den Restriktionen

(i) $\quad x_2 = 2 + 2x_1 - y_1$
$\qquad y_2 = 9 + 5x_1 - 3y_1$

(ii) $\quad x_1 \geq 0,\ x_2 \geq 0$
$\qquad y_1 \geq 0,\ y_2 \geq 0$

Modell 2-15: Darstellung von Modell 2-13 in
Abhängigkeit von x_1 und y_1

Als Basislösung erhält man

$$(x_1, x_2, y_1, y_2) = (0,2,0,9)$$

und als Zielfunktionswert

$$z = 4.$$

Da x_1 einen positiven Zielfunktionskoeffizienten besitzt, wird man versuchen, einen Austauschschritt durchzuführen, der x_1 in die Basis einführt. Den Restriktionen (i) von Modell 2-15 entnimmt man aber unmittelbar, daß x_1 beliebig groß werden kann, ohne daß die Nichtnegativitätsbedingung verletzt wird, und daß - da y_1 als Nichtbasisvariable den Wert Null hat - ein Anwachsen von x_1 niemals bewirken kann, daß eine der Basisvariablen x_2 bzw. y_2 den Wert Null annimmt. Somit ist kein Austauschschritt möglich, der x_1 in die Basis einführt. Da x_1 beliebig groß werden kann, und der Koeffizient von x_1 in der Zielfunktion positiv ist, kann natürlich auch der Wert der Zielfunktion beliebig groß werden, d.h. es existiert kein endlicher Optimalwert.

Der Grund dafür, daß bzgl. x_1 kein Austauschschritt durchgeführt werden konnte, ist der, daß in den Restriktionen (i) von Modell 2-15 sämtliche Koeffizienten zu der in die Basis aufzunehmenden Variablen x_1 positiv sind, und ein Anwachsen von x_1 folglich niemals bewirken kann, daß eine der Basisvariablen den Wert Null annimmt.

Eine Verallgemeinerung dieses Sachverhaltes beinhaltet der folgende Satz:

Satz 2-9

Existiert bei der Darstellung eines Modells in Abhängigkeit von den Nichtbasisvariablen einer bekannten Basislösung ein Zielfunktionskoeffizient mit positivem Wert, und sind in den Restriktionen vom Typ (i) sämtliche Koeffizienten der dem Zielfunktionskoeffizienten zugehörigen Variablen nicht negativ, dann besitzt das Modell keine endliche Optimallösung.

Vor einigen Anmerkungen zum Simplexalgorithmus - speziell zu dessen Anwendung auf größere Probleme - soll zunächst auf den Begriff des "Simplexalgorithmus" selbst eingegangen werden. Dieser Begriff leitet sich aus der in der Mathematik gebräuchlichen Bezeichnung "Simplex" für eine durch Restriktionen des Typs (i) und (ii) von Modell 2-4 erzeugte Punktmenge ab.

Die Übertragung des Simplexalgorithmus, d.h. der beschriebenen Vorgehensweise, auf größere Modelle kann lediglich in den beiden folgenden Punkten zu Schwierigkeiten führen:

. die Bestimmung der Variablen, die bei einem Austauschschritt die Basis verläßt,

. die Darstellung des Modells in Abhängigkeit von den Nichtbasisvariablen.

Die Auswahl einer in die Basis aufzunehmenden Variablen dagegen sowie die Überprüfung auf Optimalität und Existenz einer endlichen Optimallösung erfordern - wie man Satz 2-7 bis Satz 2-9 unmittelbar entnimmt - selbst bei großen Problemen keinen nennenswerten Mehraufwand. Zur Bewältigung der beiden oben angeführten Punkte stellt der Simplexalgorithmus einen einfachen Formelmechanismus zur Verfügung.

Voraussetzung für die Durchführung des Simplexalgorithmus ist die Kenntnis einer Basislösung. Auf die verschiedenen Verfahren zur Bestimmung einer Basislösung, wie die M-Methode, die Zweiphasenmethode oder die Mehrphasenmethode soll jedoch nicht näher eingegangen werden. Es sei aber vermerkt, daß die Bestimmung einer Basislösung - speziell bei großen Problemen - äußerst aufwendig sein kann.

2.2.4 <u>Sensitivitätsanalyse</u>

Häufig interessiert man sich dafür, in welchen Bereichen einzelne Ausgangsdaten des Modells - d.h. mit Ausnahme eines c_j oder eines a_{ij} oder eines b_i bleiben sämtliche anderen Daten konstant - variieren dürfen, bis bei Überschreitung dieser Bereichsgrenzen das modifizierte Modell eine andere optimale Basis besitzt als das Ausgangsmodell. Variationen der Ausgangsdaten haben im allgemeinen eine Änderung der Variablenwerte und des Optimalwertes der Zielfunktion zur Folge; von Bedeutung ist lediglich, daß die optimalen Basislösungen von Ausgangsproblem und modifiziertem Problem durch dasselbe System von Basis- und Nichtbasisvariablen dargestellt werden.

Untersuchungen dieser Art werden unter dem Begriff <u>Sensitivitätsanalyse</u> zusammengefaßt.

Für Modell 2-8 sollen zunächst bzgl. der rechten Seiten b_1, b_2, b_3 und anschließend bzgl. der Kostenkoeffizienten c_1 und c_2 die maximalen Bereiche, innerhalb derer kein Basiswechsel stattfindet, angegeben werden.

Das Modell 2-8 lautet

$$z = x_1 + 2x_2 = \text{Max}!$$

unter den Restriktionen

$$
\begin{array}{llll}
\text{(i)} & x_1 + 3x_2 + y_1 & & = 11 \\
& x_1 + x_2 \quad + y_2 & & = 8 \\
& 3x_2 \quad\quad + y_3 & & = 9
\end{array}
$$

$$
\begin{array}{l}
\text{(ii)} \quad x_1 \geq 0, \; x_2 \geq 0 \\
\quad\quad\; y_1 \geq 0, \; y_2 \geq 0, \; y_3 \geq 0.
\end{array}
$$

Als Optimallösung ergab sich

$$(x_1, x_2, y_1, y_2, y_3) = (6.5, 1.5, 0, 0, 4.5)$$

sowie

$$z = 9.5.$$

Die optimale Basislösung besteht aus den Nichtbasisvariablen y_1 und y_2, sowie den Basisvariablen x_1, x_2 und y_3.

Die Aufgabe besteht darin, für die einzelnen rechten Seiten sowie die Kostenkoeffizienten untere und obere Grenzen, d.h.

$$
\begin{array}{l}
b_1{}' \leq b_1 \leq b_1{}'' \\
b_2{}' \leq b_2 \leq b_2{}'' \\
b_3{}' \leq b_3 \leq b_3{}''
\end{array}
$$

sowie

$$
\begin{array}{l}
c_1{}' \leq c_1 \leq c_1{}'' \\
c_2{}' \leq c_2 \leq c_2{}''
\end{array}
$$

wobei auch $-\infty$ und $+\infty$ zugelassen sind, zu bestimmen, so daß innerhalb der dadurch gegebenen Bereiche kein Basiswechsel stattfindet. Da die Nichtbasisvariablen stets den Wert Null besitzen und bei einem Basiswechsel eine Nichtbasisvariable gegen eine Basisvariable ausgetauscht wird, kann ein Ausgangselement soweit variiert werden, bis eine Basisvariable der optimalen Basis den Wert Null annimmt, und dadurch einer Nichtbasisvariablen Eintritt in die Basis gewährt. Auf die explizite Herleitung der Bereichsgrenzen soll jedoch verzichtet werden; die Bereichsgrenzen werden im folgenden lediglich wiedergegeben und interpretiert.

Bezüglich der einzelnen rechten Seiten erhält man:

- b_1 = 11:

Für

$$8 \leqq b_1 \leqq 14$$

ändert sich die Zusammensetzung der Basis nicht. Die Restriktion

$$x_1 + 3x_2 \leqq 8$$

liefert die optimale Basislösung

$$(x_1,x_2,y_1,y_2,y_3) = (8,0,0,0,9)$$

sowie

$$z = 8.$$

Für b_1 = 8 verläßt somit x_2 die bzgl. des Ausgangsproblems optimale Basis und an ihrer Stelle tritt eine der Nichtbasisvariablen y_1 bzw. y_2 in die Basis. Die optimale Basislösung des durch b_1 = 8 modifizierten Problems läßt sich somit durch die beiden folgenden Systeme aus Nichtbasis- und Basisvariablen beschreiben, nämlich entweder durch die Nichtbasisvariablen x_2, y_2 und die Basisvariablen x_1, y_1 und y_3 oder durch die Nichtbasisvariablen x_2, y_1 und die Basisvariablen x_1, y_2 und y_3.

Die Restriktion

$$x_1 + 3x_2 \leqq 14$$

liefert die optimale Basislösung

$$(x_1,x_2,y_1,y_2,y_3) = (5,3,0,0,0)$$

sowie

$$z = 11.$$

Für b_1 = 14 verläßt y_3 die bzgl. des Ausgangsproblems optimale Basis und an ihrer Stelle tritt eine der Nichtbasisvariablen y_1 bzw. y_2 in die Basis. Die optimale Basis des durch b_1 = 14 modifizierten Problems läßt sich folglich durch die beiden folgenden Systeme aus Nichtbasis- und Basisvariablen beschreiben, nämlich entweder durch die Nichtbasisvariablen y_3, y_2 und die Basisvariablen x_1, x_2 und y_1 oder durch die Nichtbasisvariablen y_3, y_1 und die Basisvariablen x_1, x_2 und y_2.

Die nachfolgende Abbildung 2-16 soll diesen Sachverhalt veranschaulichen:

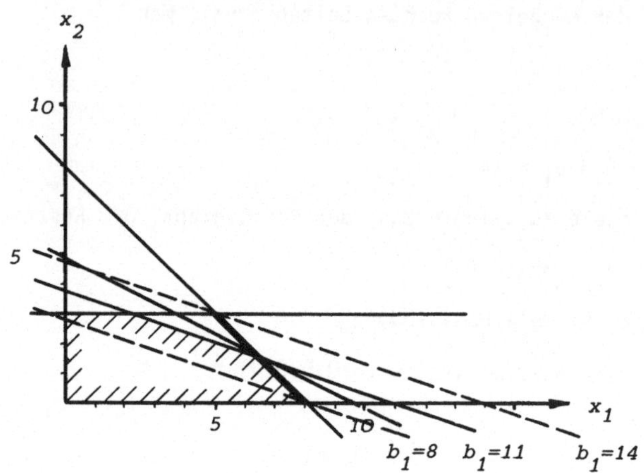

*Abb. 2-16: Variationsbereich mit Optimallösungen bzgl.
der rechten Seite b_1=11 von Modell 2-8
(Beispiel 1)*

Für

$$8 \leq b_1 \leq 14$$

befindet sich der Optimalpunkt stets auf der dick eingezeichneten Strecke.

Für die übrigen beiden rechten Seiten seien nur die Grenzen mit den entsprechenden Optimallösungen sowie die graphischen Darstellungen angeführt.

- $b_2 = 8$:

Für

$$5 \leq b_2 \leq 11$$

findet kein Basiswechsel statt. Die Restriktion

$$x_1 + x_2 \leq 5$$

liefert

$$(x_1,x_2,y_1,y_2,y_3) = (2,3,0,0,0)$$

mit

$$z = 8,$$

die Restriktion

$$x_1 + x_2 \leq 11$$

ergibt

$$(x_1, x_2, y_1, y_2, y_3) = (11, 0, 0, 0, 9)$$

sowie

$$z = 11.$$

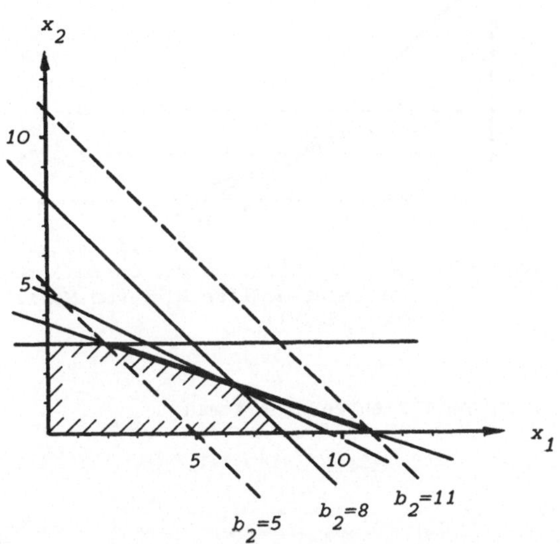

Abb. 2-17: Variationsbereich mit Optimallösungen bzgl. der rechten Seite $b_2=8$ von Modell 2-8 (Beispiel 1)

Für den angegebenen Bereich befindet sich die Optimallösung stets auf der dick eingezeichneten Strecke (Abb. 2-17).

- $b_3 = 9$:

Für

$$4.5 \leq b_3 < \infty$$

bleibt die Zusammensetzung der Basis erhalten. Die Restriktion

$$3x_2 \leq 4.5$$

liefert

$$(x_1, x_2, y_1, y_2, y_3) = (6.5, 1.5, 0, 0, 0)$$

mit

$$z = 9.5.$$

Abbildung 2-18 zeigt diesen Sachverhalt.

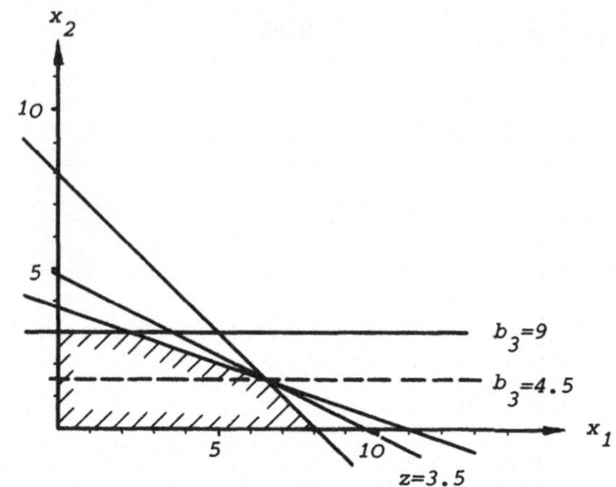

Abb. 2-18: Variationsbereich mit Optimallösung bzgl.
der rechten Seite $b_3=9$ von Modell 2-8
(Beispiel 1)

Bezüglich der Kostenkoeffizienten erhält man

- $c_1 = 1$:

Für

$$0.6667 \le c_1 \le 2$$

bleibt nicht nur die Zusammensetzung der Basis, sondern sogar der Optimalpunkt erhalten, d.h. der Optimalpunkt ist

$$(x_1, x_2, y_1, y_2, y_3) = (6.5, 1.5, 0, 0, 4.5)$$

als Zielfunktionswert ergibt sich für

$$c_1 = 0.6667 \text{ der Wert } z = 7.3333$$

und für

$$c_1 = 2 \text{ der Wert } z = 16.$$

Für

$$0.6667 \le c_1 \le 2$$

geht die Zielfunktion durch den Punkt

$$(x_1, x_2) = (6.5, 1.5)$$

und schneidet die x_1-Achse zwischen $x_1 = 8$ und $x_1 = 11$.

Für

$$c_1 = 0.6667$$

fällt sie mit der Geraden

$$x_1 + 3x_2 = 11,$$

für

$$c_1 = 2$$

mit der Geraden

$$x_1 + x_2 = 8$$

zusammen (Abb. 2-19).

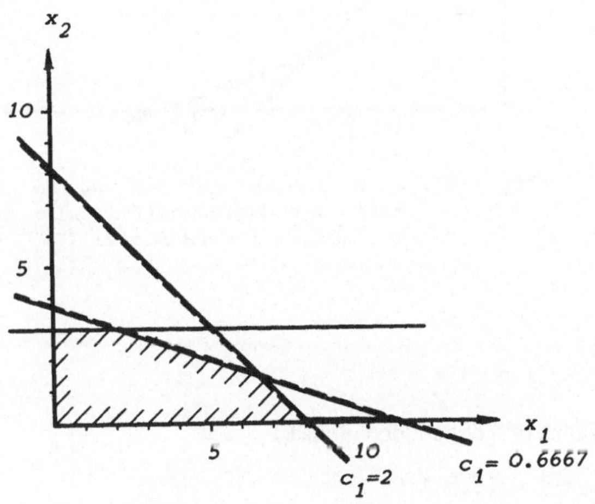

Abb. 2-19: *Variationsbereich mit Optimallösung bzgl. des Kostenkoeffizienten c_1=1 von Modell 2-8 (Beispiel 1)*

- $c_2 = 2$:

Analog c_1 bleibt für

$$1 \leq c_2 \leq 3$$

nicht nur die Zusammensetzung der Basis, sondern auch der Optimalpunkt erhalten, d.h. der Optimalpunkt ist

$$(x_1,x_2,y_1,y_2,y_3) = (6.5,1.5,0,0,4.5).$$

Als Zielfunktionswert ergibt sich für

$$c_2 = 1 \text{ der Wert } z = 8$$

und für

$c_2 = 3$ der Wert $z = 11$.

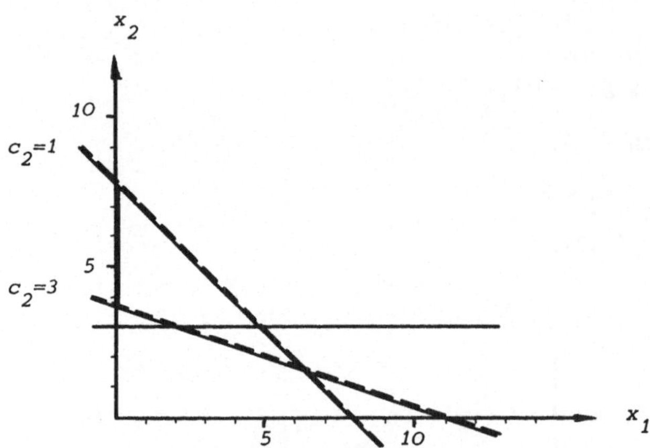

Abb. 2-20: *Variationsbereich mit Optimallösung bzgl. des Kostenkoeffizienten $c_2=2$ von Modell 2-8 (Beispiel 1)*

Für

$$1 \leq c_2 \leq 3$$

geht die Zielfunktion durch den Punkt

$$(x_1, x_2) = (6.5, 1.5)$$

und schneidet die x_2-Achse zwischen $x_2 = 3.6667$ und $x_2 = 8$.

Für

$$c_2 = 1$$

fällt sie mit der Geraden

$$x_1 + x_2 = 8$$

für

$$c_2 = 3$$

mit der Geraden

$$x_1 + 3x_2 = 11$$

zusammen (Abb. 2-20).

Die Bedeutung der Sensitivitätsanalyse ergibt sich daraus, daß - etwa bei Produktionsplanungsproblemen - einem Basiswechsel häufig eine Änderung des

Produktionsprogramms entspricht. So enthält z.B. - wie aus den Abbildungen 2-16 und 2-19 unmittelbar zu ersehen ist - das optimale Produktionsprogramm lediglich Produkte vom Typ P_1, wenn im obigen Beispiel die erste Restriktion etwa durch

$$x_1 + 3x_2 \leq k \qquad 0 < k \leq 8$$

bzw. der Kostenkoeffizient c_1 durch einen Wert größer als 2 ersetzt wird.

2.2.5 Dualität

Jedem linearen Standardmodell 2-4 läßt sich ein anderes Modell zuordnen, das sogenannte "duale" Problem.

Dem Modell 2-4, das auch als "primales" Problem bezeichnet wird, nämlich

$$z = \sum_{j=1}^{n} c_j x_j = \text{Max!}$$

unter den Restriktionen

$$\text{(i)} \quad \sum_{j=1}^{n} a_{ij} x_j \leq b_i \qquad i = 1, 2, \ldots, m$$

$$\text{(ii)} \quad x_j \geq 0 \qquad j = 1, 2, \ldots, n$$

ordnet man das folgende "duale" Problem zu:

$$\tilde{z} = \sum_{i=1}^{m} b_i u_i = \text{Min!}$$

unter den Restriktionen

$$\text{(i)} \quad \sum_{i=1}^{m} a_{ij} u_i \geq c_j \qquad j = 1, 2, \ldots, n$$

$$\text{(ii)} \quad u_i \geq 0 \qquad i = 1, 2, \ldots, m$$

Modell 2-16: Duales Problem zu Modell 2-4

Geht man von Modell 2-5 als primalem Problem aus, d.h.

$$z = x_1 + 2x_2 = \text{Max!}$$

unter den Restriktionen

$$\text{(i)} \quad x_1 + 3x_2 \leq 11$$
$$x_1 + x_2 \leq 8$$
$$3x_2 \leq 9$$

$$\text{(ii)} \quad x_1 \geq 0, \ x_2 \geq 0.$$

so erhält man als zugehöriges duales Problem:

$$z = 11u_1 + 8u_2 + 9u_3 = \text{Min!}$$

unter den Restriktionen

$$\text{(i)} \quad u_1 + u_2 \qquad \geq 1$$
$$3u_1 + u_2 + 3u_3 \geq 2$$
$$\text{(ii)} \quad u_1 \geq 0, \ u_2 \geq 0, \ u_3 \geq 0.$$

Modell 2-17: Duales Problem zu Modell 2-5 (Beispiel 1)

Wie man unmittelbar erkennt, bestehen zwischen primalem und dualem Problem, d.h. Modell 2-4 und Modell 2-16, gewisse Symmetriebeziehungen, so finden sich z.B. die Koeffizienten der Zielfunktion des primalen Problems als rechte Seiten in den Restriktionen (i) des dualen Problems und die Koeffizienten der Zielfunktion des dualen Problems als rechte Seiten in den Restriktionen (i) des primalen Problems wieder. Der Koeffizientenmatrix des primalen Problems

$$\begin{pmatrix} a_{11} & a_{12} & & a_{1n} \\ a_{21} & a_{22} & & a_{2n} \\ \cdot & & & \\ \cdot & & & \\ a_{m1} & a_{m2} & & a_{mn} \end{pmatrix}$$

entspricht ferner die Koeffizientenmatrix

$$\begin{pmatrix} a_{11} & a_{21} & & a_{m1} \\ a_{12} & a_{22} & & a_{m2} \\ \cdot & & & \\ \cdot & & & \\ a_{1n} & a_{2n} & & a_{mn} \end{pmatrix}$$

des dualen Problems.Bringt man das duale Problem zunächst auf Standardform, d.h.

$$\sum_{i=1}^{m} (-b_i)u_i = \text{Max!}$$

unter den Restriktionen

$$\text{(i)} \quad \sum_{i=1}^{m} (-a_{ij})u_i \leq -c_j \qquad j = 1, 2, \ldots, n$$

$$\text{(ii)} \quad u_i \geq 0 \qquad\qquad i = 1, 2, \ldots, m$$

und bildet man anschließend hierzu das duale Problem

$$\sum_{j=1}^{n} (-c_j)x_j = \text{Min!}$$

unter den Restriktionen

$$\text{(i)} \quad \sum_{j=1}^{n} (-a_{ij})x_j \geq -b_i \qquad i = 1, 2, \ldots, m$$

$$\text{(ii)} \quad x_j \geq 0 \qquad\qquad j = 1, 2, \ldots, n$$

so erkennt man, wenn man sich die Zielfunktion sowie die Restriktionen vom Typ (i) mit (-1) multipliziert denkt, daß das duale Problem mit dem Aus-

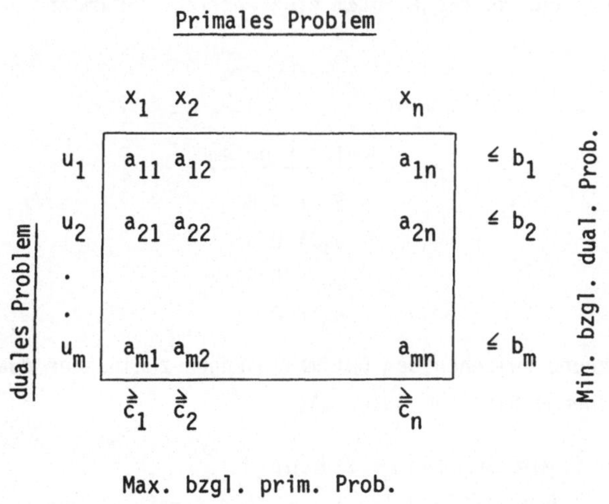

Primales Problem

	x_1	x_2		x_n	
u_1	a_{11}	a_{12}		a_{1n}	$\leq b_1$
u_2	a_{21}	a_{22}		a_{2n}	$\leq b_2$
.					
.					
u_m	a_{m1}	a_{m2}		a_{mn}	$\leq b_m$
	$\geq \bar{c}_1$	$\geq \bar{c}_2$		$\geq \bar{c}_n$	

duales Problem (linke Randbeschriftung) — Min. bzgl. dual. Prob. (rechte Randbeschriftung)

Max. bzgl. prim. Prob.

Abb. 2-21: Tucker-Diagramm mit den Modellen 2-4 und 2-16

gangsproblem identisch ist, d.h. es hat sich wieder das ursprüngliche primale Problem ergeben; man spricht deshalb auch von zueinander dualen Problemen.

Zueinander duale Probleme können gleichzeitig im sogenannten "Tucker-Diagramm" untergebracht und abgelesen werden, wie Abbildung 2-21 zeigte.

Zu Modell 2-5 (Beispiel 1) ergibt sich als "Tucker-Diagramm":

$$
\begin{array}{c|cc|c}
 & x_1 & x_2 & \\
\hline
u_1 & 1 & 3 & \leq 11 \\
u_2 & 1 & 1 & \leq 8 \\
u_3 & 0 & 3 & \leq 9 \\
\hline
 & \geq & \geq & \\
 & 1 & 2 &
\end{array}
$$

Abb. 2-22: Tucker-Diagramm mit den Modellen
2-5 und 2-17 (Beispiel 1)

Einen wichtigen Zusammenhang zwischen zueinander dualen Problemen beinhaltet der folgende Satz:

Satz 2-10 (Dualitätssatz)
Besitzt das eine von zwei zueinander dualen Problemen eine endliche Optimallösung, dann besitzt auch das andere Problem eine endliche Optimallösung und beide stimmen überein.

Für die Modelle 2-5 und 2-17 erhält man:

Primales Problem	Duales Problem
$z = 9.5$	$\tilde{z} = 9.5$
$x_1 = 6.5$	$u_1 = 0.5$
$x_2 = 1.5$	$u_2 = 0.5$
	$u_3 = 0$

Eine interessante Beziehung zwischen den Optimallösungen zueinander dualer Probleme bringt der folgende Satz zum Ausdruck:

Satz 2-11 (Satz vom komplementären Schlupf)
Sind $(x_1', x_2', \ldots, x_n')$ bzw. $(u_1', u_2', \ldots, u_m')$ optimale Lösungen zueinander dualer Probleme, dann gelten folgende Beziehungen

$$(i) \quad x_k' > 0 \text{ impliziert } \sum_{i=1}^{m} a_{ik}u_i' = c_k$$

$$\sum_{i=1}^{m} a_{ik}u_i' > c_k \text{ impliziert } x_k' = 0$$

bzw.

$$(ii) \quad u_\ell' > 0 \text{ impliziert } \sum_{j=1}^{n} a_{\ell j}x_j' = b_\ell$$

$$\sum_{j=1}^{n} a_{\ell j}x_j' < b_\ell \text{ impliziert } u_\ell' = 0.$$

Legt man das Tucker-Diagramm zugrunde, dann besagt dieser Satz folgendes:

Sind $(x_1', x_2', \ldots, x_n')$ bzw. $(u_1', u_2', \ldots, u_m')$ Optimallösungen zueinander dualer Probleme, dann gilt:

Ist $x_k' > 0$, dann ist die durch die k-te Spalte des Tucker-Diagramms gegebene Restriktion des dualen Problems mit dem Gleichheitszeichen erfüllt; ist diese Restriktion dagegen nicht mit dem Gleichheitszeichen, sondern mit dem ">"-Zeichen erfüllt, dann gilt $x_k' = 0$. Entsprechendes gilt, wenn man von u_1' ausgeht.

Zur Erläuterung diene das Tucker-Diagramm aus Abb. 2-22 mit den entsprechenden Optimallösungen:

	$x_1' = 6.5$	$x_2' = 1.5$	
$u_1' = 0.5$	1	3	≤ 11
$u_2' = 0.5$	1	1	≤ 8
$u_3' = 0$	0	3	≤ 9
	≥ 1	≥ 2	

Abb. 2-23: Tucker-Diagramm mit den Optimallösungen
zu den Modellen 2-5 und 2-17 (Beispiel 1)

Betrachtet man z.B. $x_1' = 6.5$, dann ist - wie man leicht nachrechnet - die der ersten Spalte entsprechende Restriktion des dualen Problems

$$u_1 + u_2 \geq 1$$

durch die zugehörige Optimallösung mit dem Gleichheitszeichen erfüllt; betrachtet man dagegen die Restriktion

$$3x_2 \leq 9,$$

die durch die Optimallösung nicht mit dem Gleichheitszeichen erfüllt wird, so besitzt die zugehörige Variable der Optimallösung des dualen Problems, nämlich die Variable u_3, den Wert Null.

Die Lösungen eines zu einem primalen Problem gehörenden dualen Problems lassen auch eine ökonomische Interpretation bzgl. des primalen Problems zu.

Geht man etwa von dem primalen Problem

$$z = \sum_{j=1}^{n} c_j x_j = \text{Max}!$$

unter den Restriktionen

$$(i) \quad \sum_{j=1}^{n} a_{ij} x_j \leq b_i \qquad i = 1, 2, \ldots, m$$

$$(ii) \quad x_j \geq 0 \qquad j = 1, 2, \ldots, n,$$

das in Analogie zu Beispiel 1 ein Produktionsplanungsproblem darstellen soll, und dem zugehörigen dualen Problem

$$\tilde{z} = \sum_{i=1}^{m} b_i u_i = \text{Min}!$$

unter den Restriktionen

$$(i) \quad \sum_{i=1}^{m} a_{ij} u_i \geq c_j \qquad j = 1, 2, \ldots, n$$

$$(ii) \quad u_i \geq 0 \qquad i = 1, 2, \ldots, m$$

aus, und bezeichnen

$$(x_1', x_2', \ldots, x_n') \quad \text{bzw.} \quad (u_1', u_2', \ldots, u_m')$$

optimale Lösungen des primalen bzw. dualen Problems und ferner $z(x')$ bzw. $\tilde{z}(u')$ die zugehörigen Optimalwerte, dann gilt nach Satz 2-10, dem Dualitätssatz

$$z(x') = \overline{z}(u').$$

Vergrößert man nun etwa die Gesamtkapazität der Maschine M_i um eine Einheit, d.h. von b_i auf $b_i + 1$, und besitzt das so modifizierte Problem eine Optimallösung $(\overline{x}_1, \overline{x}_2, \ldots, \overline{x}_n)$, mit der gleichen Basis wie das Ausgangsproblem, dann besteht zwischen dem Optimalwert $z(x')$ des Ausgangsproblems und dem Optimalwert $z(\overline{x})$ des modifizierten Problems die Beziehung

$$z(\overline{x}) = z(x') + u_i'$$

d.h. es hat eine Gewinnerhöhung um u_i' Geldeinheiten stattgefunden. Die u_i' der Optimallösung des dualen Problems, die auch als <u>Schattenpreise</u> bezeichnet werden, geben somit den Gewinnzuwachs an, der durch Erhöhung der Kapazität der Maschine M_i um eine Einheit eintritt.

Betrachtet man diesbezüglich Abbildung 2-23 mit den Modellen 2-5 und 2-17 (Beispiel 1) - die entsprechenden Angaben sowie die Ergebnisse der Sensitivitätsanalyse bzgl. der rechten Seiten aus Kapitel 2.2.4 seien nochmals angeführt

$$
\begin{array}{lccc}
 & x_1' = 6.5 & x_2' = 1.5 & \\
u_1' = 0.5 & 1 & 3 & \leqq 11 \\
u_2' = 0.5 & 1 & 1 & \leqq 8 \\
u_3' = 0 & 0 & 3 & \leqq 9 \\
 & \geqq & \geqq & \\
 & 1 & 2 & \boxed{9.5}
\end{array}
$$

$$8 \leqq b_1 \leqq 14$$

$$5 \leqq b_2 \leqq 11$$

$$4.5 \leqq b_3 < \infty$$

dann erhält man, da eine Erhöhung der Kapazität von b_i auf $b_i + 1$ keinen Basiswechsel bewirkt, die in Abbildung 2-24 wiedergegebenen Beziehungen zwischen den modifizierten Problemen und dem Ausgangsproblem.

Zusammenfassend läßt die Dualität somit folgende ökonomische Interpretation zu:

Wird im optimalen Produktionsprogramm die zur Verfügung stehende Kapazität der Maschine M_i nicht ausgeschöpft, d.h. die entsprechende Schlupfvariable y_i des Ausgangsproblems bzw. primalen Problems hat einen positiven Wert, dann bringt eine Kapazitätserhöhung keinen zusätzlichen Gewinn, d.h. die zugehörige Variable u_i des dualen Problems hat den Wert Null. Umgekehrt besagt ein positiver Wert der Variablen u_i des dualen Problems, daß die Kapazität der Maschine M_i ausgeschöpft wird.

$$b_1' = b_1 + 1 = 12 \ : \ z = 9.5 + u_1' = 9.5 + 0.5 = 10$$

$$b_2' = b_2 + 1 = 9 \ : \ z = 9.5 + u_2' = 9.5 + 0.5 = 10$$

$$b_3' = b_3 + 1 = 10 \ : \ z = 9.5 + u_3' = 9.5 + 0 = 9.5$$

Abb. 2-24: Ökonomische Interpretation der Dualität bzgl. Modell 2-5 (Beispiel 1)

2.3 Literatur

Bazaraa, M. S.
Jarvis, J. J.
"Linear Programming and Network Flows"
New York - London - Sydney - Toronto 1977

Collatz, L.
Wetterling, W.
"Optimierungsaufgaben"
Berlin - Heidelberg - New York 1971

Dantzig, G. B.
"Lineare Programmierung und Erweiterungen"
Berlin - Heidelberg - New York 1966

Dinkelbach, W.
"Sensitivitätsanalysen und parametrische Programmierung"
Berlin - Heidelberg - New York 1970

Murty, K.
"Linear and combinatorial Programming"
New York - London - Sydney - Toronto 1976

Neumann, K.
"Operations Research Verfahren" Bd. I
München - Wien 1975

3. Lösung des allgemeinen linearen Optimierungsmodells mit kontinuierlichen Variablen mittels automatisierter Datenverarbeitung (ADV)

3.1 Format zur Eingabe der Modelldaten (MPS-Format)

Zur Lösung großer linearer Optimierungsaufgaben bieten die Hersteller von ADV-Anlagen Standardprogrammpakete an, wie APEX-III von CDC, MPSX/370 von IBM, FMPS von UNIVAC etc. Alle diese Programmpakete verwenden zur Eingabe der Modelldaten das sogenannte MPS-Format (Mathematical Programming System), teilweise mit geringfügigen Modifikationen, so daß in diesem Format erstellte Probleme - im allgemeinen ohne große Änderungen - von sämtlichen dieser Programmpakete unmittelbar verarbeitet werden können.

3.1.1 Beschreibung des MPS-Formats

Die bzgl. eines Standardprogrammpaketes zugrunde gelegte Problemstellung für ein lineares Modell lautet:

$$z = \sum_{j=1}^{n} c_j x_j = \text{Opt!}$$

d.h. z ist zu maximieren bzw. zu minimieren unter den Restriktionen

$$(i) \quad \sum_{j=1}^{n} a_{ij} x_j \; :: \; b_i$$

wobei :: für =, $\leqq$ bzw. $\geqq$ steht.

$$(ii) \quad b_k' \leqq \sum_{j=1}^{n} a_{kj} x_j \leqq b_k \qquad \text{(Ranges)}$$

$$(iii) \quad l_j \leqq x_j \leqq u_j \qquad \text{(Bounds)}$$

Modell 3-1: Allgemeines lineares Modell für ein Standardprogrammpaket

Bzgl. des in Modell 2-4 wiedergegebenen Standardmodells der linearen Optimierung, unterscheidet sich Modell 3-1 nicht nur durch das Auftreten verschiedenartiger Restriktionen des Typs (i), sondern auch durch die Möglich-

keit der Angabe von Restriktionen des Typs (ii) bzw. (iii). Diese Restriktionen - nämlich Ranges und Bounds - lassen sich auch durch je zwei Restriktionen vom Typ (i) ausdrücken. Die Verwendung von Restriktionen des Typs (ii)
und (iii) ist aber nicht nur benutzerfreundlicher, sondern auch zentralspei-
chersparender als die ausschließliche Verwendung von Restriktionen vom
Typ (i). Die aus der Umformung resultierende Aufblähung des Problems wird
nämlich durch eine Modifizierung des Simplexalgorithmus, der die Restriktionen vom Typ (ii) und (iii) in der angegebenen Form berücksichtigt, vermieden.

Um eine möglichst redundanzfreie, übersichtliche und interpretierbare Darstellung zu ermöglichen, müssen jeder Zeile, d.h. Zielfunktion und jeder
Restriktion, und auch jeder Spalte, d.h. rechter Seite und jeder Variablen,
ein Name zugewiesen werden. So kann man etwa den Restriktionen und Variablen
Namen zuordnen, die unmittelbar auf ihren entsprechenden Inhalt schließen
lassen.

Bezeichnet man etwa die Zielfunktion mit ZIEL, die Restriktionen vom Typ (i)
mir R1, R2, ..., RM, die Bounds mit BD, die Ranges mit RG, die Variablen
mit X1, X2, ..., XN und die rechte Seite mit RS, so läßt sich die obige Problemstellung in dem folgenden Tableau unterbringen:

	X1	X2	X3		XN	Typ	RS	RG
ZIEL	c_1	c_2	c_3		c_n	Opt		
R1	a_{11}	a_{12}	a_{13}		a_{1n}	::	b_1	
R2	a_{21}	a_{22}	a_{23}		a_{2n}	::	b_2	b_2'
R3	a_{31}	a_{32}	a_{33}		a_{3n}	::	b_3	
$\cdot$	$\cdot$	$\cdot$	$\cdot$		$\cdot$			
$\cdot$	$\cdot$	$\cdot$	$\cdot$		$\cdot$			
$\cdot$	$\cdot$	$\cdot$	$\cdot$		$\cdot$			
RM	a_{m1}	a_{m2}	a_{m3}		a_{mn}	::	b_m	b_m'
BD	$\geq l_1$		$\geq l_3$		$\geq l_n$			
	$\leq u_1$		$\leq u_3$		$\leq u_n$			

Abb. 3-1: MPS-Tableau des allgemeinen linearen Modells
wobei :: für =, $\leq$ bzw. $\geq$ steht.

Die Angaben in BD sind als

$$l_j \leqq x_j \leqq u_j,$$

die in RG als

$$b_k' \leqq \sum_{j=1}^{n} a_{kj}x_j \leqq b_k$$

bzw.

$$b_k' \geqq \sum_{j=1}^{n} a_{kj}x_j \geqq b_k$$

zu interpretieren. Eine genaue Schilderung erfolgt bei der Beschreibung der entsprechenden Datenkarten in Anhang A.

Die Verwendung von Zeilen- und Spaltenbezeichnungen läßt aber nicht nur Rückschlüsse auf die entsprechenden Inhalte zu, sie bringt vielmehr auch programmtechnische Vorteile:

. Schlupfvariablen brauchen nicht explizit angegeben zu werden. Zur Erstellung einer Basislösung wird zu jeder Restriktion eine Schlupfvariable mit dem Namen der entsprechenden Restriktion erzeugt. So wird z.B. zur Restriktion R1 die Variable mit dem Namen R1 generiert. Handelt es sich um eine "="-Restriktion, dann hat die entsprechende Schlupfvariable - man spricht in diesem Fall auch von einer "künstlichen Variablen" - den Wert Null. Bei "$\leqq$"- bzw. "$\geqq$"-Restriktionen sind die Werte der Schlupfvariablen größer gleich bzw. kleiner gleich Null.

. Identifikation der Tableauelemente in Analogie zur Matrixnotation. So wie Matrixelemente durch Zeilen- und Spaltenindizes identifiziert werden, lassen sich die Tableauelemente durch Zeilen- und Spaltennamen identifizieren. Das Element a_{11} z.B. wird durch das Tupel (R1, X1), das Element c_3 durch (ZIEL, X3), das Element b_2 durch (R2, RS) etc. beschrieben.

. Lediglich Tableauelemente ungleich Null sind aufzuführen. Führt man in der im vorausgegangenen Punkt beschriebenen Weise die Tableauelemente ungleich Null auf, dann ist es nicht notwendig, auch die Tableauelemente mit dem Wert Null zu spezifizieren.

Ein MPS-Datendeck ist unterteilt in fünf bis sieben Abschnitte, wobei jeder Abschnitt mit einer Abschnittskarte beginnt. Ihr folgen - falls nötig - die diesem Abschnitt entsprechenden Informationen.

Die Abbildung 3-2 zeigt den Aufbau sowie die Reihenfolge der einzelnen Abschnitte eines MPS-Datendecks, wobei die Abschnitte bzgl. Bounds und Ranges fehlen, falls das Problem keine Bounds bzw. Ranges enthält.

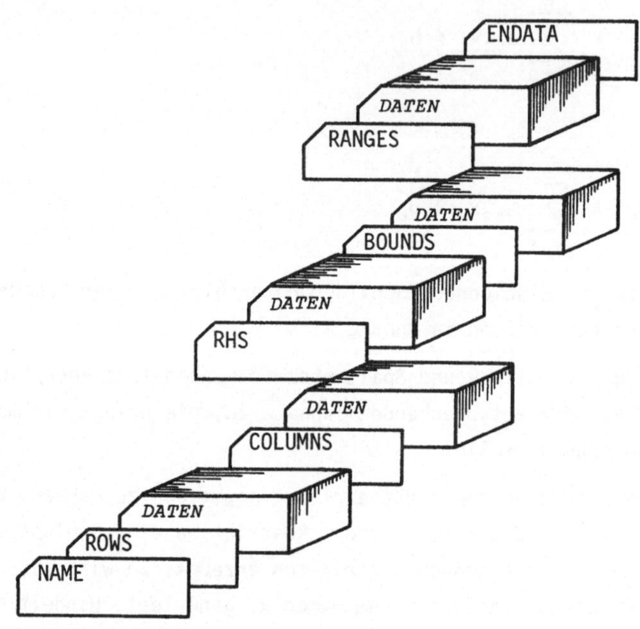

Abb. 3-2: Aufbau eines MPS-Datendecks

Eine genaue Beschreibung des MPS-Formats, d.h. der Abschnitts- und Daten- karten, ist in Anhang A enthalten.

3.1.2 Beispiel und Datendeck zum MPS-Format

Modell 2-5, das zu Beispiel 1 - unter Vernachlässigung der fixen Kosten - gehörende, mathematische Modell, lautet:

$$z = x_1 + 2x_2 = \text{Max}!$$

unter den Restriktionen

$$
\begin{aligned}
(i) \quad x_1 + 3x_2 &\leqq 11 \\
x_1 + x_2 &\leqq 8 \\
3x_2 &\leqq 9
\end{aligned}
$$

$$(ii) \quad x_1 \geqq 0, \; x_2 \geqq 0.$$

Mit den im vorausgegangenen Kapitel angeführten Zeilen- und Spaltenbezeichnungen ergibt sich folgendes Tableau:

	X1	X2	Typ	RS
ZIEL	1	2	Max	
R1	1	3	$\leq$	11
R2	1	1	$\leq$	8
R3		3	$\leq$	9

Abb. 3-3: MPS-Tableau zu Modell 2-5 (Beispiel 1)

Verwendet man in der NAME-Karte als Identifikation "Planung1" und benutzt
man ferner eine linksbündige Schreibweise, dann hat das MPS-Datendeck
selbst etwa folgende Gestalt:

```
NAME            PLANUNG1
ROWS
   N ZIEL
   L R1
   L R2
   L R3
COLUMNS
     X1         ZIEL        1.
     X1         R1          1.          R2          1.
     X2         ZIEL        2.
     X2         R1          3.          R2          1.
     X2         R3          3.
RHS
     RS         R1          11.         R2          8.
     RS         R3          9.
ENDATA
```

Abb. 3-4: MPS-Datendeck zu Modell 2-5 (Beispiel 1)

Es sei bemerkt, daß lediglich der besseren Übersicht wegen für die Koeffizienten der Zielfunktion jeweils eine separate Karte verwandt wurde.

3.2 Erläuterung einer von einem Standardprogrammpaket erzeugten Druckausgabe

Die oben angeführten Programmpakete erzeugen - was Aufbau und Inhalt betrifft - im wesentlichen alle dieselbe Druckausgabe. Sie umfaßt die folgenden drei Abschnitte:

```
                  A P E X - I I I   C O N T R O L   P R O G R A M

APEX-III CALL CARD - APEX(SOLVE,MAX,RANGE)

              .LABEL..    .VERB...    .PARAM1.    .PARAM2.    .PARAM3.    .PARAM4.    .PARAM5.

                          INPUT       $
(GENERATED)               BRANCH      *           MAJERR      MINERR
                          SET         KNDIR       MAX
                          SET         KNOBJ       $
                          SET         KNRHS       $
                          SET         KNBND       $
                          SET         KNRNG       $
                          SELECT
(GENERATED)               BRANCH      *           MAJERR
                          CRASH
(GENERATED)               BRANCH      *           MAJERR
                          PRIMAL
                          BRANCH      PRIMEND     MAJERR      *                       PROBOUT
              PERTURB     SET         RTDELTA     1.0E-5
              DOPRIML     PRIMAL
              PRIMEND     BRANCH      *           MAJERR      PROBOUT
                          RANGE
(GENERATED)               BRANCH      *           MAJERR
                          EXIT
(GENERATED)               EXIT
(GENERATED)   MAJERR      MESSAGE     MAJOR ERROR.  APEX TERMINATION
(GENERATED)               EXIT
(GENERATED)   MINERR      MESSAGE     MINOR ERROR.  APEX TERMINATION
(GENERATED)               EXIT
(GENERATED)   PROBOUT     MESSAGE     PROBLEM OUTPUT.  APEX TERMINATION
(GENERATED)               BASISOU
(GENERATED)               OUTPUT      PART
(GENERATED)               EXIT
(GENERATED)   PROBSAV     MESSAGE     PROBLEM SAVED.  APEX TERMINATION
(GENERATED)               SAVE
(GENERATED)               EXIT
(GENERATED)   RECOUT      RECREAT
(GENERATED)               BRANCH      PROBOUT     MAJERR
```

Abb. 3-5: CONTROL PROGRAM zu Modell 2-5 (Beispiel 1)

. CONTROL PROGRAM
. EXECUTION
. OUTPUT REPORT.

Im folgenden sollen - stellvertretend für sämtliche Standardprogrammpakete - diese drei Abschnitte anhand der Druckausgabe von APEX-III zu Modell 2-5 (Beispiel 1) erläutert werden.

Der Abschnitt "CONTROL PROGRAM" gibt das zur Lösung des Problems verwendete Steuerprogramm wieder. Im allgemeinen ist es jedoch nicht nötig, ein Steuerprogramm zu schreiben, denn zur Lösung der meisten Probleme genügt ein Steuerprogramm, das sich mittels einer einzigen Steuerkarte erzeugen läßt. Lediglich bei Problemen, die sich - wie z.B. bei Konvergenzschwierigkeiten - mit dem erzeugten Steuerprogramm nicht lösen lassen, muß der Benutzer selbst ein entsprechendes Steuerprogramm erstellen.

Zur Lösung von Modell 2-5 (Beispiel 1) wurde das in Abbildung 3-5 gezeigte - durch eine einzige Steuerkarte erzeugte - Steuerprogramm verwendet.

Das Steuerprogramm enthält im wesentlichen die Aufrufe der zur Lösung des Problems benötigten Routinen, etwa CRASH zur Erzeugung einer Ausgangsbasis, PRIMAL zur Ausführung des Simplexalgorithmus, RANGE zur Durchführung einer Sensitivitätsanalyse, falls diese verlangt wird, etc.

Der Abschnitt "EXECUTION" ist unterteilt in folgende Sektionen:

. <u>CARD READ SUMMARY</u>

Hierin werden sämtliche Abschnittskarten des MPS-Datendecks sowie eventuell aufgetretene Eingabefehler wiedergegeben.

. <u>INPUT SUMMARY STATISTICS</u>

Diese Sektion beinhaltet statistische Angaben bzgl. der Eingabedaten wie etwa Anzahl und Typ der Restriktionen und Variablen. Erwähnt sei ferner die Dichte (density), die - ausgedrückt in Prozent - eine Angabe über die Besetzung der Problemmatrix mit Elementen ungleich Null macht, d.h. das Verhältnis der Elemente ungleich Null zur Anzahl sämtlicher Elemente wiedergibt.

Die Dichte ist definiert als

$$\frac{a}{b \cdot c} \cdot 100$$

mit

a: Anzahl der Elemente ungleich Null inklusive Zielfunktion, aber ohne

```
                    A P E X - I I I   E X E C U T I O N

   INPUT        $


                    ***** CARD READ SUMMARY *****

HEADER, CARD NO.      1    (NAME          PLANUNG1                          )
HEADER, CARD NO.      2    (ROWS                                           )
                            FREE ROW = ZIEL
HEADER, CARD NO.      7    (COLUMNS                                        )
HEADER, CARD NO.     13    (RHS                                            )
                            RHS NAME = RS
HEADER, CARD NO.     16    (ENDATA                                         )


          **********   I N P U T   S U M M A R Y   S T A T I S T I C S   **********


     ***** GENERAL STATISTICS *****

AUTO SELECTION        CONSTRAINTS          VARIABLES              NON-ZEROS                 MISC. TOTALS
  NAME = PLANUNG1       EQ (E) ...    0       COLUMNS ...    2       AIJS (COL) ...   7       MINOR ERRORS    ...      0
  OBJ  = ZIEL           LE (L) ...    3       RHS     ...    1       AIJS (RHS) ...   3       DENSITY 0/0     ... 87.500
  RHS  = RS             GE (G) ...    0          TOTAL ...    3          TOTAL    ...  10       UNIQUE VALUES   ...     10
  BND  =                FR (N) ...    1    MIN FL(8) ... 050200       AVER NZ/COL  3.50       INDIRECT NAMES  ...      0
  RNG  =                   TOTAL ...    4    REC FL(8) ... 075500       AVER NZ/ROW  1.75       TOTAL VALUES    ...     10
                       LC ROWS ...    0    ECS FL(8) ... 0020 K     LC AIJS (COL)..   0       PROBLEM BLOCKS  ...      1


                    ***** S E L E C T I O N *****

-----------------  SELECTED VECTORS  ------------------     ----- MULTIPLIERS ------   ----- DIRECTION ------
         FUNCTION            CELL              NAME              CELL        VALUE

OBJECTIVE FUNCTION        ( KNOBJ  )  =  ZIEL             ( PPSOBJ  )  =  -1.000   ( KNDIR )  =  MAXIMIZE
CHANGE OBJECTIVE FUNCTION ( KNCHOBJ )  =                  ( RPCHOBJ )  =   0.000

RIGHT-HAND SIDE           ( KNRHS  )  =  RS              ( RPSRHS  )  =   1.000
CHANGE RIGHT-HAND SIDE    ( KNCHRHS )  =                  ( RPCHRHS )  =   0.000

BOUNDS SET                ( KNBND  )  =

RANGES SET                ( KNRNG  )  =
```

Abb. 3-6: EXECUTION
         CARD READ SUMMARY, INPUT SUMMARY STATISTICS und SELECTION zu Modell 2-5 (Beispiel 1)

rechte Seite,

b: Anzahl der Restriktionen inklusive Zielfunktion,

c: Anzahl der Variablen.

Für Modell 2-5 (Beispiel 1) ergibt sich als Dichte der Wert

$$\frac{7}{4 \cdot 2} \cdot 100 = 87.5 \ .$$

. <u>SELECTION</u>

In dieser Sektion werden Angaben über die Aktivierung der Systemfelder mit den Namen der Eingabedaten sowie der Optimierungsrichtung gemacht, so wird z.B. in das Feld für den Zielfunktionsnamen KNOBJ der Name der Zielfunktion, nämlich ZIEL eingetragen, in dem Feld für die Optimierungsrichtung KNDIR steht, da es sich bei Modell 2-5 (Beispiel 1) um eine Maximierungsaufgabe handelt, MAXIMIZE.

Abb. 3-6 gibt den dem MPS-Datendeck aus Abb. 3-4 entsprechenden Abschnitt "EXECUTION" wieder.

Die die Lösungen betreffenden Angaben befinden sich im Abschnitt "OUTPUT RE-PORT", der im folgenden - soweit es für die Betrachtungen von Kapitel 2 sowie im weiteren von Belang ist - beschrieben und anhand von Modell 2-5 erläutert werden soll.

Der Abschnitt "OUTPUT REPORT" ist unterteilt in die Sektionen

. CONSTRAINTS,
. COLUMNS.

Die Sektion "CONSTRAINTS" enthält Angaben über die einzelnen Restriktionen sowie die den Restriktionen zugeordneten Variablen gleichen Namens. Abb. 3-7 gibt die Sektion "CONSTRAINTS" bzgl. Modell 2-5 (Beispiel 1) wieder.

Nach einer Zusammenfassung der im MPS-Datendeck verwendeten Namen, der Optimierungsrichtung sowie dem Wert der Zielfunktion folgen im einzelnen:

NUMBER   Zeilennummer, entsprechend der Reihenfolge im
           ROWS-Abschnitt

NAME   Zeilenname

TYPE   Zeilentyp
          . FR: Zielfunktion   (FRee)
          . EQ: "="-Restriktion (EQual)
          . GE: "$\geq$"-Restriktion (Greater or Equal)

C O N S T R A I N T S

```
PRINT OPTION = COMPLETE OUTPUT                                          VALUE OF OBJECTIVE =          9.50000
NAME = PLANUNG1      OBJ  = ZIEL      RHS  = RS        BND =             RPSOBJ  =    -1.0000  RPSRHS  =    1.0000
O.R  = MAXIMIZE      COBJ =           CRHS =           RNG =             RPCHOBJ =     0.0000  RPCHRHS =    0.0000
```

NUMBER	NAME TYPE	ROW ACTIVITY STATUS	SLACK MARGINAL	RHS LOWER RHS UPPER	LOWER ACT UPPER ACT	UNIT COST UNIT COST	OBJ_LOWER OBJ_UPPER	LIMITING PROCESS	OBJ COEF RANGE	OBJ_OBJ COEF RANGE
1 ZIEL	FR	9.50000 SLACK	-9.50000 .	-INF +INF						
2 k1	LE	11.00000 BINDING	. -.50000	-INF 11.00000	8.00000 14.00000	.50000 -.50000	8.00000 11.00000	X2 R3	.50000 -INF	9.50000 9.50000
3 F2	LE	8.00000 BINDING	. -.50000	-INF 8.00000	5.00000 11.00000	.50000 -.50000	8.00000 11.00000	R3 X2	.50000 -INF	9.50000 9.50000
4 R3	LE	4.50000 SLACK	4.50000 .	-INF 9.00000	. 11.00000	.33333 .33333	8.00000 7.33333	R1 R2	.33333 -.33333	11.00000 8.00000

*Abb. 3-7: OUTPUT REPORT
CONSTRAINTS zu Modell 2-5 (Beispiel 1)*

. LE: "$\leq$"-Restriktion   (Less or Equal)

Da z.B. die erste Datenkarte des ROWS-Abschnitts die Zielfunktion mit dem Namen Ziel enthält, hat Ziel die Nummer 1 und den Typ "FR".

ROW ACTIVITY	Wert der Zeile (Wert der linken Seite der Zeile)
STATUS	Angabe, ob die der Zeile zugeordnete Variable zur Basis gehört oder nicht:

. BINDING: Variable gehört nicht zur Basis und hat den Wert Null
. SLACK: Variable gehört zur Basis

SLACK	Wert der der Zeile zugeordneten Variablen
MARGINAL	negativer Wert der der Zeile zugeordneten Variablen des dualen Problems

So hat z.B. die Restriktion R2 als Wert der linken Seite 8; die zugehörige Variable mit dem Namen R2 gehört nicht zur Basis und hat den Wert Null, die entsprechende Variable des dualen Problems - in der obigen Notation ist das die Variable u_2 - hat den Wert 0.5 (vgl. Abb. 2-23).

Bei der Restriktion R3 beträgt der Wert der linken Seite 4.5, die zugehörige Variable R3 gehört zur Basis und hat den Wert 4.5, die entsprechende Variable des dualen Problems - die Variable u_3 - hat den Wert Null (vgl. Abb. 2-23).

RHS LOWER } Untere bzw. obere Grenze für den Wert der Zeile
RHS UPPER laut Eingabedaten

Da - mit Ausnahme der Zielfunktion - sämtliche Zeilen vom Typ " $\leq$ " sind, können theoretisch beliebig kleine Werte angenommen werden, was durch -INF bei RHS LOWER zum Ausdruck gebracht wird; andererseits kann der Zeilenwert maximal gleich der angegebenen rechten Seite sein, was dadurch angezeigt wird, daß bei RHS UPPER die Werte der rechten Seiten stehen, z.B. bei R3 der Wert 9.

LOWER ACT } Falls STATUS gleich BINDING: untere bzw. obere
UPPER ACT Grenze für den Wertebereich der rechten Seite, innerhalb dessen kein Basiswechsel eintritt. Der Wertebereich der rechten Seite, innerhalb dessen bei STATUS gleich SLACK kein Basiswechsel eintritt, ergibt sich aus TYPE und ROW ACTIVITY.
Falls STATUS gleich SLACK: untere bzw. obere Grenze für den Wertebereich von ROW ACTIVITY, in-

nerhalb dessen die Angaben unter UNIT COST gültig
sind.

So ist z.B. der Wertebereich der rechten Seite b_2 der Restriktion R2, innerhalb dessen kein Basiswechsel eintritt - wegen STATUS gleich BINDING -
durch LOWER ACT und UPPER ACT gegeben (vgl. Abb. 2-17):

$$5 \leqq b_2 \leqq 11.$$

Der Wertebereich der rechten Seite b_3 der Restriktion R3, innerhalb dessen
kein Basiswechsel stattfindet, ergibt sich - wegen STATUS gleich SLACK -
aus TYPE und ROW ACTIVITY (vgl. Abb. 2-18):

$$4.5 \leqq b_3 < \infty .$$

UNIT COST ⎤
UNIT COST ⎦   Falls STATUS gleich BINDING: Änderung des Wertes
der Zielfunktion bei Verringerung bzw. Erhöhung
der rechten Seite um eine Einheit, solange diese
zwischen LOWER ACT und UPPER ACT liegt. Variation
der rechten Seite innerhalb des zugehörigen Wertebereichs bei STATUS gleich SLACK bewirkt keine
Änderung des Zielfunktionswertes.
Falls STATUS gleich SLACK: Änderung des Wertes der
Zielfunktion bei Verringerung bzw. Erhöhung von
ROW ACTIVITY um eine Einheit, solange diese zwischen LOWER ACT und UPPER ACT liegt.

Die UNIT COSTS sind als Kosten aufzufassen und
deshalb stets zu subtrahieren.

Soll z.B. die rechte Seite b_2 der Restriktion R2 von 8 auf 9 erhöht werden,
dann ergibt sich - da STATUS gleich BINDING - als Zielfunktionswert (vgl.
Abb. 2-24):

$$z = 9.5 - (-0.5) = 10.$$

Eine Variation der rechten Seite b_3 der Restriktion R3 innerhalb des zugehörigen Wertebereichs liefert - wegen STATUS gleich SLACK - keine Änderung
des Zielfunktionswertes (vgl. Abb. 2-24).

Eine Erhöhung von ROW ACTIVITY bzgl. der Restriktion R3 von 4.5 auf 5.5
liefert dagegen - wegen STATUS gleich SLACK - den Zielfunktionswert:

$$z = 9.5 - 0.3333 = 9.1667.$$

OBJ LOWER ⎤
OBJ UPPER ⎦   Zielfunktionswert, wenn der Wert der rechten Seite
bzw. der Wert von ROW ACTIVITY gerade LOWER ACT

bzw. UPPER ACT ist.

So liefert z.B. die rechte Seite b_1 = 14 der Restriktion R1 als Zielfunktionswert (vgl. Abb. 2-16):

$$z = 11.$$

Für den Wert 11 der ROW ACTIVITY von Restriktion R3 ergibt sich als Zielfunktionswert:

$$z = 7.3333.$$

LIMITING ⎫
PROCESS ⎬ Falls STATUS gleich BINDING: Name der Zeile bzw. der Variablen, die bei Variation des Wertes der rechten Seite über LOWER ACT bzw. UPPER ACT hinaus durch Verlassen der Basis einen Basiswechsel verursacht. NONE drückt aus, daß keine Beeinflussung der Basis bewirkt wird.

Wird z.B. der Wert der rechten Seite b_2 der Restriktion R2 kleiner als 8, dann verläßt die Variable X2 die Basis und bewirkt somit einen Basiswechsel (vgl. Abb. 2-17).

Auf eine Erläuterung der übrigen Angaben soll - da sie für die weiteren Betrachtungen ohne Belang sind - verzichtet werden.

Die Sektion "COLUMNS" enthält Angaben über die Problemvariablen, d.h. die zur Modellbildung verwendeten Variablen. Abb. 3-8 gibt die Sektion "COLUMNS" bzgl. Modell 2-5 (Beispiel 1) wieder.

Nach der bereits unter "CONSTRAINTS" erwähnten Zusammenfassung folgen:

NUMBER   Variablennummer, entsprechend der Reihenfolge im COLUMNS-Abschnitt

NAME   Variablenname

TYPE   Variablentyp
. PL: Variablen mit Werten größer oder gleich Null
. BPL: beschränkte Variable mit Werten größer oder gleich Null
. MI: Variable mit Werten kleiner oder gleich Null
. BMI: beschränkte Variable mit Werten kleiner oder gleich Null
. FX: Variable mit festem Wert

Da z.B. die erste Datenkarte des COLUMNS-Abschnitts die Variable mit dem

Namen X1 enthält, und diese Werte größer oder gleich Null annehmen kann, hat
diese Variable die Nummer 1 und den Typ "PL".

COL ACTIVITY   Wert der Variablen

STATUS   Angabe, ob die Variable zur Basis gehört oder nicht:
                             . ACTIVE: Variable gehört zur Basis
                             . LOWER⎤ Variable gehört nicht zur Basis; der Wert
                               UPPER⎦ ist gleich der entsprechenden unteren bzw.
                             oberen Grenze
                             Es sei bemerkt, daß bei Benutzung des
                             BOUNDS-Abschnittes - auf Grund der in
                             3.1.1 erwähnten Modifikation des Sim-
                             plexalgorithmus - auch Nichtbasisvaria-
                             blen Werte ungleich Null annehmen können,
                             nämlich die Werte der entsprechenden un-
                             teren bzw. oberen Grenze.

So hat z.B. die Variable X2 den Wert 1.5 und gehört zur Basis.

OBJ COEF   Kostenkoeffizient (Koeffizient der Zielfunktion)
                             der entsprechenden Variablen

Der Koeffizient der Zielfunktion zur Variablen X1 z.B. ist 1.

BND LOWER⎤   untere bzw. obere Grenze für den Wert der Varia-
BND UPPER⎦   blen laut Eingabedaten

Da für die Variablen X1 und X2 keine Bounds spezifiziert wurden, können sie
theoretisch sämtliche Werte größer oder gleich Null annehmen.

LIMITING⎤   Name der Zeile bzw. der Variablen, die bei Varia-
PROCESS ⎦   tion des Wertes des Kostenkoeffizienten über den
                             durch OBJ COEF RANGE gegebenen Wertebereich hinaus
                             - bei STATUS gleich LOWER bzw. UPPER durch Austritt
                             aus der Basis, bei STATUS gleich ACTIVE durch Ein-
                             tritt in die Basis - einen Basiswechsel bewirkt.

So ist z.B. der Wertebereich des Kostenkoeffizienten c_2, innerhalb dessen
kein Basiswechsel eintritt

$$1 \leqq c_2 \leqq 3.$$

Wird der Wert von c_2 kleiner als 1 oder größer als 3, dann tritt - da STATUS
gleich ACTIVE - die Variable R1 bzw. R2 in die Basis und bewirkt somit einen
Basiswechsel (vgl. Abb. 2-2o).

```
                                              C O L U M N S

   PRINT OPTION = COMPLETE OUTPUT                           VALUE OF OBJECTIVE =        9.50000
   NAME = PLANUNG1    OBJ  = ZIEL      RHS = RS    BND =     RPSOBJ  =   -1.0000  RPSRHS  =    1.0000
   DIR  = MAXIMIZE    COBJ =           CRHS =      RNG =     RPCHOBJ =    0.0000  RPCHRHS =    0.0000

NUMBER   NAME   COL ACTIVITY  OBJ COEF   BND LOWER   LOWER ACT   UNIT COST   OBJ_LOWER   LIMITING   OBJ COEF   OBJ_OBJ
         TYPE     STATUS      MARGINAL   BND UPPER   UPPER ACT   UNIT COST   OBJ_UPPER   PROCESS     RANGE     COEF RANGE
------  -----  ------------  ---------  ---------  ------------  ----------  ----------  ---------  --------  -----------
  1 X1            6.50000     1.00000        .        2.00000      .33333     8.00000     R2          .66667    7.33333
         PL       ACTIVE         .        +INF        8.00000     1.00000     8.00000     R1         2.00000   16.00000

  2 X2            1.50000     2.00000        .         -INF       1.00000      -INF       R1         1.00000    8.00000
         PL       ACTIVE         .        +INF        3.00000     1.00000     8.00000     R2         3.00000   11.00000
```

Abb. 3-8: OUTPUT REPORT
COLUMNS zu Modell 2-5 (Beispiel 1)

OBJ OBJ
COEF RANGE

Zielfunktionswert, für die in OBJ COEF RANGE angegebenen Werte des Kostenkoeffizienten

So ergibt sich z.B. für $c_1 = 2$ als Zielfunktionswert (vgl. Abb. 2-19)

$$z = 16.$$

Wie in der Sektion CONSTRAINTS, so soll auch hier auf eine Erläuterung der im weiteren nicht benötigten Angaben verzichtet werden.

Für die Lösung von Beispiel 1 ergibt sich somit:

Optimalwert der Zielfunktion ohne Beachtung der fixen Kosten:

9.5 GE

Optimalwert der Zielfunktion unter Beachtung der fixen Kosten:

9.5 GE
- 6.0 GE
3.5 GE

Optimalwerte der Basisvariablen:

R3 = 4.5 aME   SLACK aus CONSTRAINTS

X1 = 6.5 ME
X2 = 1.5 ME   ACTIVE aus COLUMNS

Die Basis besteht folglich aus einer Schlupfvariablen und zwei Problemvariablen.

Da das MPS-Datendeck zu Modell 2-5 (Beispiel 1) aus Abb. 3-4 keinen BOUNDS-
Abschnitt enthält, haben die übrigen Variablen als Nichtbasisvariablen sämtlich den Wert Null.

3.3 Geschlossene Behandlung eines Beispiels

Anhand eines größeren Beispiels, das keine graphische Lösung zuläßt, sollen die in Abschnitt 3.2 - teils unter Zuhilfenahme der Darstellung von Kapitel 2 - durchgeführten Betrachtungen abstrakt nachvollzogen werden.

3.3.1 Problemstellung und Modellbildung

Beispiel 2

Aus den unten angeführten Gegebenheiten soll für eine Raffinerie ein Tages-
produktionsplan mit maximalem Gewinn erstellt werden.

Vorweg sei bemerkt, daß die Gegebenheiten stark vereinfacht sind. Der technologische Prozeß stimmt nicht mit dem tatsächlichen Ablauf in einer Raffinerie voll überein.

a) <u>Technologischer Prozeß</u>

Zwei Rohöle können in die Destillationsanlage eingegeben werden und werden dort in 3 Produkte überführt, und zwar: Benzin, Gasöl, Sonstige.

Benzin: Benzin wird nach der Destillation über die Entschwefelungsanlage geführt und gelangt anschließend zum Verkauf.

Gasöl: Gasöl kann entweder direkt verkauft werden oder über die Veredelungsanlage geführt werden, wobei ein bestimmter Anteil in Benzin aufgearbeitet wird.

Sonstige: Sonstige gelangen nach der Destillation direkt zum Verkauf.

b) <u>Produktionskosten</u>

Direkte Kosten (GE/ME)

        Destillation: 5.5
        Entschwefelung: 1.5
        Veredelung: 6.0

Fixe Kosten

        1150 GE/Tag

c) <u>Technologische Kapazitätsbeschränkungen (ME/Tag)</u>

Destillation: 10
Entschwefelung: keine
Veredelung: 5

d) <u>Vertrieb (GE/ME)</u>

Benzin

        Normalverkauf: 260
                min. 4.4 ME/Tag, max. 5.2 ME/Tag
        eigenes Lager: 240
                max. 0.35 ME/Tag
        Großabnehmer: 230

Gasöl   220

Sonstige   195

e) <u>Einkauf (GE/ME)</u>

Rohöl A: 79

      max. 9 ME/Tag

Rohöl B: 84

      max. 5 ME/Tag

Benzin: 275 } sofern die Mindestabgabemengen aus eigener Produktion

Gasöl: 232 } nicht gedeckt werden können

f) <u>Mengenmäßige Umsetzung</u>

Destillation

        Rohöl A: 15% Benzin

                33% Gasöl

                52% Sonstige

        Rohöl B: 2o% Benzin

                35% Gasöl

                45% Sonstige

Veredelung

    Gasöl wird übergeführt in 50% Benzin und 50% Gasöl.

Zur Herleitung des mathematischen Modells sind zunächst für die unbekannten Größen - das sind die Mengeneinheiten der einzukaufenden bzw. zu vertreibenden Produkte - Variablen einzuführen.

Im einzelnen bezeichnen

x_1	Anzahl der einzukaufenden Mengeneinheiten von Rohöl A
x_2	Anzahl der einzukaufenden Mengeneinheiten von Rohöl B
x_3	Anzahl der einzukaufenden Mengeneinheiten Benzin
x_4	Anzahl der einzukaufenden Mengeneinheiten Gasöl
x_5	Anzahl der in die Veredelungsanlage einfließenden Mengeneinheiten Gasöl
x_6	Anzahl der Mengeneinheiten Benzin für den Normalverkauf
x_7	Anzahl der Mengeneinheiten Benzin

	für das eigene Lager
x_8	Anzahl der Mengeneinheiten Benzin für Großabnehmer
x_9	Anzahl der für den Vertrieb bestimmten Mengeneinheiten Gasöl
x_{10}	Anzahl der für den Vertrieb bestimmten Mengeneinheiten von Sonstigem

Abb. 3-9 gibt eine schematische Darstellung des Produktionsprozesses wieder.

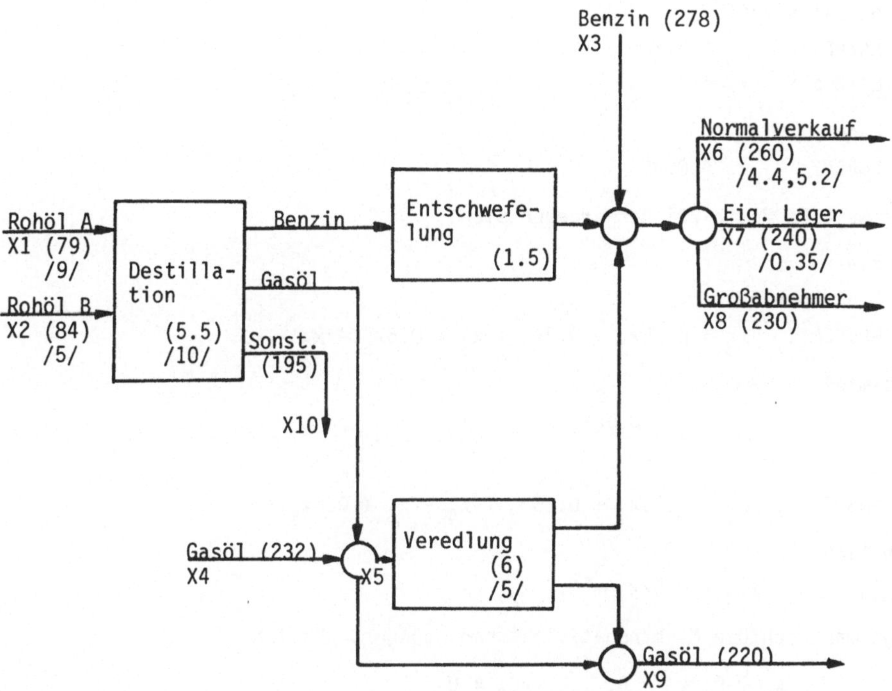

*Abb. 3-9: Schematische Darstellung des Produktionsprozesses mit Varia-
lenbezeichnungen sowie Preis- () und Mengenangaben //*

Im Hinblick auf die MPS-Formulierung des Modells erhält jede Restriktion einen Namen. Dieser ist so gewählt worden, daß er unmittelbar auf den Inhalt der entsprechenden Restriktion schließen läßt.

Zur Herleitung der Restriktionen zieht man zweckmäßigerweise Abb. 3-9 heran. Zunächst lassen sich dann die folgenden Kapazitätsrestriktionen angeben:

Rohöl A

    OELA: $x_1 \leqq 9$

Rohöl B

    OELB: $x_2 \leqq 5$

Destillation

    DESTIL: $x_1 + x_2 \leqq 10$

Veredelung

    VERED: $x_5 \leqq 5$

Benzin

    Normalverkauf

    MAXBENZ: $x_6 \leqq 5.2$

    MINBENZ: $x_6 \geqq 4.4$

    Lager

    LGBENZ: $x_7 \leqq 0.35$

Als weitere Restriktionen ergeben sich:

Benzin

    Großabnehmer

    GROBENZ: $x_8 = 0.15x_1 + 0.2x_2 + x_3 + 0.5x_5 - x_6 - x_7$

Gesamtöl

    OELGES: $0.33x_1 + 0.35x_2 + x_4 - x_5 \geqq 0$

Gasöl

    GASOEL: $x_9 = 0.33x_1 + 0.35x_2 + x_4 - x_5 + 0.5x_5$

Sonstige

    SONST $x_{10} = 0.52x_1 + 0.45x_2$

Fügt man noch die Nichtnegativitätsbedingungen, nämlich

$$x_1 \geqq 0, \; x_2 \geqq 0, \; \ldots, \; x_{10} \geqq 0$$

hinzu, dann sind damit das Problem beschreibende Restriktionen hergeleitet.

Da der Erlös bzw. die Kosten

$$260x_6 + 240x_7 + 230x_8 + 220x_9 + 155x_{10}$$

bzw.

$$(79 + 5.5 + 0.15 \cdot 1.5)x_1 + (84 + 5.5 + 0.2 \cdot 1.5)x_2$$
$$+ \; 275x_3 + 232x_4 + 6.0x_5 + 1150 =$$
$$84.725x_1 + 89.8x_2 + 275x_3 + 232x_4 + 6x_5 + 1150$$

betragen, ergibt sich für die Zielforderung - nämlich die Gewinnmaximierung:

$$z = 260x_6 + 240x_7 + 230x_8 + 220x_9 + 195x_{10} - 84.725x_1$$
$$- 89.8x_2 - 275x_3 - 232x_4 - 6x_5 - 1150 = \text{Max!}$$

Zusammenfassend ergibt sich somit unter Vernachlässigung der fixen Kosten das folgende mathematische Modell:

$$z = -84.725x_1 - 89.8x_2 - 275x_3 - 232x_4 - 6x_5 + 260x_6 + 240x_7$$
$$+ 230x_8 + 220x_9 + 195x_{10} = \text{Max!}$$

unter den Restriktionen

(i) $x_1 \leqq 9$

$x_2 \leqq 5$

$x_1 + x_2 \leqq 10$

$x_5 \leqq 5$

$x_6 \leqq 5.2$

$x_6 \geqq 4.4$

$x_7 \leqq 0.35$

$0.15x_1 + 0.2x_2 + x_3 + 0.5x_5 - x_6 - x_7 - x_8 = 0$

$0.33x_1 + 0.35x_2 + x_4 - x_5 \geqq 0$

$0.33x_1 + 0.35x_2 + x_4 - 0.5x_5 - x_9 = 0$

$0.52x_1 + 0.45x_2 - x_{10} = 0$

(ii) $x_1 \geqq 0, \ x_2 \geqq 0, \ \ldots, \ x_{10} \geqq 0$

Modell 3-2: Mathematisches Modell zu Beispiel 2 unter Vernachlässigung der fixen Kosten

3.3.2 Modellösung

Bei Benutzung der bisher verwendeten Bezeichnungen ZIEL und RS für die Zielfunktion und die rechten Seiten sowie der bei der Modellbildung eingeführten Bezeichnungen, ergibt sich für Modell 3-2 (Beispiel 2) das in Abb. 3-10 wiedergegebene MPS-Tableau.

Es sei bemerkt, daß auch eine Formulierung unter Benutzung des BOUNDS-Abschnitts möglich ist, wie man etwa an den Restriktionen OELA und OELB erkennt.

Verwendet man in der NAME-Karte als Identifikation "OELRAF" und benutzt man ferner eine linksbündige Schreibweise, dann erhält man zu dem MPS-Tableau

	X1	X2	X3	X4	X5	X6	X7	X8	X9	X10	Typ	RS
ZIEL	-84.725	-89.8	-275	-232	-6	260	240	230	220	195	Max	
OELA	1										$\leq$	9
OELB		1									$\leq$	5
DESTIL	1	1									$\leq$	10
VERED					1						$\leq$	5
MAXBENZ						1					$\leq$	5.2
MINBENZ						1					$\geq$	4.4
LGBENZ							1				$\leq$	0.35
GROBENZ	0.15	0.2	1		0.5	-1	-1	-1			=	0
OELGES	0.33	0.35		1	-1						$\geq$	0
GASOEL	0.33	0.35		1	-0.5				-1		=	0
SONST	0.52	0.45								-1	=	0

Abb. 3-10: MPS-Tableau zu Modell 3-2 (Beispiel 2)

aus Abb. 3-10 etwa das in Abb. 3-11 wiedergegebene MPS-Datendeck.

```
NAME              OELRAF
ROWS
   N ZIEL
   L OELA
   L OELB
   L DESTIL
   L VERED
   L MAXBENZ
   G MINBENZ
   L LGBENZ
   E GROBENZ
   G OELGES
   E GASOEL
   E SONST
COLUMNS
     X1          ZIEL        -84.725
     X1          OELA        1.            DESTIL      1.
     X1          GROBENZ     0.15          OELGES      0.33
     X1          GASOEL      0.33          SONST       0.52
     X2          ZIEL        -89.8
     X2          OELB        1.            DESTIL      1.
     X2          GROBENZ     0.2           OELGES      0.35
     X2          GASOEL      0.35          SONST       0.45
     X3          ZIEL        -275.
     X3          GROBENZ     1.
     X4          ZIEL        -232.
     X4          OELGES      1.            GASOEL      1.
     X5          ZIEL        -6.
     X5          VERED       1.            GROBENZ     0.5
     X5          OELGES      -1.           GASOEL      -0.5
     X6          ZIEL        260.
     X6          MAXBENZ     1.            MINBENZ     1.
     X6          GROBENZ     -1.
     X7          ZIEL        240.
     X7          LGBENZ      1.            GROBENZ     -1.
     X8          ZIEL        230.
     X8          GROBENZ     -1.
     X9          ZIEL        220.
     X9          GASOEL      -1.
     X10         ZIEL        195.
     X10         SONST       -1.
RHS
     RS          OELA        9.            OELB        5.
     RS          DESTIL      10.           VERED       5.
     RS          MAXBENZ     5.2           MINBENZ     4.4
     RS          LGBENZ      0.35
ENDATA
```

Abb. 3-11: MPS-Datendeck zu Modell 3-2 (Beispiel 2)

C O N S T R A I N T S

```
PRINT OPTION = COMPLETE OUTPUT                                    VALUE OF OBJECTIVE =        1326.01500
NAME = OELRAF      OBJ = ZIEL       RHS = RS      BND =           RPSOBJ =    -1.0000   RPSRHS =    1.0000
DIR = MAXIMIZE     COBJ =           CRHS =        RNG =           RPCHOBJ =    0.0000   RPCHRHS =   0.0000
```

| NUMBER NAME | ROW ACTIVITY | SLACK | RHS LOWER | LOWER ACT | UNIT COST | OBJ_LOWER | LIMITING | OBJ COEF | OBJ_OBJ |
TYPE	STATUS	MARGINAL	RHS UPPER	UPPER ACT	UNIT COST	OBJ_UPPER	PROCESS	RANGE	COEF RANGE
1 ZIEL	1326.01500	-1326.01500	-INF						
FR	SLACK	.	+INF						
2 OELA	9.00000	.	-INF	5.00000	.33500	1324.67500	OELB	.33500	1326.01500
LE	BINDING	-.33500	9.00000	10.00000	-.33500	1326.35000	X2	-INF	1326.01500
3 OELB	1.00000	4.00000	-INF	.	134.15000	1191.86500	DESTIL	134.15000	1862.61500
LE	SLACK	.	5.00000	8.00000	..33500	1323.67000	OELA	-.33500	1324.67500
4 DESTIL	10.00000	.	-INF	9.00000	134.15000	1191.86500	X2	134.15000	1326.01500
LE	BINDING	-134.15000	10.00000	11.75000	-134.15000	1560.77750	X3	-INF	1326.01500
5 VERED	5.00000	.	-INF	3.32000	9.50000	1310.05500	X4	9.50000	1326.01500
LE	BINDING	-9.50000	5.00000	5.70000	-9.50000	1332.66500	X3	-INF	1326.01500
6 MAXBENZ	4.40000	.80000	-INF	4.40000	+INF	1326.01500	NONE	+INF	+INF
LE	SLACK	.	5.20000	+INF	15.00000	-INF	MINBENZ	-15.00000	1314.01500
7 MINBENZ	4.40000	.	4.40000	4.05000	-15.00000	1331.26500	X3	+INF	1326.01500
GE	BINDING	15.00000	+INF	5.20000	15.00000	1314.01500	MAXBENZ	-15.00000	1326.01500
8 LGBENZ	.	.35000	-INF	.	+INF	1326.01500	NONE	+INF	+INF
LE	SLACK	.	.35000	+INF	35.00000	-INF	X7	-35.00000	1313.76500
9 GROBENZ	.	.	.	-.35000	-275.00000	1422.26500	X3	+INF	1326.01500
EQ	BINDING	275.00000	.	+INF	275.00000	-INF	NONE	-INF	1326.01500
10 OELGES	.	.	.	-1.68000	-12.00000	1346.17500	X4	+INF	1326.01500
GE	BINDING	12.00000	+INF	+INF	12.00000	-INF	NONE	-12.00000	1326.01500
11 GASOEL	.	.	.	-INF	-220.00000	+INF	NONE	+INF	1326.01500
EQ	BINDING	220.00000	.	2.50000	220.00000	776.01500	X9	-INF	1326.01500
12 SONST	.	.	.	-INF	-195.00000	+INF	NONE	+INF	1326.01500
EQ	BINDING	195.00000	.	5.13000	195.00000	325.66500	X10	-INF	1326.01500

Abb. 3-12: OUTPUT REPORT
CONSTRAINTS zu Modell 3-2 (Beispiel 2)

```
                                          C O L U M N S

     PRINT OPTION = COMPLETE OUTPUT                        VALUE OF OBJECTIVE =        1326.01500
   NAME = OELRAF        OBJ  = ZIEL        RHS  = RS       BND =       RPSOBJ  =    -1.0000   RPSRHS  =     1.0000
   D.R  = MAXIMIZE      COBJ =             CRHS =          RNG =       RPCHOBJ =     0.0000   RPCHRHS =     0.0000

NUMBER   NAME    COL ACTIVITY   OBJ COEF      BND LOWER    LOWER ACT   UNIT COST    OBJ_LOWER    LIMITING    OBJ COEF     OBJ_OBJ
         TYPE      STATUS       MARGINAL      BND UPPER    UPPER ACT   UNIT COST    OBJ_UPPER    PROCESS     RANGE        COEF RANGE
------  ---------  ------------  ------------  -----------  -----------  ------------  ------------  ----------  ------------  -----------

   1 X1            9.00000      -84.72500         .          5.00000       .33500     1324.67500   OELA        -85.06000    1323.00000
          PL     ACTIVE             .           +INF         9.00000      +INF        1326.01500   NONE         +INF         +INF

   2 X2            1.00000      -89.80000         .        -10.40000    134.15000     -203.29500   DESTIL      -223.95000   1191.86500
          PL     ACTIVE             .           +INF         5.00000       .33500     1324.67500   OELA         -89.46500   1326.35000

   3 X3             .35000     -275.00000         .           .15000      6.70000     1324.67500   OELA        -281.70000   1323.67000
          PL     ACTIVE             .           +INF         1.15000     15.00000     1314.01500   MINBENZ     -260.00000   1331.26500

   4 X4            1.68000     -232.00000         .         -3.32000      9.50000     1278.51500   VERED       -241.50000   1310.05500
          PL     ACTIVE             .           +INF        +INF         12.00000      -INF        OELGES      -220.00000   1346.17500

   5 X5            5.00000       -6.00000         .          3.32000      9.50000     1310.05500   VERED        -15.50000   1278.51500
          PL     ACTIVE             .           +INF         5.00000      +INF        1326.01500   NONE         +INF         +INF

   6 X6            4.40000      260.00000         .          4.40000      +INF        1326.01500   NONE         -INF         -INF
          PL     ACTIVE             .           +INF         5.20000     15.00000     1314.01500   MINBENZ     275.00000    1392.01500

   7 X7              .          240.00000         .          -.35000    -35.00000     1338.26500   X3           -INF        1326.01500
          PL     LOWER        -35.00000         +INF          .35000     35.00000     1313.76500   LGBENZ      275.00000    1326.01500

   8 X8              .          230.00000         .          -.35000    -45.00000     1341.76500   X3           -INF        1326.01500
          PL     LOWER        -45.00000         +INF         +INF         45.00000      -INF        NONE        275.00000    1326.01500

   9 X9            2.50000      220.00000         .          1.66000     19.00000     1310.05500   VERED       201.00000    1278.51500
          PL     ACTIVE             .           +INF         +INF        12.00000      -INF        OELGES      232.00000    1356.01500

  10 X10           5.13000      195.00000         .          4.85000      4.78571     1324.67500   OELA        190.21429    1301.46429
          PL     ACTIVE             .           +INF         5.13000      +INF        1326.01500   NONE         +INF         +INF
```

Abb. 3-13: OUTPUT REPORT
COLUMNS zu Modell 3-2 (Beispiel 2)

3.3.3 Druckausgabe und Interpretation der Ergebnisse

Die die Lösungen betreffenden Angaben befinden sich in den beiden Sektionen "CONSTRAINTS" und "COLUMNS" des Abschnitts "OUTPUT REPORT", die in Abb. 3-12 und Abb. 3-13 wiedergegeben sind.

Für die Lösung von Beispiel 2 ergibt sich somit:

Optimalwert der Zielfunktion ohne Beachtung der fixen Kosten:

   1326.015 GE

Optimalwert der Zielfunktion unter Beachtung der fixen Kosten:

   1326.015 GE
  - 1150.000 GE
    176.015 GE

Optimalwerte der Basisvariablen:

OELB	= 4	aME	
MAXBENZ	= 0.8	aME	SLACKS aus CONSTRAINTS
LGBENZ	= 0.35	aME	
X1	= 9	ME	
X2	= 1	ME	
X3	= 0.35	ME	
X4	= 1.68	ME	
X5	= 5	ME	ACTIVE aus COLUMNS
X6	= 4.4	ME	
X9	= 2.5	ME	
X10	= 5.13	ME	

Die Basis besteht folglich aus 3 Schlupfvariablen und 8 Problemvariablen.

Da das MPS-Datendeck zu Modell 3-2 (Beispiel 2) aus Abb. 3-11 keinen BOUNDS-Abschnitt enthält, haben die übrigen Variablen als Nichtbasisvariablen sämtlich den Wert Null.

Im folgenden soll zunächst eine Analyse bzgl. der rechten Seiten durchgeführt werden; die entsprechenden Angaben finden sich im Abschnitt "CON-STRAINTS" in den Spalten:

 . LOWER/UPPER ACT - UNIT COSTS
 . LOWER/UPPER ACT - LIMITING PROCESS

Die nachfolgenden Erläuterungen beziehen sich auf LOWER/UPPER ACT - UNIT COSTS.

VERED

a) Vergrößert man den Wert der rechten Seite von 5 auf 5.7 ME, so vergrößert sich der Gewinn um

$$0.7 \cdot 9.5 = 6.65 \text{ GE.}$$

Die im einzelnen bewirkten Änderungen, die sich auch aus Abb. 3-9 entnehmen lassen, sind folgende:

$$X5 = 5 + 0.7 = 5.7 \text{ ME.}$$

Da die Destillationsanlage voll ausgelastet ist, ergibt sich:

$$X4 = 1.68 + 0.7 = 2.38 \text{ ME.}$$

Ferner gilt

$$X9 = 2.5 + 0.5 \cdot 0.7 = 2.85 \text{ ME,}$$
$$X3 = 0.35 - 0.5 \cdot 0.7 = 0 \text{ ME.}$$

Die Gewinnänderung ergibt sich aus:

(Veredelungskosten)	$0.7 \cdot (-6)$	=	-4.20 GE
(Gasölkosten)	$0.7 \cdot (-232)$	=	-162.40 GE
(Gasölerlös)	$0.35 \cdot 220$	=	77.00 GE
(Benzinkosteneinsparung)	$0.35 \cdot 275$	=	<u>96.25 GE</u>
			6.65 GE

b) Verkleinert man den Wert der rechten Seite von 5 auf 4 ME, so verringert sich der Gewinn um

$$1 \cdot 9.5 = 9.5 \text{ GE.}$$

Im einzelnen ergibt sich:

$$X5 = 5 - 1 \qquad\quad = 4 \text{ ME}$$
$$X4 = 1.68 - 1 \qquad = 0.68 \text{ ME}$$
$$X9 = 2.5 - 0.5 \cdot 1 = 2 \text{ ME}$$
$$X3 = 0.35 + 0.5 \cdot 1 = 0.85 \text{ ME}$$

Die Gewinnänderung ergibt sich aus:

(Veredelungskosteneinsparung)	$1 \cdot (6)$	=	6.00 GE
(Gasölkosteneinsparung)	$1 \cdot (232)$	=	232.00 GE
(Gasölerlösverlust)	$0.5 \cdot (-220)$	=	-110.00 GE
(Benzinkosten)	$0.5 \cdot (-275)$	=	<u>-137.50 GE</u>
			-9.50 GE

MINBENZ

    a) Erhöht man den Wert der rechten Seite von 4.4 auf 5 ME, so verringert sich der Gewinn um

$$15 \cdot 0.6 = 9 \text{ GE.}$$

Dies ist einleuchtend, denn die Menge von 0.6 ME Benzin $(X3)$ muß - da die eigene Produktionskapazität voll ausgeschöpft ist - zum Preis von 275 GE/ME eingekauft und zum Preis von 260 GE/ME verkauft werden.

    b) Verringert man den Wert der rechten Seite von 4.4 auf 4.2 ME, dann erhöht sich der Gewinn um

$$0.2 \cdot 15 = 3 \text{ GE,}$$

denn es erfolgt ein entsprechend niedrigerer Einkauf von Benzin $(X3)$.

GROBENZ

Erhöht man den Wert der rechten Seite um 1 ME, d.h.

$$0.15X1 + 0.2X2 + X3 + 0.5X5 - X6 - X7 - X8 = 1 \text{ ME}$$

bzw. wegen $X7 = X8 = 0$

$$X3 = X6 - 0.15X1 - 0.2X2 - 0.5X5 + 1 \text{ ME,}$$

dann verringert sich der Gewinn um 275 GE, da zu der zur Verfügung stehenden Menge

$$X6 - 0.15X1 - 0.2X2 - 0.5X5$$

noch Kosten für eine Einheit hinzukommen.

GASOEL

Erhöht man den Wert der rechten Seite um 1 ME, d.h.

$$0.33X1 + 0.35X2 + X4 - 0.5X5 - X9 = 1 \text{ ME}$$

bzw.

$$X9 = 0.33X1 + 0.35X2 + X4 - 0.5X5 - 1 \text{ ME,}$$

dann verringert sich der Gewinn um 220 GE, denn von der insgesamt zur Verfügung stehenden Menge

$$0.33X1 + 0.35X2 + X4 - 0.5X5$$

bringt nur der über 1 ME hinausgehende Teil einen Erlös.

Die nachfolgenden Erläuterungen beziehen sich auf LOWER/UPPER ACT - LIMITING PROCESS.

OELA

Liegt der Wert der rechten Seite zwischen 5 und 10 ME, dann bleibt die Zusammensetzung der Basis erhalten. Wird der Wert größer als 10 ME, dann verläßt X2 die Basis; wird der Wert kleiner als 5 ME, dann verläßt die Schlupfvariable OELB die Basis.

DESTIL

Liegt der Wert der rechten Seite zwischen 9 und 11.75 ME, dann findet kein Basiswechsel statt. Wird der Wert größer als 11.75 ME, dann verläßt X3 die Basis; wird der Wert kleiner als 9 ME, dann verläßt X2 die Basis.

MINBENZ

Liegt der Wert der rechten Seite zwischen 4.05 und 5.2 ME, tritt keine Basisänderung ein; wird der Wert größer als 5.2 ME, dann verläßt die Schlupfvariable MAXBENZ die Basis; für Werte kleiner als 4.05 ME verläßt X3 die Basis.

Die zur Analyse der Kostenkoeffizienten benötigten Angaben befinden sich im Abschnitt "COLUMNS" in den Spalten

. LIMITING PROCESS
. OBJ COEF RANGE.

Die Angaben seien anhand der folgenden Beispiele erläutert.

- $c_3 = -275$

Für

$$-281.7 \leqq c_3 \leqq -260$$

bleibt die Zusammensetzung der Basis erhalten. Für $c_3 < -281.7$ kommt die Schlupfvariable OELA in die Basis, für $c_3 > -260$ wird die Schlupfvariable MINBENZ in die Basis aufgenommen.

- $c_4 = -232$

Für

$$-241.5 \leqq c_4 \leqq -220$$

tritt kein Basiswechsel ein. Bei $c_4 < -241.5$ wird die Schlupfvariable VERED in die Basis aufgenommen, bei $c_4 > -220$ kommt OELGES in die Basis.

Für $c_4 > -220$ ist Gasöl im Einkauf billiger als im Verkauf (220), d.h. es wird ohne Verarbeitung direkt weiterverkauft. Hieraus folgt natürlich, daß der Wert der Zielfunktion beliebig groß werden kann.

- $c_6 = 260$

Für

$$-\infty < c_6 \leqq 275$$

ändert sich die Zusammensetzung der Basis nicht. Der Preis für Benzin im Normalverbrauch kann beliebig tief angesetzt werden; ein Basiswechsel tritt hierdurch nicht ein. Für $c_6 > 275$ kommt die Schlupfvariable MINBENZ in die Basis.

Die Zielfunktionswerte bei Annahme der Bereichsgrenzen sind unter OBJ OBJ COEF RANGE angegeben; hierauf soll jedoch nicht explizit eingegangen werden.

3.4 Behandlung großer Modelle

Realistische Probleme führen vielfach auf Modelle mit Hunderten und Tausenden von Variablen und Restriktionen. Allein auf Grund des hohen Zentralspeicherbedarfs für die Restriktionsmatrix sind solche Probleme mit Standardalgorithmen kaum wirtschaftlich lösbar. Die Restriktionsmatrizen solch großer Systeme sind aber im allgemeinen "dünn besetzte Matrizen", d.h. Matrizen, bei denen nur ein geringer Prozentsatz der Elemente ungleich Null ist. Die hiermit zum Ausdruck gebrachte Beziehung, nämlich daß mit wachsender Modellgröße die Dichte - sie drückt gerade den Prozentsatz der Elemente ungleich Null aus - sinkt, läßt sich bereits aus einem Vergleich von Modell 2-5 (Beispiel 1) mit Modell 3-2 (Beispiel 2) erkennen, wo die Dichte von 87.5% auf 30.8% sinkt. Es sei bemerkt, daß Probleme mit vielen hundert Variablen und Restriktionen häufig auf Matrizen mit einer Dichte von weniger als 1% führen.

Zur Behandlung dünn besetzter Matrizen wurden spezielle Rechen- und Speichertechniken entwickelt. Matrizen dieser Art speichert man im allgemeinen in "kompakter Form", d.h. lediglich die Elemente ungleich Null und die zugehörige Indexinformation wird gespeichert (vgl. 3.1.1). Für die Verwendung einer "Kompaktform" - es existieren hierfür verschiedene Speicherverfahren - lassen sich folgende Gründe anführen:

. Behandlung von Matrizen in Größenordnungen, die ohne Kompaktdarstellung nicht möglich wäre,

. Reduktion der Rechenzeit durch Vermeidung von Operationen bzgl. der Nullelemente,

- 85 -

. günstige Speicherung und Anpassung der Inversen bei Verwendung der sogenannten Produktform.

Bei großen Optimierungsproblemen spielen diese drei Punkte eine entscheidende Rolle. Standardprogrammpakete, die in erster Linie zur Lösung großer Probleme entwickelt wurden, benutzen deshalb Techniken, die diese Fakten berücksichtigen. Wegen der häufig sehr engen Orientierung an speziellen Problem-
klassen, wird hier auf deren Behandlung nicht näher eingegangen, sondern auf
die einschlägige Literatur verwiesen.

3.5 Literatur

CDC (Hrsg.)   "APEX-III Reference Manual"

Dantzig, G. B.   "The product form of inverse in
Orchard-Hays, W.   simplex method"
                                    Math. Comp. 8, 64-67 (1954)

IBM (Hrsg.)   "IBM Mathematical Programming
                                    System Extended/370 (MPSX/370),
                                    Program Reference Manual"

Reid, J. K.   "Large sparse sets of linear equa-
                                    tions"
                                    London - New York 1971

Rose, D. J.   "Sparse Matrices"
Willoughby, R. A.   New York - London 1972

Tewarson, R. P.   "Sparse Matrices"
                                    New York - London 1973

UNIVAC (Hrsg.)   "Functional Mathematical Pro-
                                    gramming System - Users Refe-
                                    rence Manual"

4. Grundlegende Aussagen zur linearen Optimierung mit diskreten Variablen

4.1 Einführendes Beispiel

Bei vielen Optimierungsproblemen aus der Praxis werden ganzzahlige Lösungen verlangt, wie z.B. bei der Planung des Ausstoßes nicht teilbarer Produktionsformen und der Ausnutzung nicht teilbarer Produktionsfaktoren. Anhand eines Beispiels soll die Aufgabenstellung der linearen Optimierung mit diskreten Variablen - man spricht auch von linearer Optimierung mit Ganzzahligkeitsbedingung - erläutert und graphisch dargestellt werden.

4.1.1 Problemstellung und Modellbildung

Beispiel 3

Einem Betrieb stehen zur Fertigung zweier <u>nicht teilbarer</u> Produkte P_1 und P_2 die Maschinen M_1, M_2 und M_3 zur Verfügung. Die verfügbaren Gesamtkapazitäten, ferner die zur Erstellung einer Mengeneinheit (ME) von P_1 bzw. P_2 benötigten Kapazitäten sowie die Geldeinheiten (GE) pro Mengeneinheit bzgl. Erlös und Kosten sind in den nachfolgenden Tabellen zusammengestellt:

Masch.	P_1 Kap./ME	P_2 Kap./ME	Gesamt-kapazität
M_1	4	11	44
M_2	2	2	17
M_3	0	6	21

Produkte	Erlös GE/ME	Kosten GE/ME
P_1	18	7
P_2	22	4

Abb. 4-1: Problemspezifische Angaben zu Beispiel 3

Es treten ferner fixe Kosten in Höhe von 6 Geldeinheiten auf.

Gefragt ist nach den Mengeneinheiten der Produkte P_1 und P_2, die produziert werden müssen, damit der Gewinn maximal wird.

Bezeichnet für $i = 1,2$

x_i: Anzahl der Mengeneinheiten vom Produkt P_i

und beachtet man, daß - da P_1 und P_2 nicht teilbare Produkte sind - x_i nur die Werte 0, 1, 2, ... annehemen kann, so erhält man zu Beispiel 3 folgendes mathematisches Modell:

$$z = 11x_1 + 18x_2 - 6 = \text{Max!}$$

unter den Restriktionen

$$(i) \quad 4x_1 + 11x_2 \leq 44$$
$$2x_1 + 2x_2 \leq 17$$
$$6x_2 \leq 21$$

$$(ii) \quad \left. \begin{array}{l} x_1 \geq 0 \\ x_2 \geq 0 \end{array} \right\} \text{ganzzahlig}$$

Modell 4-1: Mathematisches Modell zu Beispiel 3

4.1.2 Graphische Lösung und ergänzende Betrachtungen

Die Lösung dieser Aufgabe ist wieder graphisch und numerisch möglich. Bei der graphischen Lösung, auf die zunächst eingegangen werden soll, bestimmt man zuerst - wie in Kapitel 2.1.1 - die durch die Restriktionen vom Typ (i) gegebene Menge im ersten Quadranten. Der zulässige Bereich zu Modell 4-1 besteht dann aus sämtlichen Punkten dieser Menge mit ganzzahligen Komponenten. Betrachtet man anschließend - wie in Kapitel 2.1.1 - die durch Variation von z aus der Zielfunktion

$$z = 11x_1 + 18x_2 - 6$$

erzeugten Schar paralleler Geraden, dann wird z - der Gewinn - unter Beachtung der Restriktionen wieder am größten, wenn man die Gerade auswählt, die durch den äußersten Punkt des zulässigen Bereichs geht, nämlich durch den Punkt (7,1). Abb. 4-2 veranschaulicht diesen Sachverhalt.

Als Lösung von Beispiel 3 ergibt sich somit:

Optimalwerte der Problemvariablen:

$$x_1 = 7 \text{ ME}$$

$$x_2 = 1 \text{ ME}$$

Optimalwert der Zielfunktion:

$$z = 11 \cdot 7 + 18 \cdot 1 - 6 = 89 \text{ GE}.$$

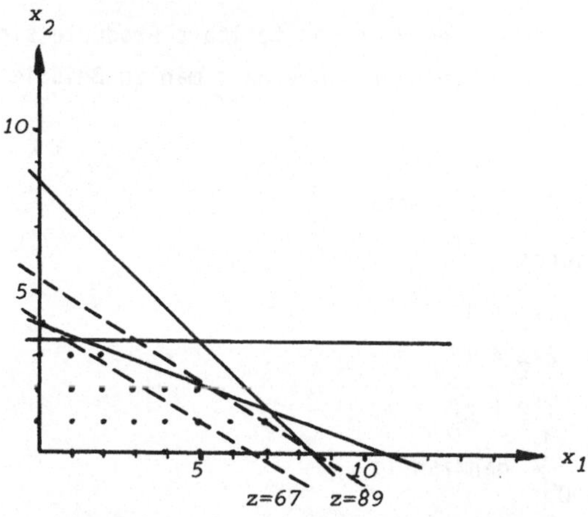

Abb. 4-2: Zulässiger Bereich mit Exemplaren der Ziel-funktion zu Modell 4-1 (Beispiel 3)

Würde man die Ganzzahligkeitsbedingung fallen lassen, dann existiert nach Satz 2-4, dem Hauptsatz der linearen Optimierung, eine Basislösung, die den

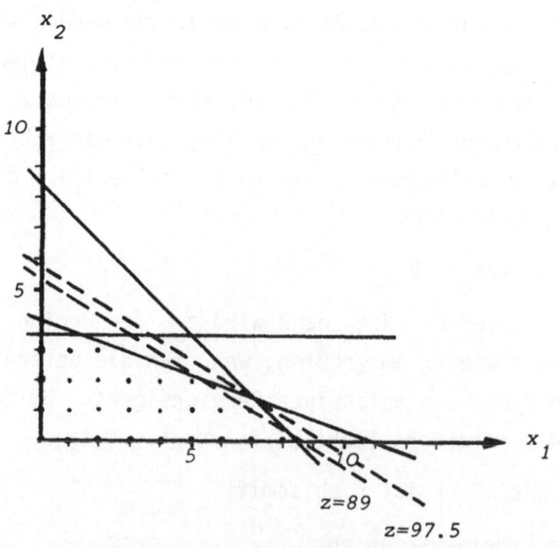

Abb. 4-3: Zulässige Bereiche mit Optimallösungen zu Modell 4-1 (Beispiel 3) mit bzw. ohne Ganz-zahligkeitsbedingung

Optimalwert erzeugt. Bzgl. Modell 4-1 entspricht dieser in der x_1,x_2-Ebene die Ecke mit den Koordinaten

$$(x_1,x_2) = (7.1,1.3),$$

als zugehöriger Optimalwert ergibt sich

$$z = 11 \cdot 7.1 + 18 \cdot 1.3 - 6 = 97.5.$$

Abb. 4-3 zeigt die Lösung von Modell 4-1 mit bzw. ohne Ganzzahligkeitsbedingung.

Der wesentliche Unterschied der linearen Optimierung mit diskreten Variablen zur linearen Optimierung mit kontinuierlichen Variablen besteht somit darin, daß der Optimalpunkt eines Modells mit diskreten Variablen im allgemeinen nicht in einem Eckpunkt, sondern im Inneren des durch die Restriktionen gegebenen Bereichs liegt.

4.2 Abriß zur Theorie und zu wichtigen Lösungsverfahren

Im Gegensatz zur linearen Optimierung mit kontinuierlichen Variablen verfügt die lineare Optimierung mit diskreten Variablen bzw. mit Ganzzahligkeitsbedingung über keine sehr umfangreiche Theorie allgemeingültiger Aussagen. Der Grund hierfür liegt im wesentlichen darin, daß - wie bereits in 4.1 gezeigt wurde - der Optimalpunkt eines linearen Modells mit diskreten Variablen im allgemeinen nicht in einem Eckpunkt des zum entsprechenden kontinuierlichen Problem gehörenden zulässigen Bereichs liegt, sondern im Innern.

4.2.1 Standardmodell der linearen Optimierung mit diskreten Variablen

So wie bei der linearen Optimierung mit kontinuierlichen Variablen ein Standardmodell zugrunde gelegt werden kann, so läßt sich auch bzgl. der linearen Optimierung mit Ganzzahligkeitsbedingung ein Standardmodell formulieren. Das Standardmodell der linearen Optimierung mit diskreten Variablen bzw. mit Ganzzahligkeitsbedingung lautet:

$$z = \sum_{j=1}^{n} c_j x_j = \text{Max}!$$

unter den Restriktionen

$$\text{(i)} \quad \sum_{j=1}^{n} a_{ij} x_j \leqq b_i \qquad i = 1, 2, \ldots, m$$

$$\text{(ii)} \quad x_j \geqq 0 \qquad\qquad j = 1, 2, \ldots, n$$

$$x_j \text{ ganzzahlig für } 1 \leqq j \leqq n_1 \leqq n$$

Modell 4-2: Standardmodell der linearen Optimierung mit diskreten
Variablen bzw. mit Ganzzahligkeitsbedingung

Gilt $n_1 = n$, dann liegt eine ganzzahlig lineare Optimierungsaufgabe vor, andernfalls handelt es sich um eine gemischt ganzzahlige lineare Optimierungsaufgabe.

Bedenkt man, daß bei einer gemischt ganzzahligen linearen Optimierungsaufgabe bzgl. der Restriktionen (ii) des Standardmodells lediglich ein eventuelles Umnumerieren der Variablen erforderlich ist, dann lassen sich die in 2.2.1 durchgeführten Überlegungen zur Rückführung auf das Standardmodell der linearen Optimierung mit kontinuierlichen Variablen wörtlich zur Rückführung einer ganzzahligen bzw. gemischt ganzzahligen Optimierungsaufgabe auf das entsprechende Standardmodell übertragen.

Als Standardmodell zu Beispiel 3 erhält man

$$z = 11x_1 + 18x_2 = \text{Max!}$$

unter den Restriktionen

$$\text{(i)} \quad 4x_1 + 11x_1 \leqq 44$$
$$2x_1 + 2x_2 \leqq 17$$
$$6x_2 \leqq 21$$

$$\text{(ii)} \quad \left. \begin{array}{l} x_1 \geqq 0 \\ x_2 \geqq 0 \end{array} \right\} \quad \text{ganzzahlig}$$

Modell 4-3: Standardmodell mit Ganzzahligkeitsbedingung
zu Modell 4-1 (Beispiel 3)

Von besonderem Interesse sind Optimierungsprobleme, bei denen sämtliche Variablen nur die Werte 0 und 1 annehemn können. Sie werden als "binäre" Optimierungsprobleme bezeichnet. In Kapitel 6 werden einige spezielle binäre Probleme angeführt.

Eine Beziehung zwischen ganzzahligen und binären Problemen bringt der folgende Satz zum Ausdruck.

Satz 4-1

Jede ganzzahlige lineare Optimierungsaufgabe mit beschränktem zulässigen Bereich läßt sich in eine binäre Optimierungsaufgabe überführen.

Indem man jede Variable x_k, für die nach Voraussetzung eine obere Schranke existiert, d.h. es gilt $x_k \leq u_k$, darstellt in der Form

$$x_k = y_{k0} + 2^1 y_{k1} + 2^2 y_{k2} + \ldots + s^p y_{kp} \leq u_k$$

$$\text{mit } y_{ki} = \begin{cases} 0 \\ 1 \end{cases}, \; i = 0, 1, \ldots, p$$

ergibt sich aus dem ganzzahligen Problem ein binäres Problem. Man könnte glauben, daß man sich im wesentlichen auf Verfahren zur Lösung binärer Probleme beschränken könnte. Der Nachteil der Transformation in ein binäres Problem ist jedoch der, daß ein Problem mit erheblich mehr Variablen entsteht, wodurch im allgemeinen ein starker Anstieg des Rechenaufwandes verursacht wird. Somit ist dieser Satz lediglich von theoretischem Interesse.

Wie die Anschauung gezeigt hat, liegt der Optimalpunkt eines Modells mit Ganzzahligkeitsbedingung im allgemeinen nicht in einem Eckpunkt, sondern im Innern des durch die Restriktionen gegebenen Bereiches. Hieraus resultiert, daß in der linearen Optimierung mit Ganzzahligkeitsbedingung Begriffe wie Basis, Basisvariable und Nichtbasisvariable und somit auch die Sensitivitätsanalyse im Sinne der linearen Optimierung mit kontinuierlichen Variablen unbekannt sind.

Bzgl. der Lösung eines linearen Optimierungsmodells mit Ganzzahligkeitsbedingung sind folgende Angaben von Interesse:

. Optimalwert der Zielfunktion

. Optimalwerte der Problemvariablen

. Status der Restriktionen, d.h. ob die Restriktionen mit dem Gleichheitszeichen erfüllt sind oder nicht.

Für die weiteren Ausführungen sind die beiden folgenden Sätze von Bedeutung, die sich unmittelbar aus Abb. 4-3 sowie den Betrachtungen zu Satz 2-5 aus Kapitel 2.1.2 ergeben.

Satz 4-2

Der Optimalwert der Zielfunktion eines Maximierungsproblems mit diskreten Variablen oder mit Ganzzahligkeitsbedingung ist kleiner oder höchstens gleich (bei einem Minimierungsproblem größer oder höchstens gleich) dem Optimalwert der Zielfunktion des entsprechenden kontinuierlichen Problems, d.h. des entsprechenden Problems ohne Ganzzahligkeitsbedingung.

Satz 4-3

Der zulässige Bereich eines Modells 4-2 wird durch Anfügen weiterer Restriktionen höchstens kleiner. Erzeugen die Restriktionen keinen Wiederspruch, d.h. wird der zulässige Bereich nicht leer, dann bewirken sie höchstens ein Sinken des Optimalwerts der Zielfunktion. Erzeugen die Restriktionen einen Widerspruch, d.h. wird der zulässige Bereich leer, dann existiert keine Lösung.

Zur Lösung linearer Probleme mit Ganzzahligkeitsbedingung wurden spezielle Algorithmen entwickelt. Es ist im allgemeinen nämlich nicht möglich, von der Lösung eines Problems mit kontinuierlichen Variablen, die durch den Simplexalgorithmus bestimmt werden kann, auf die Lösung des entsprechenden Problems mit diskreten Variablen zu schließen; Abb. 4-4 soll dies veranschaulichen.

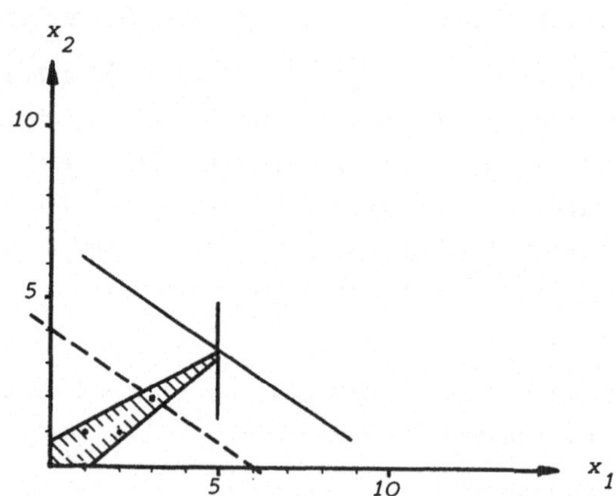

Abb. 4-4: Optimallösungen eines linearen Problems
mit bzw. ohne Ganzzahligkeitsbedingung

Die Optimallösung des linearen Problems mit kontinuierlichen Variablen liegt im Punkt (5,3.5), die des zugehörigen ganzzahligen Problems in (3,2). Dies zeigt nicht nur, daß Runden der Optimallösung des linearen Problems mit kontinuierlichen Variablen im allgemeinen nicht zur Optimallösung des ganzzahligen Problems führt, sondern auch, daß die durch Runden erzeugten Punkte - nämlich (5,3) und (5,4) - unzulässig bzgl. des kontinuierlichen linearen und somit auch bzgl. des ganzzahligen linearen Problems sein können.

4.2.2 Cutting Plane Methode

Die Methode des Cutting Plane, die von GOMORY im Jahre 1958 veröffentlicht wurde, beruht auf der Idee, die konvexe Hülle der zulässigen Punkte des linearen Problems mit Ganzzahligkeitsbedingung zu bestimmen - hierdurch entsteht ein Bereich, dessen Ecken gerade aus zulässigen Punkten des ganzzahligen Problems bestehen - und dadurch das Problem auf eine lineare Aufgabe ohne Ganzzahligkeitsbedingung zurückzuführen, bei der die Optimallösung die Ganzzahligkeitsbedingung von selbst erfüllt.

Abb. 4-5 zeigt die konvexe Hülle bzgl. Modell 4-3 (Beispiel 3), dem Standardmodell zu Modell 4-1, das - in Analogie zu Kapitel 2 - für die weiteren Betrachtungen zugrunde gelegt werden soll.

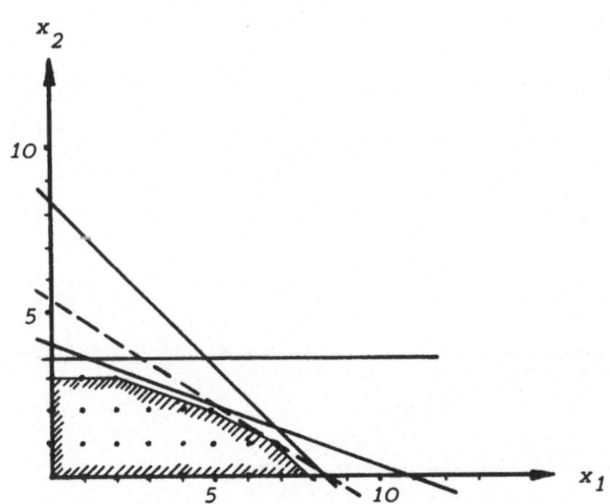

Abb. 4-5: Konvexe Hülle des zulässigen Bereichs zu Modell 4-3 (Beispiel 3) mit Optimallösung

Wie man Abb. 4-5 entnimmt, besitzt die konvexe Hülle - sie ist schraffiert gezeichnet - nur Ecken mit ganzzahligen Komponenten, d.h. die Maximierung der Zielfunktion bzgl. der durch die konvexe Hülle gegebenen Punktmenge liefert von selbst eine ganzzahlige Optimallösung. Das ganzzahlige lineare Problem ist somit auf ein kontinuierliches lineares Problem zurückgeführt.

Die Schwierigkeit liegt in der Bestimmung der konvexen Hülle der zulässigen

Punkte eines ganzzahligen bzw. gemischt ganzzahligen linearen Problems. Der
Algorithmus von Gomory besteht nun darin, durch die Konstruktion zusätzlicher
Restriktionen schrittweise diese konvexe Hülle - soweit wie nötig - zu erzeugen. Zunächst wird das Problem ohne Ganzzahligkeitsbedingung gelöst. Erfüllt die Lösung die Ganzzahligkeitsbedingung, dann ist sie zugleich die Lösung des Ausgangsproblems. Andernfalls wird eine Restriktion eingeführt, die
den eben bestimmten Optimalpunkt vom zulässigen Bereich trennt, aber keinen
zulässigen Punkt mit ganzzahligen Komponenten abschneidet. Dieses Problem
wird wieder ohne Ganzzahligkeitsbedingung gelöst. Das Verfahren wird solange
fortgesetzt, bis sich eine Lösung ergibt, die die Ganzzahligkeitsbedingung
erfüllt.

Anhand von Modell 4-3 (Beispiel 3) soll die Vorgehensweise des Algorithmus
von Gomory erläutert werden. Ausgangspunkt ist Modell 4-3 ohne Ganzzahligkeitsbedingung (Abb. 4-6).

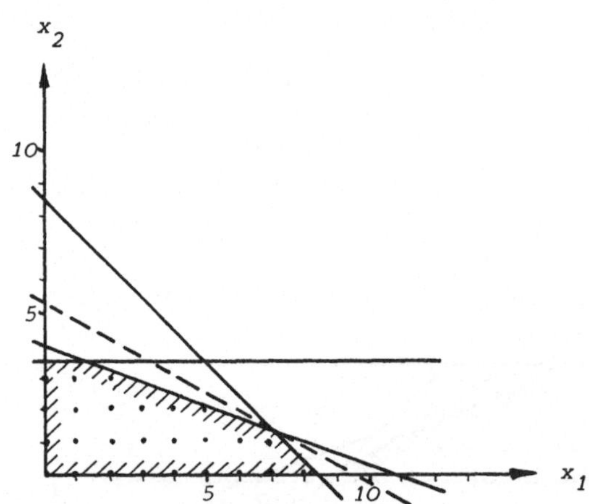

*Abb. 4-6: Zulässige Bereiche zu Modell 4-3 (Bei-
spiel 3) mit bzw. ohne Ganzzahligkeitsbedingung und Optimallösung zum Problem
ohne Ganzzahligkeitsbedingung*

Die Optimallösung (7.1,1.3) erfüllt nicht die Ganzzahligkeitsbedingung. Es
wird deshalb eine Restriktion hinzugefügt, die diesen Punkt vom zulässigen
Bereich des Problems ohne Ganzzahligkeitsbedingung abtrennt, aber keinen zulässigen Punkt mit ganzzahligen Komponenten abschneidet. Als erste Schnittrestriktion, die Modell 4-3 anzufügen ist, ergibt sich

$$x_1 + 2x_2 \leq 9.$$

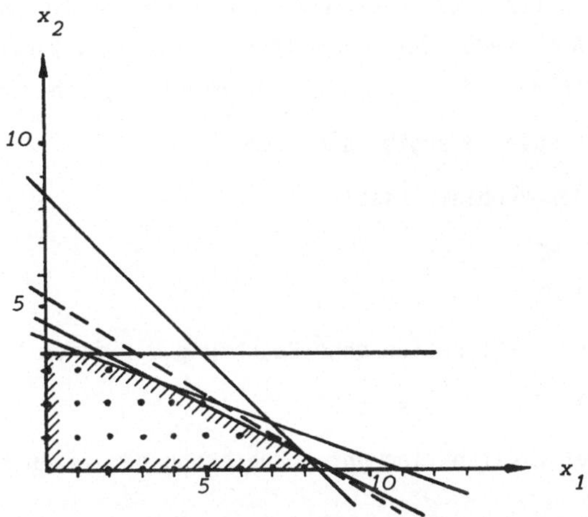

Abb. 4-7: *Zulässige Bereiche zu Modell 4-3 (Bei-*
spiel 3) mit bzw. ohne Ganzzahligkeitsbedingung
nach Aufnahme der ersten Schnittrestriktion
$x_1 + 2x_2 \leqq 9$ *und Optimallösung zum Problem*
ohne Ganzzahligkeitsbedingung

Das so modifizierte Problem wird wieder ohne die Ganzzahligkeitsbedingung gelöst (Abb. 4-7). Der Optimalpunkt (8,0.5) ist nicht ganzzahlig, als zweite Schnittrestriktion, die Modell 4-3 anzufügen ist, erhält man

$$x_1 + x_2 \leqq 8.$$

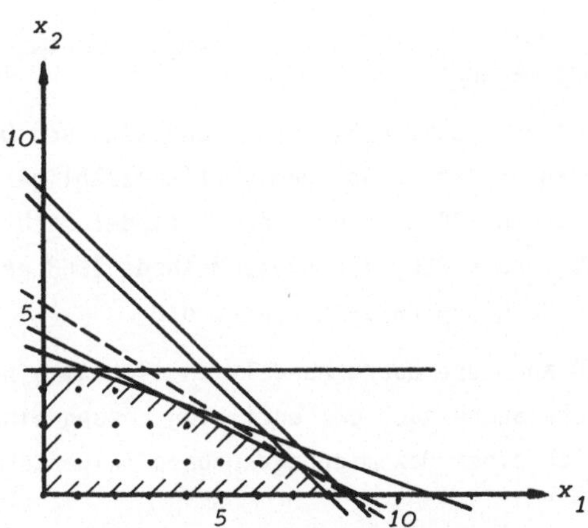

Abb. 4-8: *Zulässige Bereiche zu Modell 4-3 (Beispiel 3)*
mit bzw. ohne Ganzzahligkeitsbedingung nach
Aufnahme der zweiten Schnittrestriktion
$x_1 + x_2 \leqq 8$ *und Optimallösung zum Problem*
ohne Ganzzahligkeitsbedingung

Das neuerdings modifizierte Problem wird wieder ohne die Ganzzahligkeitsbedingung gelöst (Abb. 4-8). Der Optimalpunkt (7,1) ist ganzzahlig und stellt
somit gleichzeitig die Lösung des Ausgangsproblems, d.h. des Modells 4-3 dar.

Als Lösung von Beispiel 3 ergibt sich somit:

Optimalwerte der Problemvariablen

$$x_1 = 7 \text{ ME}$$
$$x_2 = 1 \text{ ME}$$

Optimalwert der Zielfunktion ohne Beachtung der fixen Kosten

$$z = 11 \cdot 7 + 18 \cdot 1 = 95 \text{ GE}$$

Optimalwert der Zielfunktion unter Beachtung der fixen Kosten

95 GE
<u>- 6 GE</u>
89 GE.

Abschließend sei bemerkt, daß die Verwendung von Cutting Plane Methoden
- selbst bei kleinen Problemen - im allgemeinen eine beträchtliche Anzahl
von Schnittrestriktionen erzeugt und unter anderem aus diesem Grunde lediglich noch von theoretischem Interesse ist. Zur Lösung linearer Probleme mit
Ganzzahligkeitsbedingung werden heutzutage fast ausschließlich Branch und
Bound Methoden verwandt, auf die im folgenden Kapitel eingegangen werden
soll.

4.2.3 Branch und Bound Methode

Die Methode des Branch und Bound geht zurück auf LAND und DOIG, die 1960 ein
Branch und Bound Verfahren zur Lösung gemischt ganzzahliger linearer Probleme angaben. Die Bezeichnung "Branch und Bound" findet sich erstmals bei
LITTLE, MURTY, SWEENEY und KAREL, die diese Methode 1963 erfolgreich zur Lösung des Problems des Handlungsreisenden anwandten.

Bei der Methode des Branch und Bound handelt es sich um eine geschickt orga-
nisierte, systematische Suche nach der optimalen Lösung eines Optimierungs-
problems, die bezüglich einer Maximierungsaufgabe folgendermaßen beschrieben
werden kann:

Zunächst wird zum Ausgangsproblem eine obere Schranke für den Wert der Zielfunktion bestimmt (Relaxation). Gehört hierzu eine zulässige Lösung bzgl.
des Ausgangsproblems, dann ist hierdurch eine Optimallösung zum Ausgangspro-

blem gegeben (Ausloten). Andernfalls wird der zulässige Bereich in immer kleinere Bereiche zerlegt (Separation). Zu jedem dieser Bereiche wird eine obere Schranke für den Wert der Zielfunktion bestimmt (Relaxation). Die Bereiche, deren obere Schranken kleiner oder höchstens gleich dem Wert der Zielfunktion für eine bekannte zulässige Lösung sind, werden von der weiteren Zerlegung ausgeschlossen (Ausloten). Die Zerlegung noch nicht zerlegter Bereiche wird so lange fortgesetzt, bis eine zulässige Lösung gefunden ist, deren zugehöriger Wert der Zielfunktion größer oder höchstens gleich den oberen Schranken nicht zerlegter Bereiche ist, und die folglich eine Optimallösung darstellt.

Wie der Beschreibung zu entnehmen ist, umfaßt die Methode des Branch und Bound die folgenden drei Prinzipien:

. Relaxation

. Separation

. Ausloten.

Sie sollen bzgl. eines Maximierungsproblems - da sich ein Minimierungsproblem in ein Maximierungsproblem überführen läßt, ist dies keine Einschränkung - formuliert und erläutert werden.

Für eine allgemeine Darstellung ist es zweckmäßig, zunächst einige Bezeichnungen einzuführen:

P	lineares Maximierungsproblem (mit Ganzzahligkeitsbedingung)
L(P)	zulässiger Bereich bzgl. P
x'(P)	Optimalpunkt bzgl. P
m'(P)	Maximalwert der Zielfunktion bzgl. P.

Der Begriff der Relaxation kann wie folgt definiert werden:

Definition 4-1

Ein Maximierungsproblem P_R heißt Relaxation zu P, wenn gilt:

(i) P und P_R haben dieselbe Zielfunktion

(ii) $L(P) \subset L(P_R)$, d.h. jede bzgl. P zulässige Lösung ist auch zulässig bzgl. P_R.

Ausgehend von P erhält man eine Relaxation P_R zu P, indem man Restriktionen fallen läßt, z.B. die Ganzzahligkeitsbedingung.

So stellt etwa zu Modell 4-3 (Beispiel 3)

$$z = 11x_1 + 18x_2 = \text{Max!}$$

unter den Restriktionen

$$\text{(i)} \quad 4x_1 + 11x_2 \leqq 44$$
$$2x_1 + 2x_2 \leqq 17$$
$$6x_2 \leqq 21$$

$$\text{(ii)} \quad \left. \begin{array}{l} x_1 \geqq 0 \\ x_2 \geqq 0 \end{array} \right\} \quad \text{ganzzahlig}$$

das Problem

$$z = 11x_1 + 18x_2 = \text{Max!}$$

unter den Restriktionen

$$\text{(i)} \quad 4x_1 + 11x_2 \leqq 44$$
$$2x_1 + 2x_2 \leqq 17$$
$$6x_2 \leqq 21$$

$$\text{(ii)} \quad x_1 \geqq 0, \; x_2 \geqq 0$$

eine Relaxation dar.

Aus Definition 4-1 in Verbindung mit Satz 4-2 lassen sich unmittelbar folgende wichtigen Eigenschaften einer Relaxation ablesen:

R_1: $L(P_R) = \emptyset$ impliziert $L(P) = \emptyset$, d.h. besitzt P_R keine zulässige Lösung, dann besitzt auch P keine zulässige Lösung, denn der zulässige Bereich von P_R umfaßt den zulässigen Bereich von P.

R_2: $m'(P) \leqq m'(P_R)$, d.h. der Optimalwert der Zielfunktion von P_R ist eine obere Schranke für den Optimalwert der Zielfunktion von P.

R_3: $x'(P_R) \in L(P)$ impliziert $m'(P) = m'(P_R)$, d.h. gehört der Optimalpunkt $x'(P_R)$ zu L(P), dann ist er auch Optimalpunkt von P und es gilt:

$$m'(P) = m'(P_R).$$

Der Begriff der Separation läßt sich wie folgt einführen:

Definition 4-2

Eine Zerlegung von P in Teilprobleme P_1, P_2, ..., P_n heißt Separation von P, wenn gilt:

> *(i) Die Probleme P_1, P_2, ..., P_n haben dieselbe Zielfunktion wie P.*

> *(ii) $L(P_1) \cup L(P_2) \cup ... \cup L(P_n) = L(P)$*

$$L(P_i) \cap L(P_j) = \emptyset \qquad i \neq j,$$

d.h. der zulässige Bereich von P wird in Bereiche zerlegt, die keine gemeinsamen Punkte enthalten.

So bilden z.B. für Modell 4-3 (Beispiel 3)

$$z = 11x_1 + 18x_2 = \text{Max!}$$

unter den Restriktionen

(i) $4x_1 + 11x_2 \leqq 44$
$\quad\ 2x_1 + 2x_2 \leqq 17$
$\qquad\qquad 6x_2 \leqq 21$

(ii) $\left.\begin{array}{l} x_1 \geqq 0 \\ x_2 \geqq 0 \end{array}\right\}$ ganzzahlig

die beiden Teilprobleme

$(P_1)\qquad z = 11x_1 + 18x_2 = \text{Max!}$

unter den Restriktionen

(i) $4x_1 + 11x_2 \leqq 44$
$\quad\ 2x_1 + 2x_2 \leqq 17$
$\qquad\qquad 6x_2 \leqq 21$

(ii) $\left.\begin{array}{l} 0 \leq x_1 \leqq 4 \\ x_2 \geqq 0 \end{array}\right\}$ ganzzahlig

und

$(P_2)\qquad z = 11x_1 + 18x_2 = \text{Max!}$

unter den Restriktionen

(i) $4x_1 + 11x_2 \leqq 44$
$\quad\ 2x_1 + 2x_2 \leqq 17$
$\qquad\qquad 6x_2 \leqq 21$

(ii) $\left.\begin{array}{l} x_1 \geqq 5 \\ x_2 \geqq 0 \end{array}\right\}$ ganzzahlig

eine Separation, denn die durch die Restriktionen (ii) gegebenen Bereiche von (P_1) und (P_2) haben erstens keinen gemeinsamen Punkt und zweitens bilden sie zusammen gerade den durch die Restriktionen (ii) von Modell 4-3 angegebenen Bereich.

Wegen

$$L(P_i) \subset L(P)$$

- jeder bzgl. P_i zulässige Punkt ist auch zulässig bzgl. P - und Satz 4-3 gilt

$$m'(P_i) \leq m'(P),$$

d.h. der Optimalwert der Zielfunktion eines jeden Teilproblems ist kleiner höchstens gleich dem Optimalwert der Zielfunktion des Ausgangsproblems P.

Die Aufgabe des Auslotens besteht darin, die durch Separation erzeugten Teilprobleme daraufhin zu untersuchen, ob sie für die Lösung von P relevant sind.

Definition 4-3

Ist P_i ein Teilproblem von P, P_{iR} eine Relaxation zu P_i und m' der bisher maximale Wert der Zielfunktion bzgl. P, dann heißt P_i ausgelotet, wenn eine der folgenden Bedingungen erfüllt ist:

A_1: $L(P_{iR}) = \emptyset$
Besitzt P_{iR} keine zulässige Lösung, dann besitzt auch P_i keine zulässige Lösung und folglich ist P_i ohne weitere Bedeutung für P.

A_2: $m'(P_{iR}) \leq m'$
In Verbindung mit

$$m'(P_i) \leq m'(P_{iR}) \text{ nach } R_2,$$

folgt, daß der Optimalwert der Zielfunktion von P_i nicht größer sein kann als m' und somit ist P_i ohne weiteres Interesse für P.

A_3: $x'(P_{iR}) \in L(P_i)$ und $m'(P_{iR}) > m'$
Die Optimallösung $x'(P_{iR})$ von P_{iR} ist zugleich Optimallösung von P_i, und es gilt

$$m'(P_{iR}) = m'(P_i).$$

Wegen

$$m'(P_{iR}) > m'$$

folgt ferner, da $x'(P_{iR})$ zulässig ist für P_i und somit auch für P, daß der zugehörige Zielfunktionswert den bisher maximalen Wert der Zielfunktion bzgl. P, nämlich m', ersetzt. Damit enthält P_i keine weitere relevante Information mehr bzgl. P.

Anhand von Modell 4-3 (Beispiel 3) soll die Vorgehensweise der Methode des Branch und Bound explizit erläutert und veranschaulicht werden, wobei für Probleme mit Ganzzahligkeitsbedingung die Bezeichnungen P bzw. P_i, für die

zugehörigen Relaxationen - das sind die entsprechenden Probleme ohne Ganzzahligkeitsbedingung - P_R bzw. P_{iR} verwandt werden.

Modell 4-3, das mit P bezeichnet sei, lautet:

(P) $z = 11x_1 + 18x_2 = \text{Max}!$

unter den Restriktionen

(i) $4x_1 + 11x_2 \leq 44$

   $2x_1 + 2x_2 \leq 17$

   $6x_2 \leq 21$

(ii) $\left. \begin{array}{l} x_1 \geq 0 \\ x_2 \geq 0 \end{array} \right\}$ ganzzahlig

P_R

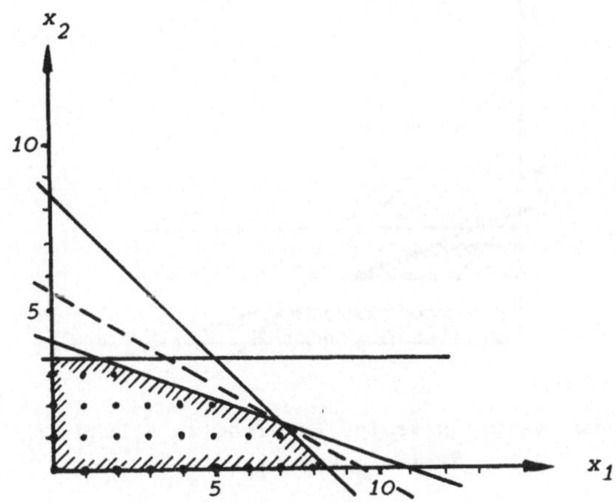

*Abb. 4-9: Zulässige Bereiche zu P und P_R und
Optimallösung zu P_R*

Als Lösung bzgl. P_R erhält man (Abb. 4-9):

$$x_1'(P_R) = 7\tfrac{1}{10}$$

$$x_2'(P_R) = 1\tfrac{3}{10}$$

$$m'(P_R) = \text{lo}3\tfrac{1}{2}.$$

Die Lösung ist nicht ganzzahlig; es wird deshalb eine Separation durchgeführt.

Aus $x_2 = 1\frac{3}{10}$ z.B. läßt sich aufgrund der Ganzzahligkeitsbedingung eine Zerlegung des Bereiches

$$x_2 \geq 0 \text{ und ganzzahlig}$$

in die Bereiche

$$0 \leq x_2 \leq 1 \text{ und ganzzahlig}$$

sowie

$$x_2 \geq 2 \text{ und ganzzahlig}$$

herleiten (Abb. 4-10).

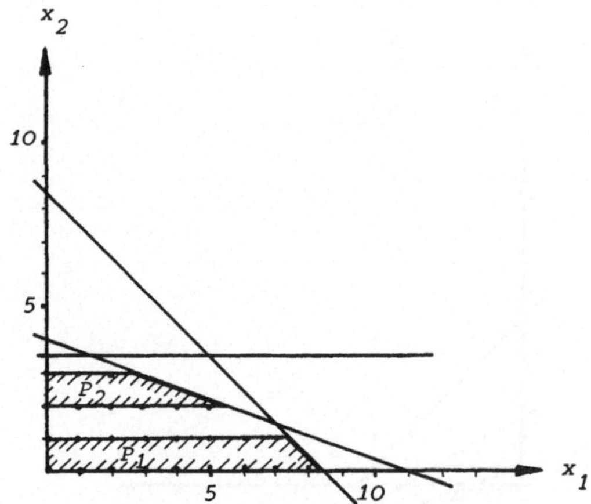

Abb. 4-10: *Zulässige Bereiche zu P_1 und P_{1R} sowie P_2 und P_{2R}*

Für P ergibt sich hieraus eine Separation in P_1 und P_2 mit:

$$(P_1) \quad z = 11x_1 + 18x_2 = \text{Max!}$$

unter den Restriktionen

$$\begin{aligned}
\text{(i)} \quad & 4x_1 + 11x_2 \leq 44 \\
& 2x_1 + 2x_2 \leq 17 \\
& 6x_2 \leq 21
\end{aligned}$$

$$\text{(ii)} \quad \left.\begin{aligned} x_1 &\geq 0 \\ 0 \leq x_2 &\leq 1 \end{aligned}\right\} \quad \text{ganzzahlig}$$

und

$$(P_2) \qquad z = 11x_1 + 18x_2 = \text{Max!}$$

unter den Restriktionen

$$\text{(i)} \quad 4x_1 + 11x_2 \leq 44$$
$$2x_1 + 2x_2 \leq 17$$
$$6x_2 \leq 21$$

$$\text{(ii)} \quad \left. \begin{array}{l} x_1 \geq 0 \\ x_2 \geq 2 \end{array} \right\} \quad \text{ganzzahlig}$$

P_{1R}

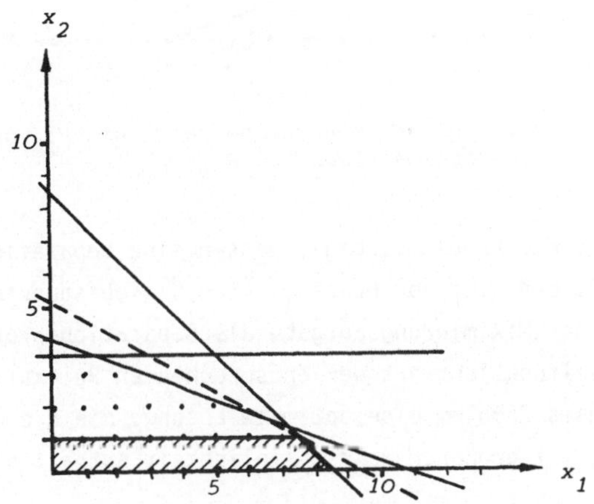

Abb. 4-11: *Zulässige Bereiche zu* P_1 *und* P_{1R} *und Optimallösung zu* P_{1R}

Als Lösung bzgl. P_{1R} erhält man (Abb. 4-11):

$$x_1{}'(P_{1R}) = 7\tfrac{1}{2}$$
$$x_2{}'(P_{1R}) = 1$$
$$m'(P_{1R}) = 100\tfrac{1}{2}.$$

P_{2R}

Als Lösung bzgl. P_{2R} erhält man (Abb. 4-12):

$$x_1{}'(P_{2R}) = 5\tfrac{1}{2}$$
$$x_2{}'(P_{2R}) = 2$$
$$m'(P_{2R}) = 96\tfrac{1}{2}.$$

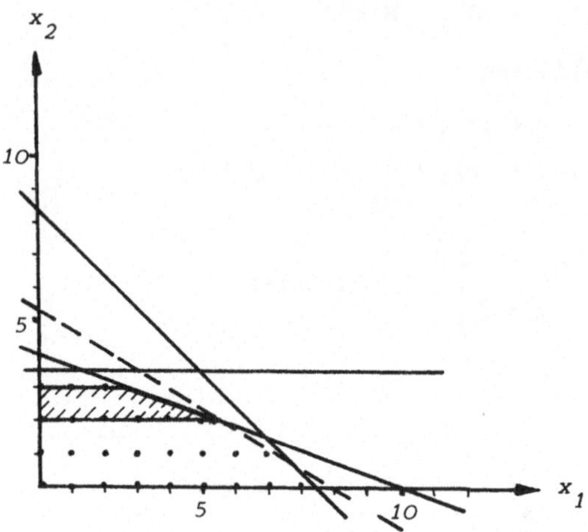

Abb. 4-12: *Zulässige Bereiche zu* P_2 *und* P_{2R} *und Optimallösung zu* P_{2R}

Bei der Auswahl eines Problems, bzgl. dessen eine Separation durchgeführt werden soll, läßt man sich von heuristischen Gesichtspunkten leiten. So wählt man bei einer Maximierungsaufgabe als Separationsproblem ein Problem mit maximalem Zielfunktionswert der entsprechenden Relaxation. Man vermutet nämlich, daß dieses Problem eine optimale Lösung, die die Ganzzahligkeitsbedingung erfüllt, mit größerer Wahrscheinlichkeit enthält als die anderen Teilprobleme.

Da der Zielfunktionswert von P_{1R} größer ist als von P_{2R}, führt man eine Separation von P_1 bzgl. der nichtganzzahligen Variablen x_1 in P_3 und P_4 durch mit

$$(P_3) \qquad z = 11x_1 + 18x_2 = \text{Max!}$$

unter den Restriktionen

$$\text{(i)} \quad 4x_1 + 11x_2 \leqq 44$$
$$2x_1 + 2x_2 \leqq 17$$
$$6x_2 \leqq 21$$

$$\text{(ii)} \quad \left. \begin{array}{l} 0 \leqq x_1 \leqq 7 \\ 0 \leqq x_2 \leqq 1 \end{array} \right\} \quad \text{ganzzahlig}$$

und

$$(P_4) \qquad z = 11x_1 + 18x_2 = \text{Max!}$$

unter den Restriktionen

$$(i) \quad 4x_1 + 11x_2 \leq 44$$
$$2x_1 + 2x_2 \leq 17$$
$$6x_2 \leq 21$$

$$(ii) \quad \left. \begin{array}{l} x_1 \geq 8 \\ 0 \leq x_2 \leq 1 \end{array} \right\} \quad \text{ganzzahlig}$$

P_{3R}

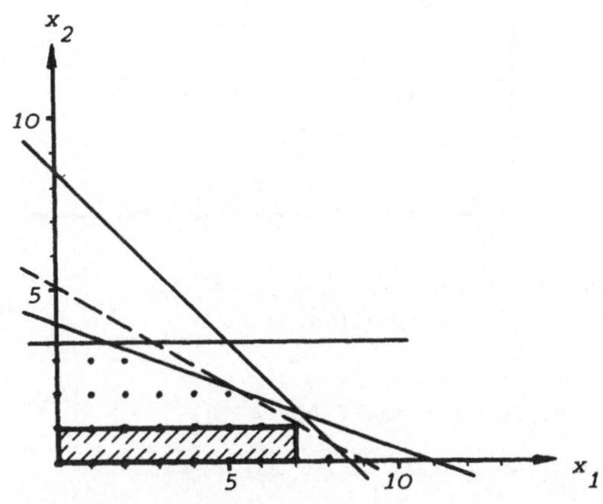

Abb. 4-13: *Zulässige Bereiche zu* P_3 *und* P_{3R} *und Optimallösung zu* P_{3R}

Als Lösung bzgl. P_{3R} erhält man (Abb. 4-13):

$$x_1{}'(P_{3R}) = 7$$
$$x_2{}'(P_{3R}) = 1$$
$$m'(P_{3R}) = 95.$$

Die Lösung von P_{3R} ist ganzzahlig und somit beträgt der bisher maximale Wert der Zielfunktion 95, d.h. es gilt:

$$m' = 95.$$

Verwendet man etwa bis zur Erstellung einer ersten zulässigen Lösung von P als obere Schranke

$$m' = -\infty ,$$

dann läßt sich auch dieser Fall unter A_3 (Ausloten) einbeziehen, und somit ist P_3 ohne weiteres Interesse.

P_{4R}

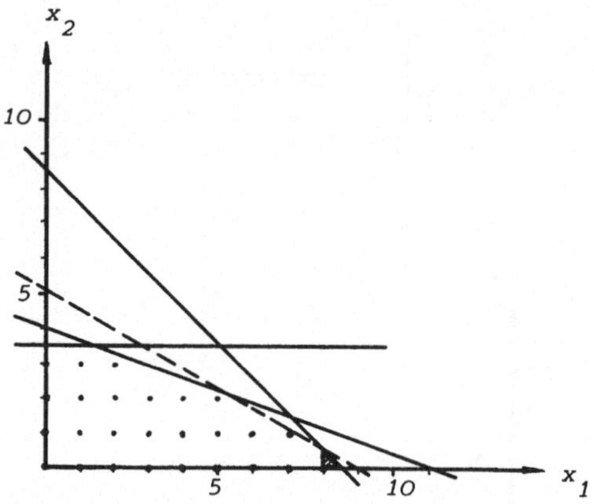

Abb. 4-14: *Zulässige Bereiche zu P_4 und P_{4R} und Optimallösung zu P_{4R}*

Als Lösung bzgl. P_{4R} erhält man (Abb. 4-14):

$$x_1'(P_{4R}) = 8$$
$$x_2'(P_{4R}) = \frac{1}{2}$$
$$m'(P_{4R}) = 97.$$

Führt man wieder eine Separation bzgl. eines noch nicht zerlegten Problems mit maximalem Zielfunktionswert durch, dann ergibt sich eine Separation von P_4 bzgl. x_2 in P_5 und P_6 mit

$$(P_5) \quad z = 11x_1 + 18x_2 = \text{Max!}$$

unter den Restriktionen

$$\text{(i)} \quad 4x_1 + 11x_2 \leq 44$$
$$2x_1 + 2x_2 \leq 17$$
$$6x_2 \leq 21$$

$$\text{(ii)} \quad x_1 \geq 8 \quad \text{ganzzahlig}$$
$$x_2 = 0$$

bzw.

$$(P_6) \quad z = 11x_1 + 18x_2 = \text{Max!}$$

unter den Restriktionen

(i) $\quad 4x_1 + 11x_2 \leq 44$
$\qquad 2x_1 + 2x_2 \leq 17$
$\qquad\qquad 6x_2 \leq 21$

(ii) $\quad x_1 \geq 8 \quad$ ganzzahlig
$\qquad x_2 = 1.$

P_{5R}

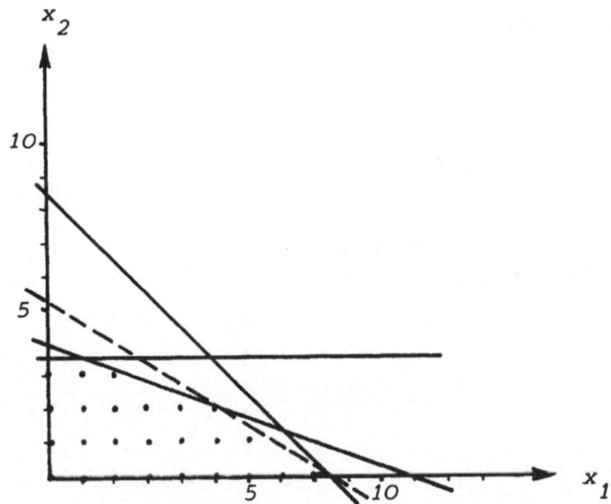

Abb. 4-15: *Zulässige Bereiche zu* P_5 *und* P_{5R} *und Optimallösung zu* P_{5R}

Als Lösung zu P_{5R} erhält man (Abb. 4-15):

$$x_1'(P_{5R}) = 8\tfrac{1}{2}$$
$$x_2'(P_{5R}) = 0$$
$$m'(P_{5R}) = 93\tfrac{1}{2}.$$

P_{6R}

Wie man Abb. 4-15 entnimmt, besitzt P_{6R} keinen zulässigen Punkt und ist somit nicht lösbar.

Wegen A_2 bzw. A_1 (Ausloten) sind beide Probleme bzgl. P ohne Bedeutung.

Offen steht nun noch die Untersuchung von P_2. Die Zerlegung von P_2 bzgl. x_1 liefert die Probleme P_7 und P_8 mit

$(P_7) \qquad z = 11x_1 + 18x_2 = $ Max!

unter den Restriktionen

$$\text{(i)} \quad 4x_1 + 11x_2 \leq 44$$
$$2x_1 + 2x_2 \leq 17$$
$$6x_2 \leq 21$$

$$\text{(ii)} \quad \left. \begin{array}{l} 0 \leq x_1 \leq 5 \\ x_2 \geq 2 \end{array} \right\} \quad \text{ganzzahlig}$$

und

$$(P_8) \quad z = 11x_1 + 18x_2 = \text{Max!}$$

unter den Restriktionen

$$\text{(i)} \quad 4x_1 + 11x_2 \leq 44$$
$$2x_1 + 2x_2 \leq 17$$
$$6x_2 \leq 21$$

$$\text{(ii)} \quad \left. \begin{array}{l} x_1 \geq 6 \\ x_2 \geq 2. \end{array} \right\} \quad \text{ganzzahlig}$$

P_{7R}

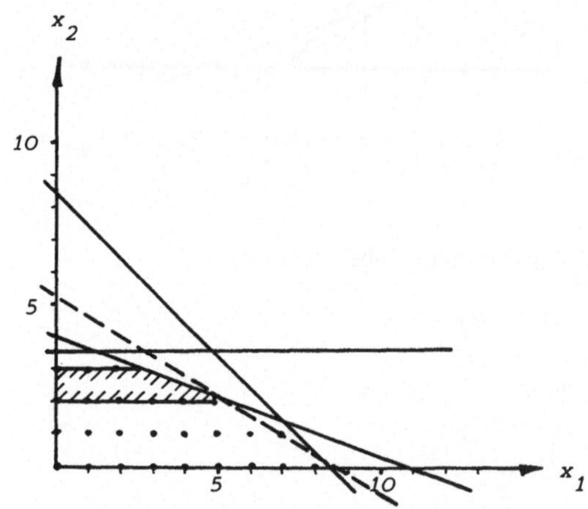

Abb. 4-16: Zulässige Bereiche zu P_7 und P_{7R} und Optimallösung zu P_{7R}

Als Lösung bzgl. P_{7R} erhält man (Abb. 4-16):

$$x_1'(P_{7R}) = 5$$
$$x_2'(P_{7R}) = 2\frac{2}{11}$$
$$m'(P_{7R}) = 94\frac{3}{11}.$$

P_{8R}

Wie Abb. 4-16 zu entnehmen ist, besitzt P_{8R} keinen zulässigen Punkt und ist
somit nicht lösbar.

Wegen A_2 bzw. A_1 (Ausloten) sind beide Probleme bzgl. der Lösung von P nicht
relevant.

Sämtliche Teilprobleme von P sind ausgelotet; die Optimallösung von P ist
somit durch P_3 gegeben, d.h.

$$x_1'(P) = 7$$
$$x_2'(P) = 1$$
$$m'(P) = 95.$$

Zu einer übersichtlichen Beschreibung der Lösung mittels eines Branch und
Bound Verfahrens verwendet man am zweckmäßigsten den sogenannten Entscheidungsbaum. Ausgehend von dem Knoten, der dem Ausgangsproblem P entspricht,
gelangt man zu den durch Separation erzeugten Teilproblemen entsprechenden
Knoten (Abb. 4-17).

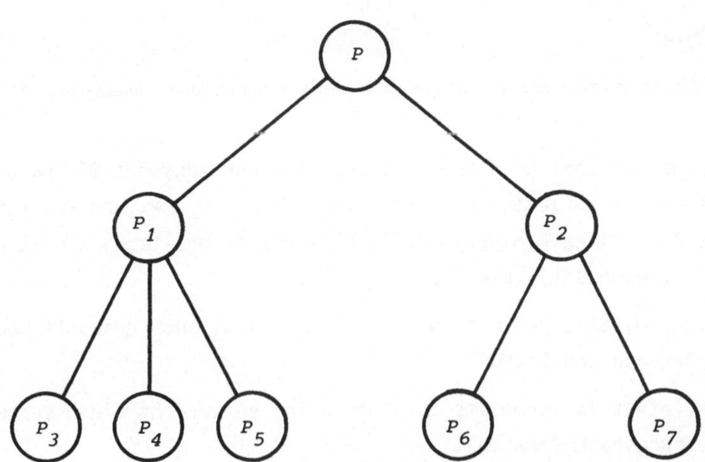

Abb. 4-17: Entscheidungsbaum eines Branch und Bound Verfahrens

Ordnet man jedem Knoten den Zielfunktionswert der entsprechenden Relaxation
zu, der Verbindung zweier Knoten die Restriktionen, durch die das nachfolgende Problem aus dem Vorgänger erzeugt wird, so erhält man eine äußerst
klare und anschauliche Darstellung des Lösungsweges.

Das obige Branch und Bound Verfahren liefert für Beispiel 3 den in Abb. 4-18 wiedergegebenen Entscheidungsbaum.

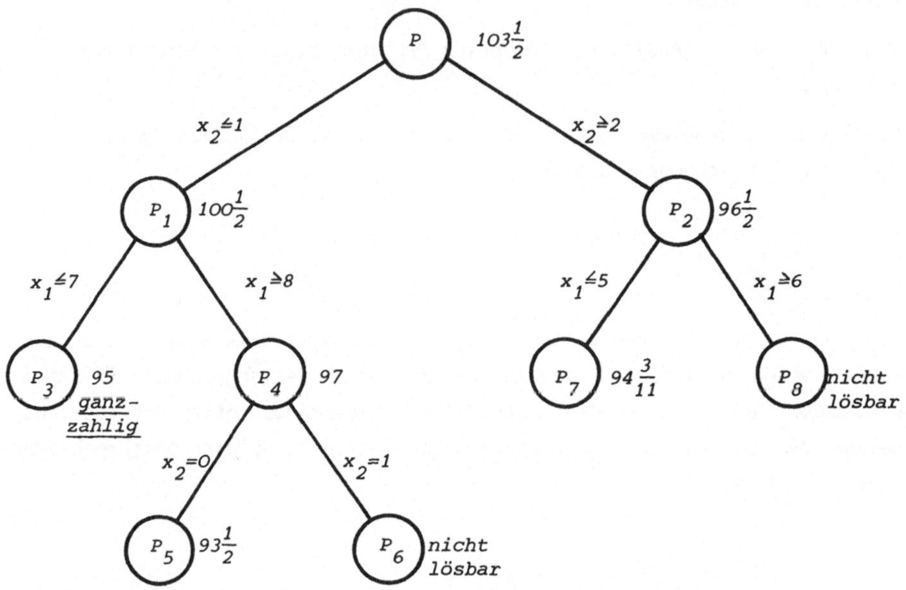

Abb. 4-18: Entscheidungsbaum zur Lösung des Modells 4-3 (Beispiel 3)

P_3 liefert eine ganzzahlige Lösung mit dem Zielfunktionswert 95. Da die oberen Schranken nicht zerlegter Probleme, nämlich P_5, P_6, P_7 und P_8, - falls sie lösbar sind - einen kleineren Zielfunktionswert besitzen, stellt die Lösung von P_3 gleichzeitig die Lösung von P dar.

Die Darstellung mittels des Entscheidungsbaumes gibt auch Auskunft über die Bezeichnung "Branch und Bound":

. Die Auswahl eines Teilproblems zur Separation entspricht einer Verzweigung im Entscheidungsbaum (branch).

. Zu jedem Teilproblem wird mittels Relaxation eine obere Schranke (bound) bestimmt.

Die verschiedenen Branch und Bound Methoden bzgl. eines Problems unterscheiden sich im allgemeinen in den folgenden Punkten:

. Separation
. Auswahl des Separationsproblems.

Abschließend sei bemerkt, daß für eine optimale Separationsstrategie umfangreiche Betrachtungen durchgeführt werden müssen, z.B. die Berechnung von Penalty-Funktionen, wie sie z.B. bei BEALE und SMALL bzw. DRIEBEEK und TOMLIN beschrieben sind. Die in Kapitel 3 angeführten Programmpakete verwenden zur Lösung von linearen Optimierungsproblemen mit Ganzzahligkeitsbedingung Branch und Bound Verfahren, in denen Untersuchungen dieser Art durchgeführt werden.

4.3 Literatur

Beale, E.M.L.
Small, R.E.
"Mixed Integer Programming by a Branch and Bound Technique"
Proc. IFIP Congress New York (1965), Bd. 2

Beale, E.M.L.
"Advanced Algorithm Features for General Mathematical Programming Systems"
In: J. Abadie (Hrsg.) "Integer and Nonlinear Programming"
Amsterdam - London (1970)

Brucker, P.
"Ganzzahlige lineare Programmierung mit ökonomischen Anwendungen"
Meisenheim (1975)

Burkard, R.E.
"Methoden der ganzzahligen Optimierung"
Wien - New York (1972)

Driebeek, N.J.
"An Algorithm for the Solution of Mixed Integer Programming Problems"
Man. Sci. 12, 576-587 (1966)

Gomory, R.E.
"Outline of an Algorithm for Integer Solutions to Linear Programs"
Bull. Amer. Math. Soc. 64,275-278 (1958)

Hu, T.C.
"Integer Programming and Network Flows"

	Menlo Park - London - Don Mills (1969)
Land, A.H. Doig, A.G.	"An automatic method of solving discrete programming problems" Econometrica 28, H. 3, 497-520 (1960)
Little, J.D.C. Murty, K.G. Sweeney, D.W. Karel, C.	"An Algorithm for the traveling salesman problem" Op. Res. 11, H. 12, 972-989 (1963)
Neumann, K.	"Operations Research Verfahren" Bd. 1 München - Wien (1975)
Tomlin, J.A.	"Branch and Bound Methods for Integer and Non-Convex Programming" In: J. Abadie (Hrsg.) "Integer and Nonlinear Programming" Amsterdam - London (1970)

5. Lösung des allgemeinen linearen Optimierungsmodells mit diskreten Variablen mittels automatisierter Datenverarbeitung

5.1 Format zur Eingabe der Modelldaten (MPS-Format)

Zur Eingabe der Modelldaten erfordert das in Kapitel 3.1.1 beschriebene MPS-Format lediglich eine Erweiterung zur Aufnahme der Ganzzahligkeitsbedingung.

5.1.1 Beschreibung des MPS-Formats

Die bzgl. eines Standardprogrammpaketes zugrunde gelegte Problemstellung für ein lineares Modell mit Ganzzahligkeitsbedingung lautet:

$$z = \sum_{j=1}^{n} c_j x_j = \text{Opt!}$$

d.h. z ist zu maximieren bzw. zu minimieren unter den Restriktionen

$$(i) \quad \sum_{j=1}^{n} a_{ij} x_j \;::\; b_i \, ,$$

wobei :: für =, $\leq$ bzw. $\geq$ steht,

$$(ii) \quad b_k' \leq \sum_{j=1}^{n} a_{kj} x_j \leq b_k \qquad \text{(Ranges)}$$

$$(iii) \quad l_j \leq x_j \leq u_j \qquad \text{(Bounds)}$$

$$(iv) \quad l_k \leq x_k \leq u_k \qquad x_k \text{ ganzzahlig}$$

Modell 5-1: Allgemeines lineares Modell mit Ganzzahligkeitsbedingung
für ein Standardprogrammpaket

Bzgl. des in Modell 4-2 wiedergegebenen Standardmodells der linearen Optimierung mit Ganzzahligkeitsbedingung, unterscheidet sich Modell 5-1 nicht nur durch das Auftreten verschiedenartiger Restriktionen des Typs (i), sondern auch durch die Möglichkeit der Angabe von Restriktionen des Typs (ii) bzw. (iii). Es sei an dieser Stelle nochmals auf Kapitel 3.1.1 verwiesen.

Das dort beschriebene MPS-Format bedarf somit lediglich einer Ergänzung zur Spezifizierung der Ganzzahligkeitsbedingung. Sie erfolgt - wie die Modell-formulierung bereits vermuten läßt - im BOUNDS-Abschnitt. Die genaue Be-schreibung ist in Anhang A enthalten.

5.1.2 Beispiel und Datendeck zum MPS-Format

Modell 4-3, das zu Beispiel 3 - unter Vernachlässigung der fixen Kosten - gehörende, mathematische Modell lautet:

$$z = 11x_1 + 18x_2 = \text{Max!}$$

unter den Restriktionen

$$(i) \quad 4x_1 + 11x_2 \leqq 44$$
$$2x_1 + 2x_2 \leqq 17$$
$$6x_2 \leqq 21$$

$$(ii) \quad \left. \begin{array}{l} x_1 \geqq 0 \\ x_2 \geqq 0. \end{array} \right\} \quad \text{ganzzahlig}$$

Definiert man - wie in Anhang A erwähnt - für die ganzzahligen Variablen zu-sätzliche obere Schranken, etwa

$$0 \leqq x_1 \leqq 1000$$
$$0 \leqq x_2 \leqq 1000,$$

dann ergibt sich - bei Benutzung der bisher verwendeten Zeilen- und Spalten-bezeichnungen - das in Abb. 5-1 wiedergegebene MPS-Tableau.

	X1	X2	Typ	RS
Ziel	11	18	Max.	
R1	4	11	$\leqq$	44
R2	2	2	$\leqq$	17
R3		6	$\leqq$	21
BD	$\geqq 0$ $\leqq 1000$ ganzz.	$\geqq 0$ $\leqq 1000$ ganzz.		

Abb. 5-1: MPS-Tableau zu Modell 4-3 (Beispiel 3)

Mit "PLANUNG2" als Identifikation in der NAME-Karte sowie einer linksbündigen Schreibweise erhält man zu dem MPS-Tableau aus Abb. 5-1 z.B. das in Abb. 5-2 dargestellte MPS-Datendeck.

```
NAME            PLANUNG2
ROWS
   N ZIEL
   L R1
   L R2
   L R3
COLUMNS
      X1        ZIEL       11.
      X1        R1          4.           R2          2.
      X2        ZIEL       18.
      X2        R1         11.           R2          2.
      X2        R3          6.
RHS
      RS        R1         44.           R2         17.
      RS        R3         21.
BOUNDS
   UI BD        X1       1000.
   UI BD        X2       1000.
ENDATA
```

Abb. 5-2: MPS-Datendeck zu Modell 4-3 (Beispiel 3)

5.2 Erläuterung einer von einem Standardprogrammpaket erzeugten Druckausgabe

Wie schon in Kapitel 3.2, so soll auch hier - stellvertretend für alle anderen Standardprogrammpakete - die Druckausgabe von APEX-III anhand von Modell 4-3 (Beispiel 3) beschrieben werden.

Der Output umfaßt - wie im kontinuierlichen Fall - die drei Abschnitte:

. CONTROL PROGRAM

. EXECUTION

. OUTPUT REPORT.

Bezüglich der Abschnitte "CONTROL PROGRAM" und "EXECUTION" sei auf die Ausführungen von Kapitel 3.2 verwiesen. Der Abschnitt "OUTPUT REPORT" enthält die Sektionen:

. CONSTRAINTS

. COLUMNS

und zusätzlich

. MIXINT NODE LOG.

```
                                 C O N S T R A I N T S

  PRINT OPTION = COMPLETE OUTPUT                          VALUE OF OBJECTIVE =           95.00000
NAME = PLANUNG2    OBJ  = ZIEL       RHS  = RS       BND = BD     RPSOBJ  =    -1.0000  RPSRHS  =    1.0000
DIR  = MAXIMIZE    COBJ =            CRHS =           RNG =       RPCHOBJ =     0.0000  RPCHRHS =    0.0000

   NUMBER    NAME    TYPE   STATUS    ROW ACTIVITY      SLACK       RHS LOWER      RHS UPPER      MARGINAL
   ------  --------  ----  --------  -------------  -------------  ------------  -------------  ------------

     1   ZIEL       FR    SLACK      95.00000       -95.00000       -INF          +INF              .
     2   R1         LE    SLACK      39.00000         5.00000       -INF          44.00000          .
     3   R2         LE    SLACK      16.00000         1.00000       -INF          17.00000          .
     4   R3         LE    SLACK       6.00000        15.00000       -INF          21.00000          .


                                 C O L U M N S

  PRINT OPTION = COMPLETE OUTPUT                          VALUE OF OBJECTIVE =           95.00000
NAME = PLANUNG2    OBJ  = ZIEL       RHS  = RS       BND = BD     RPSOBJ  =    -1.0000  RPSRHS  =    1.0000
DIR  = MAXIMIZE    COBJ =            CRHS =           RNG =       RPCHOBJ =     0.0000  RPCHRHS =    0.0000

   NUMBER    NAME    TYPE   STATUS    COL ACTIVITY      OBJ COEF      BND LOWER      BND UPPER      MARGINAL
   ------  --------  ----  --------  -------------  -------------  ------------  -------------  ------------

     1   X1         INT   UPPER       7.00000        11.00000          .          1000.00000      11.00000
     2   X2         INT   UPPER       1.00000        18.00000          .          1000.00000      18.00000
```

Abb. 5-3: *OUTPUT REPORT*
CONSTRAINTS und COLUMNS zu Modell 4-3 (Beispiel 3)

Da die lineare Optimierung mit Ganzzahligkeitsbedingung keine Unterteilung der Variablen in Basis- bzw. Nichtbasisvariablen kennt, sind unter CON-STRAINTS lediglich die Spalten TYPE, STATUS, ROW ACTIVITY und SLACK mit An-gaben zum Status der Restriktionen sowie unter COLUMNS die Spalte TYPE, die bei binären bzw. ganzzahligen Variablen BV bzw. INT enthält, sowie die Spal-te COL ACTIVITY mit den Werten der Problemvariablen von Interesse.

Die Sektionen CONSTRAINTS und COLUMNS bzgl. Modell 4-3 (Beispiel 3) sind in Abb. 5-3 wiedergegeben.

Für die Lösung von Beispiel 3 ergibt sich somit:

Optimalwert ohne Beachtung der fixen Kosten

   95 GE

Optimalwert unter Beachtung der fixen Kosten

   95 GE
   - 6 GE
   89 GE

Optimalwerte der Problemvariablen

   $X1 = 7$ ME
   $X2 = 1$ ME

Status der Restriktionen

R1 ist vom Typ "LE", die linke Seite hat den Wert 39, der Slack, d.h. die Differenz aus den Werten der rechten und linken Seite, beträgt 5.

R2 ist vom Typ "LE", die linke Seite hat den Wert 16, der Slack beträgt 1.

R3 ist vom Typ "LE", die linke Seite hat den Wert 6, der Slack beträgt 15.

Eine Sensitivitätsanalyse im Sinne der linearen Optimierung ist aufgrund der Erläuterungen von Kapitel 4.2.1 nicht möglich.

Die Sektion MIXINT NODE LOG - sie ist bzgl. Modell 4-3 (Beispiel 3) in Abb. 5-4 wiedergegeben - enthält Angaben über den entsprechenden Entschei-dungsbaum. Zur Erstellung des Entscheidungsbaumes sind hiervon von Interesse:

NODE NO. Nummer des dem Problem entsprechenden Knoten im Entscheidungsbaum

NODE NO.	PARENT NODE NO.	ARB. DIR.	STATUS	OBJECTIVE FUNCTION VALUE	SUM OF FRACTIONS	- - - - - - SEPARATION VARIABLE - - - - - -			
						- TYPE	NUMBER	LOWER LIMIT	UPPER LIMIT -
1	0		DEVELOPED	103.500000	.500				
2	1	DOWN	DEVELOPED	100.500000	.500	INTEGER	2	0	1
3	2	DOWN	INTEGER	95.000000	0.000	INTEGER	1	0	7

INTEGER SOLUTION NUMBER   1
IS WITHIN   1.500 UNITS (1.55 PER CENT) OF OPTIMUM

NODE NO.	PARENT NODE NO.	ARB. DIR.	STATUS	OBJECTIVE FUNCTION VALUE	SUM OF FRACTIONS	TYPE	NUMBER	LOWER LIMIT	UPPER LIMIT
4	1	UP	DEVELOPED	96.500000	.500	INTEGER	2	2	1000

CANNOT FIND ANY BETTER INTEGER SOLUTION
INTEGER SOLUTION FOUND AT NODE   3, WITH FUNCTIONAL VALUE   95.000000,
IS ASSUMED OPTIMAL

Abb. 5-4: OUTPUT REPORT
MIXINT NODE LOG zu Modell 4-3 (Beispiel 3)

PARENT NODE NO. }   Nummer des Problems im Entscheidungsbaum, aus dem das Problem unter NODE NO. durch Separation entstanden ist

OBJECTIVE FUNCTION VALUE }   Falls STATUS nicht INFEASIBLE, bei einem Maximierungsproblem Zielfunktionswert der durch Unterdrückung der Ganzzahligkeitsbedingung erzeugten Relaxation (bei einem Minimierungsproblem wird der negative Zielfunktionswert angegeben)

STATUS   Angaben bzgl. der Optimallösung der Relaxation:
. INTEGER: Optimallösung erfüllt die Ganzzahligkeitsbedingung und ist somit zulässig bzgl. des Ausgangsproblems
. BOUNDED: bzgl. des Ausgangsproblems ist eine bessere Lösung bekannt
. DEVELOPED: Optimallösung erfüllt nicht die Ganzzahligkeitsbedingung und ist somit unzulässig bzgl. des Ausgangsproblems

In der ersten Zeile wird zunächst dem Ausgangsproblem die Bezeichnung P_1 sowie der Ausgangsknoten des Entscheidungsbaums zugeordnet. Dies wird durch NODE NO. gleich 1 und PARENT NODE NO. gleich 0 zum Ausdruck gebracht. Unter OBJECTIVE FUNCTION VALUE findet sich mit 103.5 der Zielfunktionswert der dem Problem P_1 entsprechenden Relaxation. Wegen STATUS gleich DEVELOPED erfüllt die Optimallösung nicht die Ganzzahligkeitsbedingung und ist somit unzulässig bzgl. des Ausgangsproblems.

SEPARATION VARIABLE   Angaben bzgl. der die Separation erzeugenden Variablen und der entsprechenden Restriktion

. TYPE   Variablentyp:
- BINARY
- INTEGER

. NUMBER   Variablennummer, entsprechend der Reihenfolge im COLUMNS-Abschnitt; die zugehörige Variable erzeugt die Separation

. LOWER LIMIT UPPER LIMIT }   untere bzw. obere Grenze für den Wert der durch NUMBER angegebenen Variablen; durch Anfügen der entsprechenden Restriktion an das durch PARENT NODE NO. gegebene Problem entsteht das unter

NODE NO. angeführte Problem

Aus Zeile zwei entnimmt man, daß aus P_1 das Problem P_2 dadurch hervorgeht, daß man - wie unter SEPARATION VARIABLE angeführt ist - dem Problem P_1 die Restriktion

$$0 \leq x_2 \leq 1$$

hinzufügt. Als Zielfunktionswert der zugehörigen Relaxation erhält man 100.5. Wegen STATUS gleich DEVELOPED ist diese Lösung bzgl. des Ausgangsproblems nicht zulässig.

Aus diesen Angaben erhält man folgenden Entscheidungsbaum:

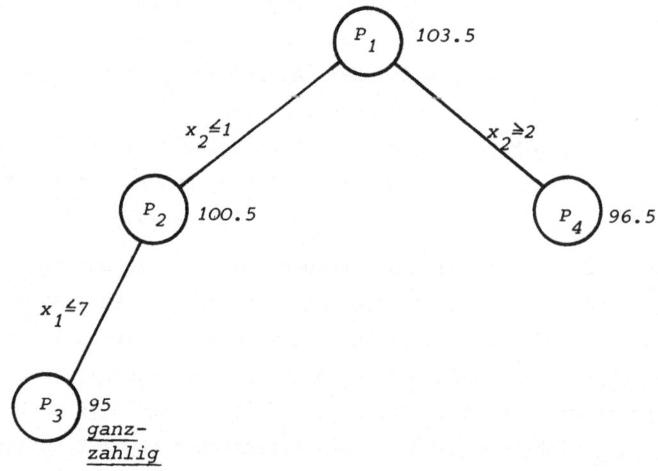

Abb. 5-5: *Entscheidungsbaum zur Lösung von Modell 4-3 (Beispiel 3) nach den Angaben der Sektion MIXINT NODE LOG aus Abb. 5-4*

Vergleicht man diesen Entscheidungsbaum mit dem aus Abb. 4-18, so sieht man, wie durch subtile Untersuchungen der einzelnen Separationsprobleme eine Vielzahl von Verzweigungen von vornherein ausgeschlossen werden können.

5.3 Geschlossene Behandlung eines Beispiels

Anhand eines Beispiels des optimalen Zuschnitts, das keine graphische Lösung zuläßt, sollen die in Abschnitt 5.2 - teils unter Zuhilfenahme der Darstellung von Kapitel 4 - durchgeführten Betrachtungen abstrakt nachvollzogen werden.

5.3.1 Problemstellung und Modellbildung

Beispiel 4

Zur Anfertigung eines Endproduktes wird ein Halbfertigprodukt in Form von zwei Partien P_1 und P_2 angeliefert, wobei die Partie P_1 aus 50 Exemplaren zu 6.5 Längeneinheiten (LE) besteht und die Partie P_2 aus 200 Exemplaren zu 4 LE. Das Exemplar des Endproduktes besteht aus zwei Teilen von je 2 LE und einem Teil von 1.25 LE.

Das Problem besteht darin, die Exemplare der Partien P_1 und P_2 so zu zerschneiden, daß eine möglichst große Anzahl von Endprodukten erstellt werden kann (vgl. SUCHOWITZKI / AWDEJEWA S. 161 ff.).

Zur Herleitung des entsprechenden mathematischen Modells sind zunächst die unbekannten Größen festzulegen. Hierbei betrachtet man zweckmäßigerweise die mögliche Aufteilung der Exemplare von P_1 und P_2 in die zur Erstellung eines Endproduktes benötigten Längeneinheiten.

Bezüglich P_1, d.h. einem Exemplar zu 6.5 LE sind die folgenden Aufteilungen möglich:

A_{11}:   3 Teile zu 2 LE;
A_{12}:   2 Teile zu 2 LE und 2 Teile zu 1.25 LE;
A_{13}:   1 Teil zu 2 LE und 3 Teile zu 1.25 LE;
A_{14}:   5 Teile zu 1.25 LE.

Bezüglich P_2, d.h. einem Exemplar zu 4 LE sind die folgenden Aufteilungen möglich:

A_{21}:   2 Teile zu 2 LE;
A_{22}:   1 Teil zu 2 LE und 1 Teil zu 1.25 LE;
A_{23}:   3 Teile zu 1.25 LE.

Als unbekannte Größen, für die Variablen einzuführen sind, ergeben sich somit die Anzahlen der Exemplare von P_1 und P_2 bzgl. der verschiedenen Aufteilungsmöglichkeiten sowie die Anzahl der Endprodukte.

Für i = 1, 2, 3, 4 bezeichnet

x_{1i} Anzahl der Exemplare von P_1, die nach A_{1i} aufgeteilt sind,

für k = 1, 2, 3

x_{2k} Anzahl der Exemplare von P_2, die nach A_{2k} aufgeteilt sind,

und

y Anzahl der Endprodukte.

Die Zielforderung - nämlich die Maximierung der Anzahl der Endprodukte -
ergibt sich dann zu

$$z = y = \text{Max!}$$

Da sämtliche Exemplare von P_1 und P_2 zerschnitten werden, erhält man die Restriktionen

$$x_{11} + x_{12} + x_{13} + x_{14} = 50,$$
$$x_{21} + x_{22} + x_{23} = 200.$$

Ein Exemplar des Endproduktes enthält 2 Teile zu 2 LE und 1 Teil zu 1.25 LE.
Für y Exemplare des Endproduktes sind dann mindestens 2y Teile zu 2 LE und
mindestens y Teile zu 1.25 LE nötig.

Betrachtet man die Aufteilungen von P_1 und P_2 zunächst bzgl. der Teile zu
2 LE und anschließend bzgl. der Teile zu 1.25 LE, so ergeben sich die Restriktionen:

$$3x_{11} + 2x_{12} + x_{13} + 2x_{21} + x_{22} \geq 2y$$
$$2x_{12} + 3x_{13} + 5x_{14} + x_{22} + 3x_{23} \geq y.$$

Die Ganzzahligkeitsbedingung schließlich impliziert:

$$\left.\begin{array}{ll} x_{1j} \geq 0 & j = 1, 2, 3, 4 \\ x_{2k} \geq 0 & k = 1, 2, 3 \\ y \geq 0 & \end{array}\right\} \quad \text{ganzzahlig}$$

Zusammenfassend ergibt sich somit für Beispiel 4 das folgende mathematische
Modell:

$$z = y = \text{Max!}$$

unter den Restriktionen

$$\begin{array}{ll} \text{(i)} & x_{11} + x_{12} + x_{13} + x_{14} = 50 \\ & x_{21} + x_{22} + x_{23} = 200 \\ & 3x_{11} + 2x_{12} + x_{13} + 2x_{21} + x_{22} - 2y \geq 0 \\ & 2x_{12} + 3x_{13} + 5x_{14} + x_{22} + 3x_{23} - y \geq 0 \end{array}$$

$$\text{(ii)} \quad \left.\begin{array}{ll} x_{1j} \geq 0 & j = 1, 2, 3, 4 \\ x_{2k} \geq 0 & k = 1, 2, 3 \\ y \geq 0 & \end{array}\right\} \quad \text{ganzzahlig}$$

Modell 5-2: Mathematisches Modell zu Beispiel 4

	X11	X12	X13	X14	X21	X22	X23	Y	Typ	RS
ZIEL								1	Max.	
R1	1	1	1	1					=	50
R2					1	1	1		=	200
R3	3	2	1		2	1		-2	$\geq$	0
R4		2	3	5		1	3	-1	$\geq$	0
BD	≥ 0 ≤ 1000 ganzz.	≥ 0 ≤ 1000 ganzz.	≥ 0 ≤ 1000 ganzz.	≥ 0 ≤ 1000 ganzz.	≥ 0 ≤ 1000 ganzz.	≥ 0 ≤ 1000 ganzz.	≥ 0 ≤ 1000 ganzz.	≥ 0 ≤ 1000 ganzz.		

Abb. 5-6: MPS-Tableau zu Modell 5-2 (Beispiel 4)

5.3.2 Modellösung

Definiert man - wie in Anhang A erwähnt - für die ganzzahligen Variablen
obere Schranken, etwa

$$0 \leq x_{11} \leq 1000$$
$$\vdots$$
$$0 \leq x_{23} \leq 1000$$
$$0 \leq y \leq 1000,$$

dann ergibt sich bei Benutzung der bisher verwendeten Bezeichnungen für Modell 5-2 (Beispiel 4) das in Abb. 5-6 wiedergegebene MPS-Tableau.

Verwendet man als Identifikation in der NAME-Karte "ZUSCHNITT", dann erhält man zu dem MPS-Tableau aus Abb. 5-6 das MPS-Datendeck in Abb. 5-7.

```
NAME               ZUSCHNITT
ROWS
   N ZIEL
   E R1
   E R2
   G R3
   G R4
COLUMNS
      X11        R1         1.              R3         3.
      X12        R1         1.              R3         2.
      X12        R4         2.
      X13        R1         1.              R3         1.
      X13        R4         3.
      X14        R1         1.              R4         5.
      X21        R2         1.              R3         2.
      X22        R2         1.              R3         1.
      X22        R4         1.
      X23        R2         1.              R4         3.
      Y          ZIEL       1.
      Y          R3         -2.             R4         -1.
RHS
      RS         R1         50.             R2         200.
BOUNDS
 UI BD           X11        1000.
 UI BD           X12        1000.
 UI BD           X13        1000.
 UI BD           X14        1000.
 UI BD           X21        1000.
 UI BD           X22        1000.
 UI BD           X23        1000.
 UI BD           Y          1000.
ENDATA
```

Abb. 5-7: MPS-Datendeck zu Modell 5-2 (Beispiel 4)

CONSTRAINTS

```
PRINT OPTION = COMPLETE OUTPUT                                      VALUE OF OBJECTIVE =        212.00000
NAME = ZUSCHNITT    OBJ = ZIEL        RHS  = RS        BND = BD     RPSOBJ  =   -1.0000  RPSRHS  =    1.0000
DIR  = MAXIMIZE     COBJ =            CRHS =            RNG =        RPCHOBJ =    0.0000  RPCHRHS =    0.0000

   NUMBER    NAME     TYPE   STATUS    ROW ACTIVITY      SLACK        RHS LOWER     RHS UPPER      MARGINAL
   ------    ------   ----   ------    ------------    ---------      ---------     ---------      ---------

      1   ZIEL        FR     SLACK     212.00000      -212.00000       -INF          +INF            .
      2   R1          EQ **  BINDING    50.00000           .           50.00000      50.00000        .
      3   R2          EQ **  BINDING   200.00000           .          200.00000     200.00000        .
      4   R3          GE **  BINDING       .               .              .          +INF           .
      5   R4          GE **  BINDING       .               .              .          +INF           .
```

COLUMNS

```
PRINT OPTION = COMPLETE OUTPUT                                      VALUE OF OBJECTIVE =        212.00000
NAME = ZUSCHNITT    OBJ = ZIEL        RHS  = RS        BND = BD     RPSOBJ  =   -1.0000  RPSRHS  =    1.0000
DIR  = MAXIMIZE     COBJ =            CRHS =            RNG =        RPCHOBJ =    0.0000  RPCHRHS =    0.0000

   NUMBER    NAME     TYPE   STATUS    COL ACTIVITY     OBJ COEF      BND LOWER     BND UPPER      MARGINAL
   ------    ------   ----   ------    ------------    ---------      ---------     ---------      ---------

      1   X11         INT ** LOWER         .               .              .         1000.00000       .
      2   X12         INT    ACTIVE     14.00000           .              .         1000.00000       .
      3   X13         INT ** LOWER         .               .              .         1000.00000       .
      4   X14         INT    ACTIVE     36.00000           .              .         1000.00000       .
      5   X21         INT    ACTIVE    196.00000           .              .         1000.00000       .
      6   X22         INT    ACTIVE      4.00000           .              .         1000.00000       .
      7   X23         INT ** LOWER         .               .              .         1000.00000       .
      8   Y           INT    UPPER     212.00000       1.00000           .         1000.00000     1.00000
```

Abb. 5-8: OUTPUT REPORT
CONSTRAINTS und COLUMNS zu Modell 5-2 (Beispiel 4)

NODE NO.	PARENT NODE NO.	ARB. DIR.	STATUS	OBJECTIVE FUNCTION VALUE	SUM OF FRACTIONS	- - - - - - SEPARATION VARIABLE - - - - - - - TYPE	NUMBER	LOWER LIMIT	UPPER LIMIT -
1	0		DEVELOPED	212.500000	1.500				
2	1	DOWN	INTEGER	212.000000	0.000	INTEGER	8	0	212

```
INTEGER SOLUTION NUMBER    1
 IS WITHIN          0.000 UNITS (  0.00 PER CENT) OF OPTIMUM
CANNOT FIND ANY BETTER INTEGER SOLUTION
INTEGER SOLUTION FOUND AT NODE    2, WITH FUNCTIONAL VALUE       212.000000,
 IS ASSUMED OPTIMAL
```


Abb. 5-9: OUTPUT REPORT
MIXINT NODE LOG zu Modell 5-2 (Beispiel 4)

5.3.3 Druckausgabe und Interpretation der Ergebnisse

Die die Lösungen betreffenden Angaben befinden sich in den beiden Sektionen CONSTRAINTS und COLUMNS des Abschnitts OUTPUT REPORT, die in Abb. 5-8 wiedergegeben sind.

Für die Lösung von Beispiel 4 ergibt sich somit:

Optimalwert der Zielfunktion

    212 ME

Optimalwerte der Problemvariablen

$$X11 = 0 \text{ ME}$$
$$X12 = 14 \text{ ME}$$
$$X13 = 0 \text{ ME}$$
$$X14 = 36 \text{ ME}$$
$$X21 = 196 \text{ ME}$$
$$X22 = 4 \text{ ME}$$
$$X23 = 0 \text{ ME}$$
$$Y = 212 \text{ ME}.$$

Status der Restriktionen

Wegen Status BINDING werden sämtliche Restriktionen mit dem Gleichheitszeichen erfüllt.

Angaben über den Ertscheidungsbaum beinhaltet die Sektion MIXINT NODE LOG des Abschnitts OUTPUT REPORT, die in Abb. 5-9 vorgestellt wird.

Nach diesen Angaben erhält man den folgenden Entscheidungsbaum:

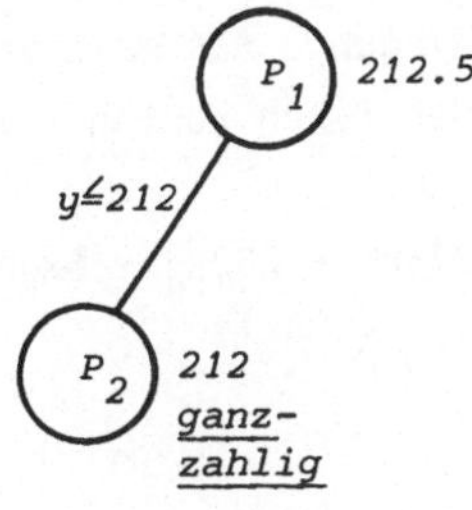

Abb. 5-10: Entscheidungsbaum zur Lösung von Modell 5-2
(Beispiel 4) nach den Angaben der Sektion
MIXINT NODE LOG aus Abb. 5-9

Zur Lösung von Modell 5-2 (Beispiel 4) braucht neben dem Ausgangsproblem P_1 lediglich ein zusätzliches Problem betrachtet zu werden. Die entsprechende

Restriktion ergibt sich aus den folgenden Überlegungen.

Da der Wert der Zielfunktion übereinstimmt mit dem Wert der Variablen y, hat in der kontinuierlichen Lösung von P_1 die Variable y den Wert 212.5. Die Ganzzahligkeitsforderung bzgl. y sowie die "$\geq$"-Restriktionen aus Modell 5-9 implizieren unmittelbar die Restriktion

$$y \leq 212.$$

Die kontinuierliche Lösung von P_2 erfüllt dann bereits sämtliche Ganzzahligkeitsbedingungen.

5.4 Gegenüberstellung der Lösungen und des Lösungsaufwandes für ein Beispiel beim Übergang von kontinuierlichen zu diskreten Variablen

In diesem Kapitel sollen die Lösungen und Rechenzeiten des Raffineriemodells 3-2 (Beispiel 2) mit denen des entsprechenden Modells mit Ganzzahligkeitsbedingung verglichen und analysiert werden.

5.4.1 Problemstellung und Modellbildung

Beispiel 5

Die Problemstellung ergibt sich aus der des Beispiels 2 durch die zusätzliche Forderung, daß sämtliche Produkte nur in ganzzahligen Mengeneinheiten auftreten dürfen.

Bei Verwendung der zu Beispiel 2 benutzten Variablen ergibt sich das zugehörige mathematische Modell aus Modell 3-2 (Beispiel 2) durch die zusätzliche Aufnahme der Ganzzahligkeitsbedingung. Als mathematisches Modell zu Beispiel 5 - unter Vernachlässigung der fixen Kosten - erhält man somit:

$$z = -84.725x_1 - 89.8x_2 - 275x_3 - 232x_4 - 6x_5 + 260x_6 + 240x_7$$
$$+ 230x_8 + 220x_9 + 195x_{10} = \text{Max!}$$

unter den Restriktionen

$$\begin{aligned}
\text{(i)} \quad & x_1 \leq 9 \\
& x_2 \leq 5 \\
& x_1 + x_2 \leq 10 \\
& x_5 \leq 5 \\
& x_6 \leq 5.2 \\
& x_6 \geq 4.4
\end{aligned}$$

$$x_7 \leq 0.35$$
$$0.15x_1 + 0.2x_2 + x_3 + 0.5x_5 - x_6 - x_7 - x_8 = 0$$
$$0.33x_1 + 0.35x_2 + x_4 - x_5 \geq 0$$
$$0.33x_1 + 0.35x_2 + x_4 - 0.5x_5 - x_9 = 0$$
$$0.52x_1 + 0.45x_2 - x_{10} = 0$$

(ii) $x_i \geq 0$ und ganzzahlig, i = 1, 2, ..., 10

Modell 5-3: Mathematisches Modell zu Beispiel 5 unter Vernachlässigung der fixen Kosten

5.4.2 Modellösung

Definiert man wieder für die ganzzahligen Variablen zusätzliche obere Schranken, z.B.

$$0 \leq x_1 \leq 1000$$
$$0 \leq x_2 \leq 1000$$
$$\vdots$$
$$0 \leq x_{10} \leq 1000,$$

dann ergibt sich bei Benutzung der bisher verwendeten Bezeichnungen für Modell 5-3 (Beispiel 5) das in Abb. 5-11 wiedergegebene MPS-Tableau.

Verwendet man als Identifikation in der NAME-Karte "OELRAFGANZ", dann erhält man zu dem MPS-Tableau aus Abb. 5-11 das in Abb. 5-12 enthaltene MPS-Datendeck.

5.4.3 Druckausgabe

Die für die Lösung relevanten Sektionen CONSTRAINTS und COLUMNS sind in Abb. 5-13 dargestellt.

Für die Lösung von Beispiel 5 ergibt sich somit:

Optimalwert der Zielfunktion ohne Beachtung der fixen Kosten

-37 GE

Optimalwert der Zielfunktion unter Beachtung der fixen Kosten

-37 GE
-1150 GE
-1187 GE

	X1	X2	X3	X4	X5	X6	X7	X8	X9	X10	Typ	RS
ZIEL	-84.725	-89.8	-275	-232	-6	260	240	230	220	195	Max.	
OELA	1										$\leq$	9
OELB		1									$\leq$	5
DESTIL	1	1									$\leq$	10
VERED					1						$\leq$	5
MAXBENZ						1					$\leq$	5.2
MINBENZ						1					$\geq$	4.4
LGBENZ							1				$\leq$	0.35
GROBENZ	0.15	0.2	1		0.5	-1	-1	-1			=	0
OELGES	0.33	0.35		1	-1						$\geq$	0
GASOEL	0.33	0.35		1	-0.5				-1		=	0
SONST	0.52	0.45								-1	=	0
BD	$\geq$0 $\leq$1000 ganzz.	$\geq$0 $\leq$1000 ganzz.	$\geq$0 $\leq$1000 ganzz	$\geq$0 $\leq$1000 ganzz.	$\geq$0 $\leq$1000 ganzz.	$\geq$0 $\leq$1000 ganzz.	$\geq$0 $\leq$1000 ganzz.	$\geq$0 $\leq$1000 ganzz.	$\geq$0 $\leq$1000 ganzz.	$\geq$0 $\leq$1000 ganzz.		

Abb.5-11: MPS-Tableau zu Modell 5-3 (Beispiel 5)

```
NAME              OELRAFGANZ
ROWS
 N ZIEL
 L OELA
 L OELB
 L DESTIL
 L VERED
 L MAXBENZ
 G MINBENZ
 L LGBENZ
 E GROBENZ
 G OELGES
 E GASOEL
 E SONST
COLUMNS
    X1        ZIEL        -84.725
    X1        OELA        1.          DESTIL      1.
    X1        GROBENZ     0.15        OELGES      0.33
    X1        GASOEL      0.33        SONST       0.52
    X2        ZIEL        -89.8
    X2        OELB        1.          DESTIL      1.
    X2        GROBENZ     0.2         OELGES      0.35
    X2        GASOEL      0.35        SONST       0.45
    X3        ZIEL        -275.
    X3        GROBENZ     1.
    X4        ZIEL        -232.
    X4        OELGES      1.          GASOEL      1.
    X5        ZIEL        -6.
    X5        VERED       1.          GROBENZ     0.5
    X5        OELGES      -1.         GASOEL      -0.5
    X6        ZIEL        260.
    X6        MAXBENZ     1.          MINBENZ     1.
    X6        GROBENZ     -1.
    X7        ZIEL        240.
    X7        LGBENZ      1.          GROBENZ     -1.
    X8        ZIEL        230.
    X8        GROBENZ     -1.
    X9        ZIEL        220.
    X9        GASOEL      -1.
    X10       ZIEL        195.
    X10       SONST       -1.
RHS
    RS        OELA        9.          OELB        5.
    RS        DESTIL      10.         VERED       5.
    RS        MAXBENZ     5.2         MINBENZ     4.4
    RS        LGBENZ      0.35
BOUNDS
 UI BD        X1          1000.
 UI BD        X2          1000.
 UI BD        X3          1000.
 UI BD        X4          1000.
 UI BD        X5          1000.
 UI BD        X6          1000.
 UI BD        X7          1000.
 UI BD        X8          1000.
 UI BD        X9          1000.
 UI BD        X10         1000.
ENDATA
```

Abb. 5-12: MPS-Datendeck zu Modell 5-3 (Beispiel 5)

```
                                        C O N S T R A I N T S

   PRINT OPTION = COMPLETE OUTPUT                                    VALUE OF OBJECTIVE =       -37.00000
NAME = OELRAFGANZ  OBJ = ZIEL        RHS = RS          BND = BD      RPSOBJ  =    -1.0000  RPSRHS  =     1.0000
DIR = MAXIMIZE    COBJ =             CRHS =            RNG =         RPCHOBJ =     0.0000  RPCHRHS =     0.0000

   NUMBER     NAME      TYPE   STATUS   ROW ACTIVITY      SLACK       RHS LOWER       RHS UPPER       MARGINAL
   ------  ----------  ----  --------  -------------  -------------  -------------  -------------  -------------

        1  ZIEL        FR    SLACK      -37.00000       37.00000      -INF            +INF              .
        2  OELA        LE    SLACK         .            9.00000       -INF            9.00000           .
        3  OELB        LE    SLACK         .            5.00000       -INF            5.00000           .
        4  DESTIL      LE    SLACK         .           10.00000       -INF           10.00000           .
        5  VERED       LE    SLACK       4.00000        1.00000       -INF            5.00000           .
        6  MAXBENZ     LE    SLACK       5.00000         .20000       -INF            5.20000           .
        7  MINBENZ     GE    SLACK       5.00000        -.60000       4.40000         +INF              .
        8  LGBENZ      LE    SLACK         .             .35000       -INF             .35000           .
        9  GROBENZ     EQ    BINDING       .              .             .               .            256.00000
       10  OELGES      GE    BINDING       .              .             .             +INF           12.00000
       11  GASOEL      EQ    BINDING       .              .             .               .            220.00000
       12  SONST       EQ    BINDING       .              .             .               .            -94.66667


                                        C O L U M N S

   PRINT OPTION = COMPLETE OUTPUT                                    VALUE OF OBJECTIVE =       -37.00000
NAME = OELRAFGANZ  OBJ = ZIEL        RHS = RS          BND = BD      RPSOBJ  =    -1.0000  RPSRHS  =     1.0000
DIR = MAXIMIZE    COBJ =             CRHS =            RNG =         RPCHOBJ =     0.0000  RPCHRHS =     0.0000

   NUMBER     NAME      TYPE   STATUS   COL ACTIVITY     OBJ COEF     BND LOWER       BND UPPER       MARGINAL
   ------  ----------  ----  --------  -------------  -------------  -------------  -------------  -------------

        1  X1          INT   LOWER         .            -84.72500       .            1000.00000      -18.99167  ARB INT
        2  X2          INT   ACTIVE        .            -89.80000       .            1000.00000         .
        3  X3          INT   LOWER       3.00000       -275.00000       .            1000.00000      -19.00000
        4  X4          INT   ACTIVE      4.00000       -232.00000       .            1000.00000         .
        5  X5          INT   ACTIVE      4.00000         -6.00000       .            1000.00000         .
        6  X6          INT   LOWER       5.00000        260.00000       .            1000.00000        4.00000  ARB INT
        7  X7          INT   LOWER         .            240.00000       .            1000.00000      -16.00000
        8  X8          INT   LOWER         .            230.00000       .            1000.00000      -26.00000
        9  X9          INT   ACTIVE      2.00000        220.00000       .            1000.00000         .
       10  X10         INT   LOWER         .            195.00000       .            1000.00000      289.66667  ARB INT
```

Abb. 5-13: OUTPUT REPORT
          CONSTRAINTS und COLUMNS zu Modell 5-3 (Beispiel 5)

Optimalwerte der Problemvariablen

       X1 = 0 ME

       X2 = 0 ME

       X3 = 3 ME

       X4 = 4 ME

       X5 = 4 ME

       X6 = 5 ME

       X7 = 0 ME

       X8 = 0 ME

       X9 = 2 ME

       X10 = 0 ME.

5.4.4 Gegenüberstellung und Analyse der Lösungen und des Lösungsaufwandes

Zunächst seien - zur Erleichterung des Vergleichs - die Lösungen beider Modelle nochmals angeführt:

Modell 3-2	Modell 5-3
(Problem ohne	(Problem mit
Ganzzahligkeitsbedingung)	Ganzzahligkeitsbedingung)

Optimalwert der Zielfunktion ohne Beachtung der fixen Kosten

1326.015 GE	-37 GE

Optimalwerte der Problemvariablen

Modell 3-2	Modell 5-3
X1 = 9.00 ME	X1 = 0 ME
X2 = 1.00 ME	X2 = 0 ME
X3 = 0.35 ME	X3 = 3 ME
X4 = 1.68 ME	X4 = 4 ME
X5 = 5.00 ME	X5 = 4 ME
X6 = 4.40 ME	X6 = 5 ME
X7 = 0.00 ME	X7 = 0 ME
X8 = 0.00 ME	X8 = 0 ME
X9 = 2.50 ME	X9 = 2 ME
X10 = 5.13 ME	X10 = 0 ME

Abb. 5-14: Lösungen zu Modell 3-2 (Beispiel 2) und Modell 5-3 (Beispiel 5)

Die Lösungen beider Modelle haben - wie man sieht - recht wenig Ähnlichkeit miteinander. Betrachtet man das MPS-Tableau zu Modell 5-3 aus Abb. 5-11, dann läßt sich - neben den Werten einiger Variablen - auch der Grund für die Verschiedenheit der Lösungen ablesen.

Den Restriktionen MAXBENZ, MINBENZ und LGBENZ entnimmt man in Verbindung mit der Ganzzahligkeitsbedingung

$$X6 = 5 \text{ und } X7 = 0.$$

Die Gleichheitsrestriktion SONST liefert in Verbindung mit OELA und OELB sowie der Ganzzahligkeitsbedingung

$$X1 = 0, X2 = 0 \text{ und } X10 = 0.$$

Die Unterschiedlichkeit der Lösungen ist somit hauptsächlich durch die Gleichheitsrestriktionen bedingt.

Dies Beispiel zeigt noch einmal explizit, daß es im allgemeinen nicht möglich ist, von der Lösung eines Problems ohne Ganzzahligkeitsbedingung auf die Lösung des entsprechenden ganzzahligen Problems zu schließen.

Als reine Rechenzeiten, d.h. als Zeiten ab Erstellung der Ausgangsbasis bis zur Lösung des Problems, ergaben sich auf einer Anlage Cyber 76:

Modell 3-2 (Problem ohne Ganzzahligkeitsbedingung)	Modell 5-3 (Problem mit Ganzzahligkeitsbedingung)
0.135 sec.	1.322 sec.

Abb. 5-15: Rechenzeiten zur Lösung von Modell 3-2 (Beispiel 2) und Modell 5-3 (Beispiel 5)

Der Zeitunterschied erklärt sich dadurch, daß die Lösung von Modell 3-2 in der Lösung eines einzigen linearen Problems besteht, wohingegen zur Lösung von Modell 5-3 - wie die Sektion MIXINT NODE LOG des OUTPUT REPORT, die hier nicht wiedergegeben ist, zeigt - 55 lineare Probleme untersucht werden müssen.

5.5 Literatur

CDC (Hrsg.)   "APEX-III Reference Manual"

IBM (Hrsg.)   "IBM Mathematical Programming

	System Extended/370 (MPSX/370), Program Reference Manual"
Suchowitzki, S.I. Awdejewa, L.I.	"Lineare und konvexe Programmierung" München - Wien 1969
UNIVAC (Hrsg.)	"Functional Mathematical Pro- gramming System - Users Refe- rence Manual"

6. Speziell strukturierte lineare Probleme

Eine Reihe von Problemen der linearen Optimierung führt zu mathematischen Modellen, bei denen die Restriktionsmatrizen bestimmte spezielle Strukturen aufweisen. In der Regel ist bei diesen Matrizen nur ein geringer Teil der Elemente von Null verschieden, und darüberhinaus sind diese noch auf spezielle Art und Weise auf Zeilen und Spalten verteilt. Die besondere Struktur der Restriktionsmatrizen ermöglicht häufig eine Spezialisierung der allgemeinen Methoden der linearen Optimierung, gelegentlich gestattet sie sogar die Anwendung von Lösungsverfahren, die in keinem Zusammenhang zu den Lösungsmethoden der linearen Optimierung stehen. Lösungsmethoden, die die Besonderheiten der Matrixstruktur berücksichtigen, sind naturgemäß wesentlich effizienter als allgemein anwendbare Lösungsverfahren. Im folgenden sollen einige solcher speziell strukturierter Probleme zunächst mittels der allgemeinen Methoden der linearen Optimierung und anschließend mittels eines hierauf zugeschnittenen Verfahrens gelöst werden.

6.1 Transportprobleme

6.1.1 Klassisches Transportproblem

Zu den frühesten und fruchtbarsten Anwendungen der linearen Optimierung gehört das klassische Transportproblem, das auf HITCHCOCK und KOOPMANS zurückgeht. Das erste effiziente Lösungsverfahren hierzu, der Transportalgorithmus - eine Adaption des Simplexalgorithmus auf die spezielle Struktur der Nebenbedingungen des klassischen Transportproblems - stammt von DANTZIG.

6.1.1.1 Einführendes Beispiel

Beispiel 6

Drei Produzenten P_1, P_2 und P_3 erstellen ein Gut, das zu vier Verbrauchern V_1, V_2, V_3 und V_4 transportiert werden soll. Im einzelnen erzeugt P_1 4 Mengeneinheiten (ME), P_2 7 ME und P_3 wieder 4 ME, während V_1 2 ME, V_2 4 ME, V_3 6 ME und V_4 3 ME benötigt. Die Transportkosten für eine Einheit von jedem Produzenten zu jedem Verbraucher sowie die bereits angeführten Angaben bzgl. Produktionsumfang und Produktionsnachfrage sind in der folgenden Tabelle zusammengestellt (vgl. BURKARD, S. 65):

	Transportkosten GE/ME				Prod.-Umfang ME
	V_1	V_2	V_3	V_4	
P_1	2	3	4	1	4
P_2	5	4	2	3	7
P_3	4	2	8	6	4
Prod.-Nachfr. ME	2	4	6	3	

Abb. 6-1: Problemspezifische Angaben zu Beispiel 6

Die Aufgabe besteht nun darin - unter Beachtung von Produktionsumfang und Produktionsnachfrage - einen Transportplan mit minimalen Gesamtkosten zu erstellen.

Vor der Formulierung dieses Beispiels als Aufgabe der linearen Optimierung und deren Lösung mittels eines Standardprogrammpaketes soll allgemein auf die Problemstellung sowie das Standardmodell zum klassischen Transportproblem eingegangen werden.

6.1.1.2 Allgemeine Problemstellung und Standardmodell zum klassischen Transportproblem

Das klassische Transportproblem kann allgemein folgendermaßen formuliert werden:

Von m Produzenten P_i, i = 1, 2, ..., m, und n Verbrauchern V_j, j = 1, 2, ..., n, eines gewissen Gutes seien der Produktionsumfang zu a_i ME, die Produktionsnachfrage zu b_j ME sowie die Transportkosten zu c_{ij} Geldeinheiten (GE) pro ME vom Produzenten P_i zum Verbraucher V_j bekannt. Die entsprechenden Daten sind in der in Abb. 6-2 wiedergegebenen Tabelle enthalten.

Es sei ferner vorausgesetzt, daß die Gleichgewichtsbedingung

$$\sum_{i=1}^{m} a_i = \sum_{j=1}^{n} b_j$$

erfüllt sei, d.h. daß der gesamte Produktionsumfang übereinstimmt mit der gesamten Produktionsnachfrage.

Die Aufgabe besteht dann darin, einen Transportplan mit minimalen Gesamt-

	Transportkosten GE/ME				Prod.-Umfang ME
	V_1	V_2	V_3	V_n	
P_1	c_{11}	c_{12}	$c_{13} \cdots$	c_{1n}	a_1
P_2	c_{21}	c_{22}	$c_{23} \cdots$	c_{2n}	a_2
	.				.
	.				.
	.				.
P_m	c_{m1}	c_{m2}	$c_{m3} \cdots$	c_{mn}	a_m
Prod.-Nachfr. ME	b_1	b_2	$b_3 \cdots$	b_n	

Abb. 6-2: Problemspezifische Angaben zum allgemeinen klassischen Transportproblem

kosten zu erstellen, der den folgenden Bedingungen genügt:

(i)   der Produktionsumfang eines jeden Produzenten wird ausgeschöpft,

(ii)   die Nachfrage eines jeden Verbrauchers wird befriedigt,

(iii)   die Transportvolumina sind nicht negativ.

Zur Herleitung des entsprechenden mathematischen Modells sind zunächst für die unbekannten Größen - das sind die jeweils vom Produzenten P_i zum Verbraucher V_j zu transportierenden Einheiten - Variablen einzuführen.

Für i = 1, 2, ..., m und j = 1, 2, ..., n bezeichnet

x_{ij} die Anzahl der vom Produzenten P_i zum Verbraucher V_j zu transportierenden Mengeneinheiten

Die Zielforderung - nämlich die Minimierung der Gesamtkosten - ergibt sich dann zu

$$z = \sum_{i=1}^{m} \sum_{j=1}^{n} c_{ij} x_{ij} = \text{Min!}$$

Die Ausschöpfung des Produktionsumfangs eines jeden Produzenten liefert die Restriktionen

$$\sum_{j=1}^{n} x_{ij} = a_i \qquad i = 1, 2, ..., m.$$

Die Befriedigung einer jeden Verbrauchernachfrage führt zu den Restriktionen

$$\sum_{i=1}^{m} x_{ij} = b_j \qquad j = 1, 2, \ldots, n.$$

Die Forderung nicht negativer Transportvolumina schließlich impliziert

$$x_{ij} \geq 0 \qquad \begin{matrix} i = 1, 2, \ldots, m \\ j = 1, 2, \ldots, n. \end{matrix}$$

Zusammen mit der bereits in der Problemstellung angeführten Gleichgewichtsbedingung, ergibt sich somit für das klassische Transportproblem das folgende mathematische Modell:

$$z = \sum_{i=1}^{m} \sum_{j=1}^{n} c_{ij} x_{ij} = \text{Min!}$$

unter den Restriktionen

$$\text{(i)} \qquad \sum_{j=1}^{n} x_{ij} = a_i \qquad i = 1, 2, \ldots, m$$

$$\text{(ii)} \qquad \sum_{i=1}^{m} x_{ij} = b_j \qquad j = 1, 2, \ldots, n$$

$$\text{(iii)} \quad x_{ij} \geq 0 \qquad \begin{matrix} i = 1, 2, \ldots, m \\ j = 1, 2, \ldots, n \end{matrix}$$

Ferner gelte die Gleichgewichtsbedingung

$$\sum_{i=1}^{m} a_i = \sum_{j=1}^{n} b_j.$$

Modell 6-1: Standardmodell zum allgemeinen klassischen Transportproblem

Die Gleichgewichtsbedingung

$$\sum_{i=1}^{m} a_i = \sum_{j=1}^{n} b_j$$

stellt - wie im folgenden gezeigt werden soll - keine Einschränkung dar und kann somit stets als erfüllt vorausgesetzt werden.

Ist der Produktionsumfang nämlich größer als die Nachfrage, d.h. gilt

$$\sum_{i=1}^{m} a_i > \sum_{j=1}^{n} b_j \, ,$$

so führt man einen fiktiven Verbraucher V_{n+1} mit der Nachfrage

$$b_{n+1} = \sum_{i=1}^{m} a_i - \sum_{j=1}^{n} b_j$$

ein und setzt die zugehörigen Transportkosten $c_{i,n+1}$ gleich Null.

Analog führt man für den Fall, daß die Nachfrage größer ist als der Produktionsumfang, d.h. falls

$$\sum_{j=1}^{n} b_j > \sum_{i=1}^{m} a_i$$

gilt, einen fiktiven Produzenten P_{m+1} mit dem Produktionsumfang

$$a_{m+1} = \sum_{j=1}^{n} b_j - \sum_{i=1}^{m} a_i$$

ein und setzt wiederum die zugehörigen Transportkosten $c_{m+1,j}$ gleich Null.

Für beide Probleme, die trivialerweise die Gleichgewichtsbedingung erfüllen, ist - wie man leicht erkennt - jeder optimale Transportplan zugleich optimal für das entsprechende Ausgangsproblem.

Im folgenden kann deshalb ohne Einschränkung vorausgesetzt werden, daß die Gleichgewichtsbedingung erfüllt ist.

Als Standardmodell des in Beispiel 6 angeführten klassischen Transportproblems erhält man

$$z = 2x_{11} + 3x_{12} + 4x_{13} + x_{14} + 5x_{21} + 4x_{22} + 2x_{23} + 3x_{24}$$
$$+ 4x_{13} + 2x_{32} + 8x_{33} + 6x_{34} = \text{Min!}$$

unter den Restriktionen

$$\text{(i)} \quad x_{11} + x_{12} + x_{13} + x_{14} = 4$$
$$x_{21} + x_{22} + x_{23} + x_{24} = 7$$

$$x_{31} + x_{32} + x_{33} + x_{34} = 4$$

(ii)
$$x_{11} + x_{21} + x_{31} = 2$$
$$x_{12} + x_{22} + x_{32} = 4$$
$$x_{13} + x_{23} + x_{33} = 6$$
$$x_{14} + x_{24} + x_{34} = 3$$

(iii) $\quad x_{ij} \geqq 0 \qquad \begin{array}{l} i = 1, 2, 3 \\ j = 1, 2, 3, 4 \end{array}$

Modell 6-2: Standardmodell zum klassischen Transportproblem aus
Beispiel 6

6.1.1.3 Modellösung und Interpretation der von einem Standardprogrammpaket erzeugten Druckausgabe

Bei Benutzung der bisher verwendeten Bezeichnungen ergibt sich zu Modell 6-2 (Beispiel 6) das in Abb. 6-3 wiedergegebene MPS-Tableau.

Verwendet man in der NAME-Karte als Identifikation "KLASSTRANS", dann erhält man zu dem MPS-Tableau aus Abb. 6-3 das in Abb. 6-4 dargestellte MPS-Datendeck.

Die die Lösungen betreffenden Sektionen CONSTRAINTS und COLUMNS sind in den Abb. 6-5 und 6-6 enthalten.

Für die Lösung von Beispiel 6 ergibt sich somit:

Optimalwert der Zielfunktion

    29 GE

Optimalwerte der Basisvariablen

$\quad$ R6 $\;$ = 0 aME $\qquad$ SLACK aus CONSTRAINTS

$\quad$ X11 = 2 ME $\quad$
$\quad$ X14 = 2 ME
$\quad$ X22 = 0 ME
$\quad$ X23 = 6 ME $\qquad$ ACTIVE aus COLUMNS
$\quad$ X24 = 1 ME
$\quad$ X32 = 4 ME.

Die Basis besteht folglich aus einer künstlichen Variablen und sechs Problemvariablen.

ZIEL	X11	X12	X13	X14	X21	X22	X23	X24	X31	X32	X33	X34	Typ	RS
	2	3	4	1	5	4	2	3	4	2	8	6	Min.	
R1	1	1	1	1									=	4
R2					1	1	1	1					=	7
R3									1	1	1	1	=	4
R4	1				1				1				=	2
R5		1				1				1			=	4
R6			1				1				1		=	6
R7				1				1				1	=	3

Abb. 6-3: *MPS-Tableau zu Modell 6-2 (Beispiel 6)*

```
NAME          KLASSTRANS
ROWS
 N  ZIEL
 E  R1
 E  R2
 E  R3
 E  R4
 E  R5
 E  R5
 E  R7
COLUMNS
    X11       ZIEL       2.
    X11       R1         1.          R4         1.
    X12       ZIEL       3.
    X12       R1         1.          R5         1.
    X13       ZIEL       4.
    X13       R1         1.          R6         1.
    X14       ZIEL       1.
    X14       R1         1.          R7         1.
    X21       ZIEL       5.
    X21       R2         1.          R4         1.
    X22       ZIEL       4.
    X22       R2         1.          R5         1.
    X23       ZIEL       2.
    X23       R2         1.          R6         1.
    X24       ZIEL       3.
    X24       R2         1.          R7         1.
    X31       ZIEL       4.
    X31       R3         1.          R4         1.
    X32       ZIEL       2.
    X32       R3         1.          R5         1.
    X33       ZIEL       8.
    X33       R3         1.          R6         1.
    X34       ZIEL       6.
    X34       R3         1.          R7         1.
RHS
    RS        R1         4.          R2         7.
    RS        R3         4.          R4         2.
    RS        R5         4.          R6         6.
    RS        R7         3.
ENDATA
```

C O N S T R A I N T S

```
PRINT OPTION = COMPLETE OUTPUT                                          VALUE OF OBJECTIVE =          29.00000
NAME = KLASSTRANS   OBJ = ZIEL      RHS = RS        BND =               RPSOBJ  =     1.0000   RPSRHS  =    1.0000
DIR = MINIMIZE      COBJ =          CRHS =          RNG =               RPCHOBJ =     0.0000   RPCHRHS =    0.0000
```

NUMBER	NAME	TYPE	ROW ACTIVITY STATUS	SLACK MARGINAL	RHS LOWER RHS UPPER	LOWER ACT UPPER ACT	UNIT COST UNIT COST	OBJ_LOWER OBJ_UPPER	LIMITING PROCESS	OBJ COEF RANGE	OBJ_OBJ COEF RANGE
1	ZIEL	FR	29.00000 SLACK	-29.00000 .	-INF +INF						
2	R1	EQ **	4.00000 BINDING	. .	4.00000 4.00000	4.00000 4.00000	. .	29.00000 29.00000	R6 R6	-INF +INF	29.00000 29.00000
3	R2	EQ	7.00000 BINDING	. -2.00000	7.00000 7.00000	7.00000 7.00000	-2.00000 2.00000	29.00000 29.00000	R6 R6	-INF +INF	29.00000 29.00000
4	R3	EQ **	4.00000 BINDING	. .	4.00000 4.00000	4.00000 4.00000	. .	29.00000 29.00000	R6 R6	-INF +INF	29.00000 29.00000
5	R4	EQ	2.00000 BINDING	. -2.00000	2.00000 2.00000	2.00000 2.00000	-2.00000 2.00000	29.00000 29.00000	R6 R6	-INF +INF	29.00000 29.00000
6	R5	EQ	4.00000 BINDING	. -2.00000	4.00000 4.00000	4.00000 4.00000	-2.00000 2.00000	29.00000 29.00000	R6 R6	-INF +INF	29.00000 29.00000
7	R6	EQ	6.00000 SLACK	. .	6.00000 6.00000	6.00000 6.00000	+INF +INF	29.00000 29.00000	NONE NONE	-INF +INF	29.00000 29.00000
8	R7	EQ	3.00000 BINDING	. -1.00000	3.00000 3.00000	3.00000 3.00000	-1.00000 1.00000	29.00000 29.00000	R6 R6	-INF +INF	29.00000 29.00000

Abb. 6-5: OUTPUT REPORT
CONSTRAINTS zu Modell 6-2 (Beispiel 6)

C O L U M N S

```
PRINT OPTION = COMPLETE OUTPUT                              VALUE OF OBJECTIVE =        29.00000
NAME = KLASSTRANS  OBJ = ZILL      RHS = RS      BND =      RPSOBJ  =    1.0000   RPSRHS  =   1.0000
DIR  = MINIMIZE    COBJ =          CRHS =        RNG =      RPCHOBJ =    0.0000   RPCHRHS =   0.0000
```

NUMBER	NAME TYPE	COL ACTIVITY STATUS	OBJ COEF MARGINAL	BND LOWER BND UPPER	LOWER ACT UPPER ACT	UNIT COST UNIT COST	OBJ_LOWER OBJ_UPPER	LIMITING PROCESS	OBJ COEF RANGE	OBJ_OBJ COEF RANGE
1 X11		2.00000	2.00000	.	1.00000	1.00000	30.00000	X21	3.00000	31.00000
	PL	ACTIVE	.	+INF	2.00000	+INF	29.00000	NONE	-INF	-INF
2 X12		.	3.00000	.	-1.00000	-1.00000	28.00000	X24	+INF	29.00000
	PL	LOWER	1.00000	+INF	.	1.00000	29.00000	X22	2.00000	29.00000
3 X13		.	4.00000	.	-1.00000	-4.00000	25.00000	X24	+INF	29.00000
	PL	LOWER	4.00000	+INF	2.00000	4.00000	37.00000	X14	.	29.00000
4 X14		2.00000	1.00000	.	2.00000	1.00000	29.00000	X12	2.00000	31.00000
	PL	ACTIVE	.	+INF	3.00000	1.00000	30.00000	X21	.	27.00000
5 X21		.	5.00000	.	-2.00000	-1.00000	27.00000	X14	+INF	29.00000
	PL	LOWER	1.00000	+INF	1.00000	1.00000	30.00000	X24	4.00000	29.00000
6 X22		.	4.00000	.	-2.00000	1.00000	31.00000	X12	5.00000	29.00000
	PL	ACTIVE	.	+INF	1.00000	2.00000	31.00000	X31	2.00000	29.00000
7 X23		6.00000	2.00000	.	4.00000	4.00000	37.00000	X13	6.00000	53.00000
	PL	ACTIVE	.	+INF	6.00000	+INF	29.00000	NONE	-INF	-INF
8 X24		1.00000	3.00000	.	-1.00000	1.00000	31.00000	X21	4.00000	30.00000
	PL	ACTIVE	.	+INF	1.00000	1.00000	29.00000	X12	2.00000	28.00000
9 X31		.	4.00000	.	.	-2.00000	29.00000	X22	+INF	29.00000
	PL	LOWER	2.00000	+INF	1.00000	2.00000	31.00000	X24	2.00000	29.00000
10 X32		4.00000	2.00000	.	3.00000	2.00000	31.00000	X31	4.00000	37.00000
	PL	ACTIVE	.	+INF	4.00000	+INF	29.00000	NONE	-INF	-INF
11 X33		.	8.00000	.	.	-8.00000	29.00000	X22	+INF	29.00000
	PL	LOWER	8.00000	+INF	4.00000	8.00000	61.00000	X32	.	29.00000
12 X34		.	6.00000	.	.	-5.00000	29.00000	X22	+INF	29.00000
	PL	LOWER	5.00000	+INF	1.00000	5.00000	34.00000	X24	1.00000.	29.00000

Abb. 6-6: *OUTPUT REPORT*
COLUMNS zu Modell 6-2 (Beispiel 6)

Wie man den Angaben von LOWER/UPPER ACT der Sektion CONSTRAINTS aus Abb. 6-5 entnimmt, ist eine Variation der rechten Seiten ohne Basiswechsel nicht möglich. Dies ist unmittelbar verständlich, wenn man bedenkt, daß die Variation einer rechten Seite die Verletzung der Gleichgewichtsbedingung nach sich zieht.

6.1.1.4 Abriß zum Transportalgorithmus von DANTZIG

Zunächst soll allgemein auf die Existenz einer Optimallösung zum klassischen Transportproblem eingegangen werden.

Die mathematische Formulierung des klassischen Transportproblems lautet nach Modell 6-1:

$$z = \sum_{i=1}^{m} \sum_{j=1}^{n} c_{ij}x_{ij} = \text{Min!}$$

unter den Restriktionen

$$\text{(i)} \quad \sum_{j=1}^{n} x_{ij} = a_i \qquad i = 1, 2, \ldots, m$$

$$\text{(ii)} \quad \sum_{i=1}^{m} x_{ij} = b_j \qquad j = 1, 2, \ldots, n$$

$$\text{(iii)} \quad x_{ij} \geqq 0 \qquad \begin{array}{l} i = 1, 2, \ldots, m \\ j = 1, 2, \ldots, n. \end{array}$$

Zusätzlich gelte die Gleichgewichtsbedingung

$$\sum_{i=1}^{m} a_i = \sum_{j=1}^{n} b_j.$$

Setzt man

$$S = \sum_{i=1}^{m} a_i = \sum_{j=1}^{n} b_j,$$

dann stellt - wie man sich leicht überzeugt -

$$x_{ij} = \frac{a_i b_j}{S} \qquad \begin{array}{l} i = 1, 2, \ldots, m \\ j = 1, 2, \ldots, n \end{array}$$

eine zulässige Lösung dar.

Ferner ist die Menge der zulässigen Punkte beschränkt, denn für jede zulässige Lösung gilt

$$0 \leq x_{ij} \leq \min(a_i, b_j) \qquad \begin{matrix} i = 1, 2, \ldots, m \\ j = 1, 2, \ldots, n, \end{matrix}$$

d.h. bei einer zulässigen Lösung ist der Wert jeder Variablen durch die kleinere Zahl aus Produktionsumfang und Produktionsnachfrage beschränkt.

Der zulässige Bereich ist somit nicht leer und beschränkt, und folglich besitzt das klassische Transportproblem nach Satz 2-2 eine Optimallösung.

Anhand von Modell 6-2 (Beispiel 6)

$$z = 2x_{11} + 3x_{12} + 4x_{13} + x_{14} + 5x_{21} + 4x_{22} + 2x_{23} + 3x_{24}$$
$$+ 4x_{31} + 2x_{32} + 8x_{33} + 6x_{34} = \text{Min!}$$

unter den Restriktionen

$$\begin{aligned} \text{(i)} \quad & x_{11} + x_{12} + x_{13} + x_{14} = 4 \\ & x_{21} + x_{22} + x_{23} + x_{24} = 7 \\ & x_{31} + x_{32} + x_{33} + x_{34} = 4 \end{aligned}$$

$$\begin{aligned} \text{(ii)} \quad & x_{11} + x_{21} + x_{31} = 2 \\ & x_{12} + x_{22} + x_{32} = 4 \\ & x_{13} + x_{23} + x_{33} = 6 \\ & x_{14} + x_{24} + x_{34} = 3 \end{aligned}$$

$$\text{(iii)} \quad x_{ij} \geq 0 \qquad \begin{matrix} i = 1, 2, 3 \\ j = 1, 2, 3, 4 \end{matrix}$$

sollen diese Ausführungen explizit erläutert werden.

Mit

$$S = 15$$

ergibt sich die zulässige Lösung

$$x_{11} = \frac{8}{15} \qquad x_{21} = \frac{14}{15} \qquad x_{31} = \frac{8}{15}$$
$$x_{12} = \frac{16}{15} \qquad x_{22} = \frac{28}{15} \qquad x_{32} = \frac{16}{15}$$
$$x_{13} = \frac{24}{15} \qquad x_{23} = \frac{42}{15} \qquad x_{33} = \frac{24}{15}$$
$$x_{14} = \frac{12}{15} \qquad x_{24} = \frac{21}{15} \qquad x_{34} = \frac{12}{15}.$$

Hierfür sowie für jede andere zulässige Lösung gelten bzgl. der Variablenwerte die folgenden Beschränkungen:

$$0 \leq x_{11} \leq 2 \qquad 0 \leq x_{21} \leq 2 \qquad 0 \leq x_{31} \leq 2$$
$$0 \leq x_{12} \leq 4 \qquad 0 \leq x_{22} \leq 4 \qquad 0 \leq x_{32} \leq 4$$
$$0 \leq x_{13} \leq 4 \qquad 0 \leq x_{23} \leq 6 \qquad 0 \leq x_{33} \leq 4$$
$$0 \leq x_{14} \leq 3 \qquad 0 \leq x_{24} \leq 3 \qquad 0 \leq x_{34} \leq 3.$$

Nachdem die Existenz einer Optimallösung zum klassischen Transportproblem sichergestellt ist, soll im folgenden auf die Bestimmung einer Optimallösung selbst eingegangen werden.

Der Transportalgorithmus von Dantzig, der hierzu herangezogen werden soll, basiert - wie bereits eingangs bemerkt - auf der speziellen Struktur der Nebenbedingungen zum klassischen Transportproblem. Schreibt man die Restriktionen (i) und (ii) des Standardmodells 6-1 aus, dann tritt diese Struktur deutlich zum Vorschein, wie Abb. 6-7 zeigt.

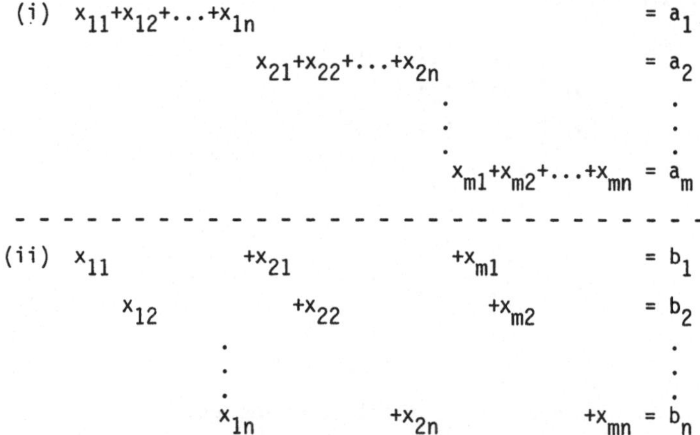

$$
\begin{array}{lll}
\text{(i)} & x_{11}+x_{12}+\ldots+x_{1n} & = a_1 \\
 & x_{21}+x_{22}+\ldots+x_{2n} & = a_2 \\
 & \quad\vdots & \quad\vdots \\
 & x_{m1}+x_{m2}+\ldots+x_{mn} & = a_m
\end{array}
$$

$$
\begin{array}{lll}
\text{(ii)} & x_{11} \quad +x_{21} \quad +x_{m1} & = b_1 \\
 & x_{12} \quad +x_{22} \quad +x_{m2} & = b_2 \\
 & \quad\vdots & \quad\vdots \\
 & x_{1n} \quad +x_{2n} \quad +x_{mn} & = b_n
\end{array}
$$

Abb. 6-7: *Restriktionen (i) und (ii) des Standardmodells 6-1 in expliziter Form*

Aufgrund der Gleichgewichtsbedingung folgt, daß sich jede Restriktion vom Typ (i) darstellen läßt als Differenz aus der Summe der Restriktionen vom Typ (ii) und der Summe der restlichen Restriktionen vom Typ (i), bzw. daß sich auch jede Restriktion vom Typ (ii) in analoger Weise ergibt. So erhält man z.B. die letzte Restriktion vom Typ (ii) aus Abb. 6-8, indem man die Summe der Restriktionen vom Typ (i)

$$x_{11} + x_{12} + x_{13} + x_{14} + x_{21} + x_{22} + x_{23} + x_{24} + x_{31} + x_{32} + x_{33} + x_{34} = 15$$

(i) $x_{11}+x_{12}+x_{13}+x_{14}$ $= 4$

          $x_{21}+x_{22}+x_{23}+x_{24}$ $= 7$

                  $x_{31}+x_{32}+x_{33}+x_{34} = 4$

- -

(ii) x_{11} $+x_{21}$ $+x_{31}$ $= 2$

     x_{12} $+x_{22}$ $+x_{32}$ $= 6$

     x_{13} $+x_{23}$ $+x_{33}$ $= 4$

     x_{14} $+x_{24}$ $+x_{34} = 3$

*Abb. 6-8: Restriktionen (i) und (ii) des Standardmodells 6-2
(Beispiel 6) in expliziter Form*

ferner die Summe der übrigen Restriktionen vom Typ (ii)

$$x_{11} + x_{12} + x_{13} + x_{21} + x_{22} + x_{23} + x_{31} + x_{32} + x_{33} = 12$$

bestimmt und hieraus die Differenz berechnet

$$\begin{aligned}
x_{11} + x_{12} + x_{13} + x_{14} + x_{21} + x_{22} + x_{23} + x_{24} + x_{31} + x_{32} + x_{33} + x_{34} &= 15 \\
-(x_{11} + x_{12} + x_{13} \qquad\;\; + x_{21} + x_{22} + x_{23} \qquad\;\; + x_{31} + x_{32} + x_{33} \qquad &= 12) \\
\hline
x_{14} \qquad\qquad\qquad\quad + x_{24} \qquad\qquad\qquad\quad + x_{34} &= 3.
\end{aligned}$$

Jede Restriktion vom Typ (i) und Typ (ii) ist also eine Linearkombination
der übrigen Restriktionen, und folglich kann jede beliebige dieser Restriktionen als redundant angesehen und gestrichen werden. Für das durch die Restriktionen (i) und (ii) erzeugte Gleichungssystem von Modell 6-1 heißt das,
daß es höchstens den Rang m+n-1 besitzt. Eine subtilere Untersuchung zeigt,
daß dieses System genau den Rang m+n-1 besitzt. Da somit eine Restriktion
redundant ist, kann ohne Einschränkung z.B. die letzte gestrichen werden.

Anstelle des Standardmodells 6-1 genügt es, im folgenden das sogenannte reduzierte Standardmodell zu betrachten:

$$z = \sum_{i=1}^{m} \sum_{j=1}^{n} c_{ij}x_{ij} = \text{Min!}$$

unter den Restriktionen

$$(i) \quad \sum_{j=1}^{n} x_{ij} = a_i \qquad i = 1, 2, \ldots, m$$

- 150 -

$$\text{(ii)} \quad \sum_{i=1}^{m} x_{ij} = b_j \qquad j = 1, 2, \ldots, n-1$$

$$\text{(iii)} \quad x_{ij} \geqq 0 \qquad \begin{array}{l} i = 1, 2, \ldots, m \\ j = 1, 2, \ldots, n \end{array}$$

Modell 6-3: Reduziertes Standardmodell zum allgemeinen klassischen Transportproblem

Als reduziertes Standardmodell zu Beispiel 6 ergibt sich aus Modell 6-2:

$$z = 2x_{11} + 3x_{12} + 4x_{13} + x_{14} + 5x_{21} + 4x_{22} + 2x_{23} + 3x_{24}$$
$$+ 4x_{31} + 2x_{32} + 8x_{33} + 6x_{34} = \text{Min!}$$

unter den Restriktionen

(i)   R1: $x_{11} + x_{12} + x_{13} + x_{14} = 4$
       R2: $x_{21} + x_{22} + x_{23} + x_{24} = 7$
       R3: $x_{31} + x_{32} + x_{33} + x_{34} = 4$

(ii)   R4: $x_{11} + x_{21} + x_{31} = 2$
       R5: $x_{12} + x_{22} + x_{32} = 4$
       R6: $x_{13} + x_{23} + x_{33} = 6$

(iii) $x_{ij} \geqq 0 \qquad \begin{array}{l} i = 1, 2, 3 \\ j = 1, 2, 3, 4 \end{array}$

Modell 6-4: Reduziertes Standardmodell mit Restriktionsbezeichungen zum klassischen Transportproblem aus Beispiel 6

Da sich - in Analogie zu Satz 2-1 - jede Lösung des aus den Restriktionen (i) und (ii) des reduzierten Standardmodells 6-3 bestehenden Gleichungssystems mit m+n-1 Gleichungen und m·n Variablen mittels eines unabhängigen Systems von m·n-(m+n-1) Variablen darstellen läßt, gilt bzgl. der Basislösungen des reduzierten Standardmodells:

Satz 6-1

Ein bzgl. des reduzierten Standardmodells 6-3 zulässiger Punkt, d.h. ein Punkt, der den Restriktionen (i) - (iii) des reduzierten Standardmodells genügt, ist eine Basislösung, wenn er m·n-(m+n-1) unabhängige Variablen mit dem Wert Null besitzt.

Da die m·n-(m+n-1) unabhängigen Variablen als Nichtbasisvariablen, die übrigen m+n-1 Variablen als Basisvariablen bezeichnet werden, folgt:

Satz 6-2
Jede Basislösung des reduzierten Standardmodells 6-3 enthält m+n-1 Basisvariablen.

Bzgl. des reduzierten Standardmodells 6-4 (Beispiel 6) heißt das, daß jede Basislösung sechs Basisvariablen enthält. Vergleicht man dies mit der in Kapitel 6.1.1.3 wiedergegebenen Optimallösung zum Modell 6-2 (Beispiel 6), die sieben Basisvariablen enthält, so erkennt man, daß lediglich die sechs Problembasisvariablen von Interesse sind, die siebte Basisvariable, die sich aus CONSTRAINTS ergeben hatte, hat, da die zugehörigen Restriktionen vom Typ "EQ" ist, den Wert Null.

War bisher die spezielle Struktur der Nebenbedingungen kaum berücksichtigt worden, so ist es gerade diese, worauf der nachfolgende Satz, der von zentraler Bedeutung für den Transportalgorithmus ist, basiert:

Satz 6-3 (Hauptsatz zum klassischen Transportproblem)
Jede Basislösung des reduzierten Standardmodells 6-3 hat obere Dreiecksform, d.h. das aus den Restriktionen (i) und (ii) des reduzierten Standardmodells nach Streichen der zu den n·m-(m+n-1) Nichtbasisvariablen (mit dem Wert Null) gehörenden Spalten gewonnene Gleichungssystem mit m+n-1 Gleichungen und den m+n-1 Basisvariablen läßt sich durch geeignetes Vertauschen von Zeilen und Spalten in ein Gleichungssystem mit oberer Dreiecksform, d.h. ein System der Gestalt

$$d_{11}y_1 + d_{12}y_2 + \ldots + d_{1,m+n-1}\, y_{m+n-1} = \ell_1$$
$$d_{22}y_2 + \ldots + d_{2,m+n-1}\, y_{m+n-1} = \ell_2$$
$$\vdots$$
$$d_{m+n-1,m+n-1}y_{m+n-1} = \ell_{m+n-1}$$

bringen.

Die Bedeutung dieses Satzes liegt darin, daß sich die Basislösungen besonders leicht bestimmen lassen. Da die letzte Gleichung lediglich die Variable y_{m+n-1} enthält, ergibt sich der Wert durch eine einzige Division zu

$$y_{m+n-1} = \frac{l_{m+n-1}}{d_{m+n-1,m+n-1}}\,.$$

Setzt man diesen Wert in die übrigen Gleichungen ein und subtrahiert die dadurch entstandenen additiven Konstanten von den entsprechenden rechten Seiten, dann erhält man wieder ein System mit oberer Dreiecksform. Die letzte Gleichung enthält als einzige Variable y_{m+n-2}, und den zugehörigen Wert erhält man wieder durch eine einzige Division zu

$$y_{m+n-2} = \frac{1'_{m+n-2}}{d_{m+n-2,m+n-2}} \, ,$$

wenn $1'_{m+n-2}$ die neu berechnete rechte Seite bezeichnet. So fortfahrend lassen sich die Werte sämtlicher Basisvariablen einer Basislösung bestimmen.

Da die Koeffizienten der Variablen in den Restriktionen (i) und (ii) des reduzierten Standardmodells nur den Wert Null bzw. Eins haben, haben die d_{ij} einer oberen Dreiecksform auch entweder den Wert Null oder Eins, und somit ergibt sich unmittelbar der folgende Satz:

Satz 6-4
Sind sämtliche a_i und b_j ganzzahlig, dann ist auch jede Basislösung ganzzahlig und folglich auch die Optimallösung.

Im Falle der Ganzzahligkeit der a_i und b_j ist also die Optimallösung von selbst ganzzahlig, d.h. die Zusatzforderung der Ganzzahligkeit ist in diesem Falle redundant.

Zwei Gründe lassen sich dafür anführen, zur Lösung des klassischen Transportproblems nach speziellen Algorithmen zu suchen; zum ersten, daß recht kleine Probleme bereits umfangreiche Tableaus erzeugen, zum zweiten, die Dreiecksgestalt der Basislösungen.

Im Jahre 1951 veröffentlichte Dantzig den Transportalgorithmus, eine auf der Dreiecksform der Basen beruhende Spezialisierung des Simplexalgorithmus, die darüberhinaus noch mit wesentlich kleineren Tableaus arbeitet als der gewöhnliche Simplexalgorithmus.

Ordnet man nämlich jedem Feld eines Kostenkoeffizienten c_{ij} aus Abb. 6-2 noch die entsprechende Variable x_{ij} zu, dann läßt sich das Standardmodell 6-1 zum allgemeinen klassischen Transportproblem in äußerst kompakter Form darstellen, wie Abb. 6-9 zeigt.

Die Zielfunktion ist hierbei durch die Felder mit den Angaben c_{ij} und x_{ij} gegeben, die Restriktionen vom Typ (i) durch die Zeilen und die Restriktionen vom Typ (ii) durch die Spalten.

c_{11} x_{11}	c_{12} x_{12}	c_{13} x_{13}	....	c_{1n} x_{1n}	a_1
c_{21} x_{21}	c_{22} x_{22}	c_{23} x_{23}	....	c_{2n} x_{2n}	a_2
c_{m1} x_{m1}	c_{m2} x_{m2}	c_{m3} x_{m3}	....	c_{mn} x_{mn}	a_m
b_1	b_2	b_3	....	b_n	

Abb. 6-9: Kompaktdarstellung des Standardmodells 6-1 zum allgemeinen klassischen Transortproblem

Bzgl. Beispiel 6 ergibt sich folgende Kompaktform:

2 x_{11}	3 x_{12}	4 x_{13}	1 x_{14}	4
5 x_{21}	4 x_{22}	2 x_{23}	3 x_{24}	7
4 x_{31}	2 x_{32}	8 x_{33}	6 x_{34}	4
2	4	6	3	

Abb. 6-10: Kompaktdarstellung des Standardmodells 6-2 zum klassischen Transportproblem aus Bei- spiel 6

Wie bereits mehrfach erwähnt, stellt der Transportalgorithmus eine Spezialisierung des Simplexalgorithmus dar und benötigt deshalb - wie der allgemeine Simplexalgorithmus - als Ausgangspunkt eine Basislösung. Im Gegensatz zu allgemeinen linearen Optimierungsproblemen jedoch, bei denen die Bestimmung einer Basislösung häufig recht aufwendig ist, bietet die Bestimmung einer Basislösung für das klassische Transportproblem keine Schwierigkeiten.

Alle Methoden zur Bestimmung einer Ausgangsbasis basieren auf der folgenden Vorgehensweise:

Einem vorgegebenen Kriterium K entsprechend wählt man ein Indexpaar (i_0, j_0) und ordnet der Variablen $x_{i_0 j_0}$ einen möglichst großen Wert zu, d.h. man setzt

$$x_{i_0 j_0} = \min \, (a_{i_0}, b_{j_0}).$$

Ist $a_{i_0} < b_{j_0}$, dann setzt man $x_{i_0 j} = 0$ für $j \neq j_0$ und streicht die i_0-te Zeile. Man ersetzt ferner b_{j_0} durch $b_{j_0} - a_{i_0}$ und wählt in dem reduzierten Tableau dem vorgegebenen Kriterium K gemäß ein neues Indexpaar.

Ist $b_{j_0} < a_{i_0}$, dann setzt man $x_{i j_0} = 0$ für $i \neq i_0$ und streicht die j_0-te Spalte. Man ersetzt ferner a_{i_0} durch $a_{i_0} - b_{j_0}$ und wählt in dem reduzierten Tableau dem vorgegebenen Kriterium K gemäß ein neues Indexpaar.

Ist $a_{i_0} = b_{j_0}$, dann setzt man entweder die restlichen Variablen der i_0-ten Zeile oder der j_0-ten Spalte gleich Null und streicht die entsprechende Zeile bzw. Spalte. Sind mehrere Zeilen, aber nur eine Spalte vorhanden, dann streicht man die Zeile i_0, im umgekehrten Falle streicht man die Spalte j_0. Anschließend wählt man dem vorgegebenen Kriterium K gemäß ein neues Indexpaar.

Da in der "Kompaktdarstellung" jede Zeile und jede Spalte eine Restriktion des klassischen Transportproblems beinhaltet, wird durch diese Vorgehensweise ein Dreieckssystem mit $m+n-1$ nicht negativen Variablen konstruiert, nach dem Fundamentalsatz für das klassische Transportproblem handelt es sich hierbei um eine Basislösung.

Durch Spezifizierung des Auswahlkriteriums K erhält man zur Bestimmung einer Ausgangsbasis die

. <u>Nordwesteckenregel</u>

Man wählt stets das Indexpaar (i_0, j_0), wobei die Zeile i_0 die erste Zeile, die Spalte j_0 die erste Spalte des Ausgangstableaus bzw. des gerade vorliegenden Tableaus angibt.

. <u>Regel der geringsten Kosten</u>

Man wählt stets ein Indexpaar (i_0, j_0) mit minimalem Kostenkoeffizienten bzgl. des Ausgangstableaus bzw. des gerade vorliegenden Tableaus.

Anhand von Beispiel 6 sollen die Nordwesteckenregel und die Regel der geringsten Kosten explizit erläutert werden. Es soll ferner die Dreiecksform dieser Basen angegeben werden, wobei zu bemerken ist, daß diese Dreiecksform wie auch der Fundamentalsatz selbst von keinem Lösungsalgorithmus explizit verwendet wird, sondern lediglich die Kenntnis, daß die obige Vorgehensweise - durch die implizit gerade Systeme mit oberer Dreiecksform bestimmt werden - Basen erzeugt. Die Angabe der entsprechenden Dreiecksformen soll hier lediglich zum besseren Verständnis des Fundamentalsatzes dienen.

Ausgangspunkt ist die Kompaktdarstellung des klassischen Transportproblems zu Beispiel 6 aus Abb. 6-10:

2 x_{11}	3 x_{12}	4 x_{13}	1 x_{14}	4
5 x_{21}	4 x_{22}	2 x_{23}	3 x_{24}	7
4 x_{31}	2 x_{32}	8 x_{33}	6 x_{34}	4
2	4	6	3	

Faßt man - einer übersichtlichen Handhabung wegen - die x_{ij}, die a_i und die b_j in einem Mengentableau sowie die c_{ij} in einem Kostentableau zusammen, dann ergeben sich aus der obigen Kompaktdarstellung die beiden folgenden Tableaus:

x_{11} x_{12} x_{13} x_{14}	4
x_{21} x_{22} x_{23} x_{24}	7
x_{31} x_{32} x_{33} x_{34}	4
2 4 6 3	

2	3	4	1
5	4	2	3
4	2	8	6

Abb. 6-11: Mengen- und Kostentableau zum klassischen Transportproblem aus Beispiel 6

Diese Aufspaltung in zwei Tableaus ist darüberhinaus auch deshalb vorteilhaft, weil Eintragungen lediglich im Mengentableau vorgenommen werden, wohingegen das Kostentableau unverändert bleibt. Da der Transportalgorithmus ein spezieller Simplexalgorithmus ist, treten - wie bei diesem - im Laufe der Berechung nur Basislösungen auf. Hierfür aber genügt es, wenn man im Mengentableau lediglich die den m+n-1 Basisvariablen entsprechenden Werte einträgt, für die Nichtbasisvariablen wird keine Eintragung benötigt, denn diese haben bekanntlich den Wert Null.

Mittels der <u>Nordwesteckenregel</u> erhält man das in Abb. 6-12 wiedergegebene
Mengentableau,

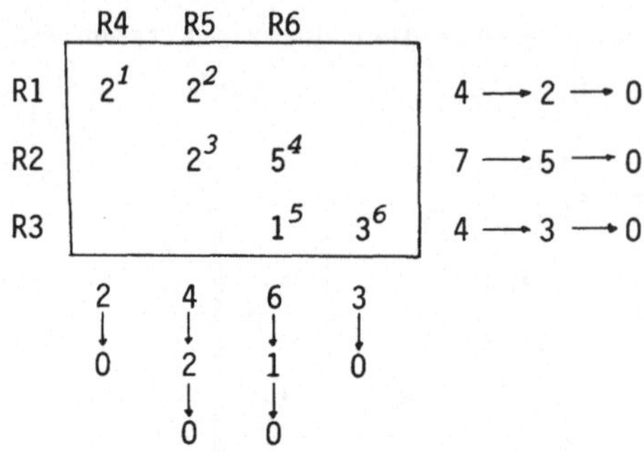

Abb. 6-12: Mengentableau zu der nach der Nordwesteckenregel bestimmten Basislösung zum
klassischen Transportproblem aus Beispiel 6

wobei R1, R2, ..., R6 die in Modell 6-4 verwendeten Restriktionsbezeichnungen
bzgl. des reduzierten Standardmodells zum klassischen Transportproblem aus
Beispiel 6 sind, die Indizes oberhalb der Werte der Basisvariablen die Reihenfolge zum Ausdruck bringen, in der die Basisvariablen bestimmt werden
und die Angaben rechts von den a_i bzw. unterhalb der b_j die durch die Bestimmung der Basisvariablen bedingten Modifikationen der rechten Seiten anzeigen.

Als Basisvariablen mit den zugehörigen Werten ergeben sich

$$x_{11} = 2 \qquad x_{12} = 2 \qquad x_{22} = 2$$
$$x_{23} = 5 \qquad x_{33} = 1 \qquad x_{34} = 3.$$

Da die übrigen Variablen als Nichtbasisvariablen sämtlich den Wert Null haben, lassen sich die Restriktionen (i) und (ii) des reduzierten Standardmodells 6-4 auf die in Abb. 6-13 gezeigten einschränken. Durch Vertauschen von
Zeilen und Spalten ergibt sich hieraus das in Abb. 6-14 wiedergegebene System mit oberer Dreiecksform.

Die Lösung dieses Systems liefert natürlich die aus Abb. 6-12 bereits bekannten Werte.

$$R1: \quad x_{11} + x_{12} \qquad\qquad\qquad = 4$$

$$R2: \qquad\qquad x_{22} + x_{23} \qquad\qquad = 7$$

$$R3: \qquad\qquad\qquad\qquad x_{33} + x_{34} = 4$$

$$R4: \quad x_{11} \qquad\qquad\qquad\qquad = 2$$

$$R5: \qquad\quad x_{12} + x_{22} \qquad\qquad = 4$$

$$R6: \qquad\qquad\qquad x_{23} + x_{33} \qquad = 6$$

Abb. 6-13: Einschränkung der Restriktionen (i) und (ii)
des reduzierten Standardmodells 6-4 (Beispiel 6)
auf die nach der Nordwesteckenregel bestimmten
Basisvariablen aus Abb. 6-12

$$R3: \quad x_{34} + x_{33} \qquad\qquad\qquad = 4$$

$$R6: \qquad\quad x_{33} + x_{23} \qquad\qquad = 6$$

$$R2: \qquad\qquad\quad x_{23} + x_{22} \qquad = 7$$

$$R5: \qquad\qquad\qquad x_{22} + x_{12} \quad = 4$$

$$R1: \qquad\qquad\qquad\qquad x_{12} + x_{11} = 4$$

$$R4: \qquad\qquad\qquad\qquad\qquad x_{11} = 2$$

Abb. 6-14: Obere Dreiecksform zu der nach der Nordwest-
eckenregel bestimmten Basislösung aus Abb. 6-12
(Beispiel 6)

Die <u>Regel der geringsten Kosten</u> erzeugt das in Abb. 6-15 dargestellte Mengentableau mit den zur Nordwesteckenregel analogen Angaben.

Als Basisvariablen mit den zugehörigen Werten erhält man:

$$x_{11} = 1 \qquad x_{14} = 3 \qquad x_{21} = 1$$
$$x_{22} = 0 \qquad x_{23} = 6 \qquad x_{32} = 4.$$

Es sei bemerkt, daß die Variable x_{22}, obwohl sie den Wert Null hat, im Tableau einen Eintrag erhalten muß, da es sich um eine Basisvariable handelt.

Die Einschränkung der Restriktionen des reduzierten Standardmodells 6-4 auf die Basisvariablen liefert das in Abb. 6-16 wiedergegebene System, das sich nach Vertauschen von Zeilen und Spalten in das in Abb. 6-17 enthaltene System mit oberer Dreiecksform überführen läßt.

Die Lösung dieses Systems liefert wieder die aus Abb. 6-15 bereits bekannten

Werte.

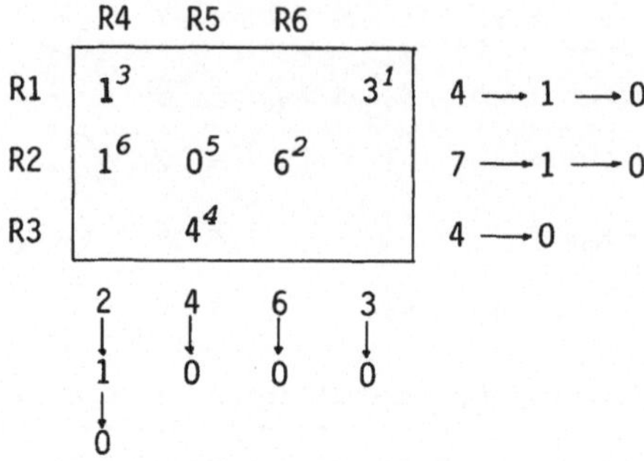

Abb. 6-15: Mengentableau zu der nach der Regel der
geringsten Kosten bestimmten Basislösung
zum klassischen Transportproblem aus
Beispiel 6

$$R1: \quad x_{11} + x_{14} \qquad\qquad\qquad = 4$$

$$R2: \qquad\qquad x_{21} + x_{22} + x_{23} \qquad = 7$$

$$R3: \qquad\qquad\qquad\qquad\qquad x_{32} = 4$$

$$R4: \quad x_{11} \qquad + x_{21} \qquad\qquad = 2$$

$$R5: \qquad\qquad\qquad x_{22} \qquad + x_{32} = 4$$

$$R6: \qquad\qquad\qquad\qquad x_{23} \qquad = 6$$

Abb. 6-16: Einschränkung der Restriktionen (i) und (ii)
des reduzierten Standardmodells 6-4 (Beispiel 6) auf die nach der Regel der geringsten
Kosten bestimmten Basisvariablen aus Abb. 6-15

$$R1: \quad x_{14} + x_{11} \qquad\qquad\qquad = 4$$

$$R4: \qquad\qquad x_{11} + x_{21} \qquad\qquad = 2$$

$$R2: \qquad\qquad\qquad x_{21} + x_{22} + x_{23} \qquad = 7$$

$$R5: \qquad\qquad\qquad\qquad x_{22} \qquad + x_{32} = 4$$

$$R6: \qquad\qquad\qquad\qquad\qquad x_{23} \qquad = 6$$

$$R3: \qquad\qquad\qquad\qquad\qquad\qquad x_{32} = 4$$

Abb. 6-17: Obere Dreiecksform zu der nach der Regel der
geringsten Kosten bestimmten Basislösung aus
Abb. 6-15 (Beispiel 6)

Die Vorgehensweise beim Transportalgorithmus entspricht genau der des Simplexalgorithmus, d.h. ausgehend von einer Basislösung geht man - unter Beachtung der Vorschrift, daß der Wert der Zielfunktion nicht steigt - so lange von einer Basislösung zur anderen Basislösung über, bis keine Kostenreduktion mehr möglich ist. Aufgrund der Dreiecksgestalt der Basislösungen beim klassischen Transportproblem gestaltet sich der Übergang von einer Basislösung zur anderen besonders einfach und kann in Anlehnung an die Problemstellung als Umverteilung, der eine Basislösung entspricht, interpretiert werden.

Besonders elegant ist die Vorgehensweise zur Darstellung der Zielfunktion in Abhängigkeit von den Nichtbasisvariablen. Diese Darstellung ist deshalb von Bedeutung, da sich ihr entnehmen läßt, ob noch ein weiterer Austauschschritt mit Kostenreduktion möglich ist, oder ob die vorliegende Basislösung optimal ist (vgl. Satz 2-7 (Auswahlregel) und Satz 2-8 (Optimalitätskriterium)). Da das Verständnis dieser Vorgehensweise subtilere Untersuchungen voraussetzt, soll auf eine Beschreibung verzichtet werden.

Ausgehend von den oben bestimmten Basislösungen sollen nun Basisaustauschschritte durchgeführt werden, wobei die beiden folgenden Fragen außer acht gelassen werden sollen, nämlich

. wie eine Variable bestimmt wird, die eine Umverteilung mit Kostenreduktion bewirkt und

. wie erkannt wird, ob ein Transportplan optimal ist.

Aus dem Kostentableau sowie dem Mengentableau mit der nach der Nordwesteckenregel bestimmten Ausgangsbasis

2	3	4	1
5	4	2	3
4	2	8	6

2	2			4
	2	5		7
		1	3	4
2	4	6	3	

Abb. 6-18: Kostentableau sowie Mengentableau zu der nach der Nordwesteckenregel bestimmten Basislösung aus Abb. 6-12 (Beispiel 6)

erhält man den zugehörigen Wert der Zielfunktion zu

$$z = 2 \cdot 2 + 3 \cdot 2 + 4 \cdot 2 + 2 \cdot 5 + 8 \cdot 1 + 6 \cdot 3 = 54.$$

Im folgenden soll - ausgehend von der durch die Nordwesteckenregel bestimmten Basislösung - eine Umverteilung vorgenommen werden, die eine Belieferung des Verbrauchers V_2 durch den Produzenten P_3 vorsieht. Eine Belieferung von Verbraucher V_2 durch Produzent P_3 hat zur Folge, daß die Variable x_{32} einen Wert größer Null annimmt. Um eine möglichst optimale Wahl für den Wert der Variablen x_{32} vornehmen zu können, trägt man diesen zunächst allgemein mit d im Mengentableau ein. Für positive d ist aber die durch die zweite Spalte gegebene Restriktion verletzt. Man subtrahiert deshalb d vom Wert der Variablen x_{22}. Dann ist aber die durch die zweite Zeile gegebene Restriktion nicht mehr erfüllt, und man addiert deshalb d zum Wert der Variablen x_{23}. So fortfahrend, wobei in jeder Zeile und jeder Spalte entweder keine Eintragung enthalten ist, oder aber - durch Addition und Subtraktion von d - zwei Eintragungen vermerkt werden, ergibt sich das in Abb. 6-19 wiedergegebene "d-Tableau" bzgl. der Variablen x_{32}.

<table>
<tr><td>2</td><td>2</td><td></td><td></td><td>4</td></tr>
<tr><td></td><td>2-d</td><td>5+d</td><td></td><td>7</td></tr>
<tr><td></td><td>ⓓ</td><td>1-d</td><td>3</td><td>4</td></tr>
<tr><td>2</td><td>4</td><td>6</td><td>3</td><td></td></tr>
</table>

Abb. 6-19: "d-Tableau" bzgl. der Variablen x_{32}, ausgehend von der nach der Nordwesteckenregel bestimmten Basislösung aus Abb. 6-12 (Beispiel 6)

In diesem Tableau sind sämtliche Zeilen- und Spaltenbilanzen erfüllt. Da hierzu lediglich Basisvariablen verwendet wurden, hat sich eine Abhängigkeit der Ausgangsbasis von der Nichtbasisvariablen x_{32} ergeben, durch die sich leicht ein Basiswechsel herleiten läßt. Wählt man nämlich d so groß, daß - unter Beachtung der Nichtnegativitätsbedingung bzgl. der x_{ij} - mindestens eine Variable der Ausgangsbasis den Wert Null annimmt, dann hat sich ein Basiswechsel vollzogen, denn eine dieser Variablen hat die Ausgangsbasis verlassen, und die Variable x_{32} hat mit dem Wert d ihren Platz eingenommen. Wie aus Abb. 6-19 zu entnehmen ist, kann d maximal Eins sein, da hierfür x_{33} den Wert Null annimmt, während die übrigen Basisvariablen nicht negativ bleiben. Die Variable x_{33} verläßt folglich die Basis und an ihre Stelle tritt die Variable x_{32}. Diese soeben beschriebene Vorgehensweise stellt gerade einen Basiswechsel des auf das Transportproblem zugeschnittenen allgemeinen Simplexalgorithmus dar.

Bevor man explizit die neue Basis bestimmt, untersucht man am zweckmäßigsten,
ob diese eine Kostenreduktion bewirkt. Zu diesem Zweck bestimmt man wieder
die Zielfunktion in Abhängigkeit von d. Aus dem "d-Tableau" von Abb. 6-19
in Verbindung mit dem Kostentableau erhält man hierfür

$$z(d) = 2 \cdot 2 + 3 \cdot 2 + 4(2-d) + 2(5-d) + 2 \cdot d + 8(1-d) + 6 \cdot 3$$
$$= 54 - 8d.$$

Wegen

$$z(d) = 54 - 8d < 54 \qquad \text{für } d > 0$$

wird durch den Basiswechsel also eine Kostenreduktion erreicht. Als neues
Mengentableau erhält man:

<pre>
2   2   4

      1   6   7

      1   3 | 4

2   4   6   3
</pre>

Abb. 6-20: *Basislösung nach Aufnahme der Variablen*
x_{32} in die Basis, ausgehend von der nach
der Nordwesteckenregel bestimmten Basis-
lösung aus Abb. 6-12 (Beispiel 6)

Der zugehörige Zielfunktionswert ergibt sich zu

$$z = 46.$$

Die obigen Ausführungen gestatten, bzgl. der in die Basis aufzunehmenden
Variablen sowie der Optimalität, die beiden folgenden evidenten Aussagen:

. Eine in die Basis eintretende Variable bewirkt höchstens dann eine Kostenreduktion, wenn bei Darstellung der Zielfunktion in Abhängigkeit vom Variablenwert d gilt

$$z(d) = c + n \cdot d \qquad \text{mit } n < 0.$$

. Eine Basislösung ist optimal, wenn bei Darstellung der Zielfunktion in
  Abhängigkeit vom Variablenwert d für jede in die Basis eintretende Variable gilt

$$z(d) = c + n \cdot d \qquad \text{mit } n \geq 0, d \geq 0 \text{ bzw. } n < 0, d = 0.$$

Das in Abb. 6-21 wiedergegebene Mengentableau

<table>
<tr><td>2</td><td></td><td>2</td><td>4</td></tr>
<tr><td>0</td><td>6</td><td>1</td><td>7</td></tr>
<tr><td>4</td><td></td><td></td><td>4</td></tr>
<tr><td>2</td><td>4</td><td>6 3</td><td></td></tr>
</table>

Abb. 6-21: *Optimale Basislösung zum klassischen Transportproblem aus Beispiel 6*

mit dem Zielfunktionswert

$$z = 29$$

ist optimal, denn ein Basiswechsel liefert für die Zielfunktion stets

$$z(d) = 29 + n \cdot d \qquad \text{mit } n, d \geqq 0.$$

Aus der nach der Regel der geringsten Kosten bestimmten Ausgangsbasis

<table>
<tr><td>2</td><td>3</td><td>4</td><td>1</td></tr>
<tr><td>5</td><td>4</td><td>2</td><td>3</td></tr>
<tr><td>4</td><td>2</td><td>8</td><td>6</td></tr>
</table>

<table>
<tr><td>1</td><td></td><td>3</td><td>4</td></tr>
<tr><td>1</td><td>0</td><td>6</td><td>7</td></tr>
<tr><td>4</td><td></td><td></td><td>4</td></tr>
<tr><td>2</td><td>4</td><td>6 3</td><td></td></tr>
</table>

Abb. 6-22: *Kostentableau sowie Mengentableau zu der nach der Regel der geringsten Kosten bestimmten Basislösung aus Abb. 6-15 (Beispiel 6)*

ergibt sich als Wert der Zielfunktion

$$z = 2 \cdot 1 + 1 \cdot 3 + 5 \cdot 1 + 4 \cdot 0 + 2 \cdot 6 + 2 \cdot 4 = 30.$$

Eine Belieferung des Verbrauchers V_4 durch den Produzenten P_2 bedeutet, daß die Variable x_{24} in die Basis aufgenommen werden soll. Das erhaltene "d-Tableau" ist in Abb. 6-23 wiedergegeben. Der zugehörige Wert der Zielfunktion in Abhängigkeit von d ergibt sich zu

$$z(d) = 30 + 2 \cdot d - d - 5 \cdot d + 3 \cdot d = 30 - d,$$

woraus sich wegen $d \geqq 0$ unmittelbar entnehmen läßt, daß die Aufnahme der Variablen x_{24} in die Basis keinesfalls eine Kostensteigerung beinhaltet. Aus

$$
\begin{array}{|cccc|c}
\hline
1+d & & & 3-d & 4 \\
1-d & 0 & 6 & \textcircled{d} & 7 \\
& & 4 & & 4 \\
\hline
\end{array}
$$

$$
\begin{array}{cccc}
2 & 4 & 6 & 3
\end{array}
$$

Abb. 6-23: "d-Tableau" bzgl. der Variablen x_{24},
ausgehend von der nach der Regel der
geringsten Kosten bestimmten Basislösung
aus Abb. 6-15 (Beispiel 6)

dem "d-Tableau" von Abb. 6-23 entnimmt man, daß d maximal Eins sein kann;
hierfür nämlich wird der Wert von x_{21} Null, während die übrigen Basisvariablen weiterhin nicht negativ bleiben. Die Variable x_{21} verläßt folglich die
Basis, und an ihre Stelle tritt die Variable x_{24}. Als zugehöriges Mengentableau erhält man

$$
\begin{array}{|cccc|c}
\hline
2 & & & 2 & 4 \\
& 0 & 6 & 1 & 7 \\
& & 4 & & 4 \\
\hline
\end{array}
$$

$$
\begin{array}{cccc}
2 & 4 & 6 & 3
\end{array}
$$

Abb. 6-24: Basislösung nach Aufnahme der Variablen x_{24}
in die Basis, ausgehend von der nach der Regel
der geringsten Kosten bestimmten Basislösung
aus Abb. 6-15 (Beispiel 6)

Der Wert der Zielfunktion ergibt sich zu

$$z = 29.$$

Ausgehend von der Basis, die nach der Regel der geringsten Kosten erstellt
wurde, hat sich die in Abb. 6-21 wiedergegebene Optimallösung also durch
eine einzige Umverteilung ergeben.

Die Nordwesteckenregel liefert im allgemeinen schlechtere Ausgangsbasen als
die Regel der geringsten Kosten; denn im Gegensatz zur letzteren ordnet die
Nordwesteckenregel sämtlichen Problemen gleicher Dimension, die in den a_i
und b_j übereinstimmen, ein und dieselbe Ausgangsbasis zu, da nämlich die Zielfunktion bei der Erstellung der Ausgangsbasis völlig außer acht gelassen wird.

6.1.2 Umladetransportproblem

Beim klassischen Transportproblem sind lediglich direkte Transporte von den
Produzenten zu den Verbrauchern erlaubt. In der Praxis jedoch führen Transporte meist über Zwischenstationen, die häufig als Umschlagplätze dienen.
Das im folgenden beschriebene Umladetransportproblem geht auf A. ORDEN zurück. Es beruht auf einer Gleichgewichtsrelation bzgl. eines jeden Ortes,
nämlich daß für jeden Ort die Summe der ankommenden sowie selbst produzierten Mengeneinheiten (ME) übereinstimmen mit der Summe der weitergeleiteten
sowie selbst verwendeten Mengeneinheiten.

6.1.2.1 Einführendes Beispiel

Beispiel 7

Von neun Orten enthalten die Orte eins und drei die Produzenten P_1 und P_3,
die Orte vier und fünf die Verbraucher V_4 und V_5, während die Orte zwei,
sechs, sieben, acht und neun mit U_2, U_6, U_7, U_8 und U_9 reine Umschlagplätze
darstellen. Die Orte vier und fünf, die die Verbraucher V_4 und V_5 beherber-
gen, können ebenfalls als Umschlagplätze benutzt werden. Im einzelnen erzeugen die Produzenten P_1 und P_3 jeweils 10 ME, die Verbraucher V_4 und V_5
benötigen jeweils 5 bzw. 15 ME eines Gutes. Die verfügbaren Verbindungswege
mit den Transportkosten für eine Einheit sowie die bereits angeführten Angaben bzgl. Produktionsumfang und Produktionsnachfrage sind in dem in Abb.
6-25 wiedergegebenen Netzwerk enthalten (vgl. BURKARD, S. 82).

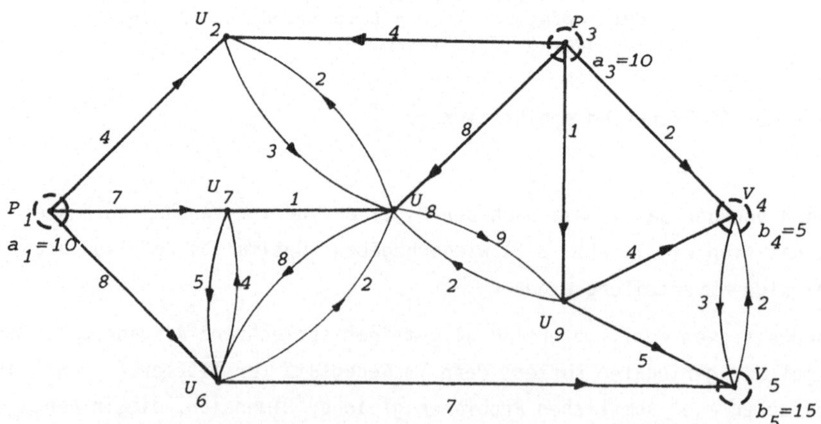

*Abb. 6-25: Netzwerk mit Angaben bzgl. Produzenten, Verbrauchern und
Umschlagplätzen sowie Verbindungswegen und Transportkosten
zu Beispiel 7*

Die Aufgabe besteht nun darin - unter Beachtung von Produktionsumfang und Produktionsnachfrage sowie der Gleichgewichtsrelation bzgl. eines jeden Ortes, nämlich daß die Summe der ankommenden sowie selbst produzierten Mengeneinheiten übereinstimmt mit der Summe der weitergeleiteten sowie selbst verwendeten Mengeneinheiten - einen Transportplan mit minimalen Gesamtkosten zu erstellen.

Vor der Formulierung dieses Beispiels als Aufgabe der linearen Optimierung und deren Lösung mittels eines Standardprogrammpaketes soll allgemein auf die Problemstellung sowie das Standardmodell zum Umladetransportproblem eingegangen werden.

6.1.2.2 Allgemeine Problemstellung und Standardmodell zum Umladetransportproblem

Das Umladetransportproblem kann allgemein folgendermaßen formuliert werden:

Von den Orten $O(i)$, $i = 1, 2, \ldots, 1$, enthalten die Orte $O(m)$, $m \in M$ mit $M \subset \{1,2,\ldots,1\}$ die Produzenten P_m, die Orte $O(n)$, $n \in N$ mit $N \subset \{1,2,\ldots,1\}$ die Verbraucher V_n, während die übrigen Orte $O(k)$ als reine Umschlagsorte U_k dienen. Sowohl die Produktions- als auch die Verbrauchszentren können zugleich Verbrauchs- bzw. Produktionszentren oder Umschlagplätze sein. Von den Produzenten P_m, $m \in M$, sowie den Verbrauchern V_n, $n \in N$, seien der Produktionsumfang zu a_m ME und die Produktionsnachfrage zu b_n ME bekannt. Die verfügbaren Verbindungswege zwischen den Orten $O(i)$ und $O(j)$ mit den Trans-

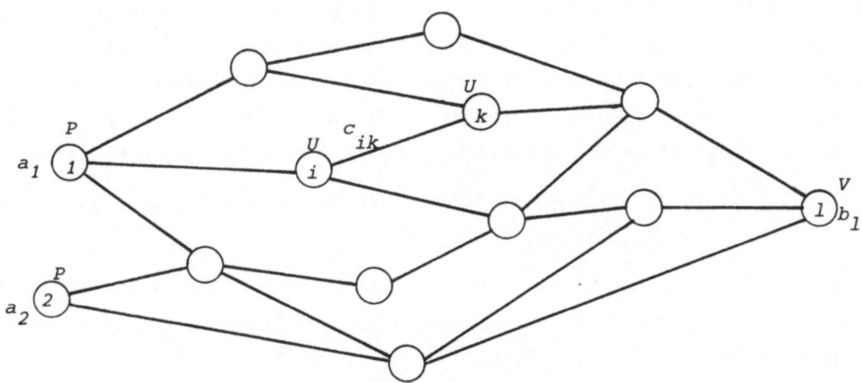

Abb. 6-26: Netzwerk mit Angaben bzgl. Produzenten, Verbrauchern und Umschlagplätzen sowie Verbindungswegen und Transportkosten zum allgemeinen Umladetransportproblem

portkosten zu c_{ij} Geldeinheiten pro ME sowie die bereits angeführten Angaben bzgl. Produktionsumfang und Produktionsnachfrage sind in dem in Abb. 6-26 dargestellten Netzwerk enthalten.

Neben der Gleichgewichtsbedingung

$$\sum_{m \in M} a_m = \sum_{n \in N} b_n,$$

d.h. der gesamte Produktionsumfang stimmt mit der gesamten Produktionsnachfrage überein, sei ferner die Gleichgewichtsrelation bzgl. eines jeden Ortes erfüllt, nämlich daß die Summe der ankommenden sowie selbst produzierten Mengeneinheiten übereinstimmt mit der Summe der weitergeleiteten sowie selbst verwendeten Mengeneinheiten.

Die Aufgabe besteht dann darin, einen Transportplan mit minimalen Gesamtkosten zu erstellen, der den folgenden Bedingungen genügt:

(i)   der Produktionsumfang eines jeden Produzenten wird ausgeschöpft,

(ii)   die Nachfrage eines jeden Verbrauchers wird befriedigt,

(iii) die Transportvolumina sind nicht negativ.

Zur Herleitung des entsprechenden mathematischen Modells ist es zweckmäßig - wie es bereits in der Problemstellung zum Ausdruck kam - Produzenten, Verbraucher und Umschlagplätze unter dem Begriff "Orte" zusammenzufassen. Ordnet man dann jedem dieser Orte $O(i)$ seinen Produktionsumfang a_i und seine Produktionsnachfrage b_i zu - eine bzw. beide dieser Angaben können gleich Null sein, je nachdem ob es sich um einen Produzenten bzw. Verbraucher oder aber um reine Umschlagplätze handelt - so besteht zwischen Produzenten, Verbrauchern und Umschlagplätzen rein formal kein Unterschied. Ergänzt man - zum Zwecke einer übersichtlicheren Formulierung - die verfügbaren Verbindungswege durch sämtliche nicht vorhandenen Verbindungswege zwischen je zwei Orten und belegt diese mit unendlich großen Transportkosten, d.h. setzt man

$$c_{ij} = \infty \quad , \text{ falls keine direkte Verbindung vom Ort } O(i) \text{ zum Ort } O(j)$$
$$(i \neq j) \text{ existiert,}$$

und definiert man anschließend für die unbekannten Größen - das sind die jeweils auf den Verbindungswegen zwischen je zwei Orten zu transportierenden Mengeneinheiten - d.h. bezeichnen für i, j = 1, 2, ..., 1

x_{ij} Anzahl der vom Ort $O(i)$ zum Ort $O(j)$ $(i \neq j)$ zu transportierenden Mengeneinheiten dann ergibt sich die Zielforderung - nämlich die Minimierung der Gesamtkosten - zu

$$z = \sum_{i=1}^{1} \sum_{\substack{j=1 \\ j \neq i}}^{1} c_{ij} x_{ij} = \text{Min!}$$

Unter der Konvention

$$\infty \cdot 0 = 0$$

impliziert die Minimierungsforderung unmittelbar, daß - falls das Umladetransportproblem lösbar ist - höchstens die Variablen x_{ij} zu den eingangs verfügbaren Verbindungswegen Werte ungleich Null annehmen können, die Werte der Variablen zu den nachträglich hinzugefügten Verbindungswegen müssen aufgrund der unendlich großen Transportkosten den Wert Null haben.

Da bzgl. eines jeden Ortes $O(k)$ die Summe der ankommenden sowie selbst produzierten Mengeneinheiten durch

$$\sum_{\substack{i=1 \\ i \neq k}}^{1} x_{ik} + a_k,$$

die Summe der weitergeleiteten sowie selbst verwendeten Mengeneinheiten durch

$$\sum_{\substack{j=1 \\ j \neq k}}^{1} x_{kj} + b_k$$

gegeben ist, folgen aus der Gleichgewichtsrelation bzgl. eines jeden Ortes die Restriktionen

$$\sum_{\substack{i=1 \\ i \neq k}}^{1} x_{ik} + a_k = \sum_{\substack{j=1 \\ j \neq k}}^{1} x_{kj} + b_k \qquad k = 1, 2, \ldots, 1$$

oder nach Zusammenfassung von Variablen und Konstanten

$$\sum_{\substack{i=1 \\ i \neq k}}^{1} x_{ik} - \sum_{\substack{j=1 \\ j \neq k}}^{1} x_{kj} = b_k - a_k \qquad k = 1, 2, \ldots, 1.$$

Die Forderung nicht negativer Transportvolumina schließlich liefert

$$x_{ij} \geq 0 \qquad i, j = 1, 2, \ldots, l \qquad i \neq j.$$

Zusammen mit der bereits in der Problemstellung angeführten Gleichgewichtsbedingung ergibt sich somit für das Umladetransportproblem das folgende mathematische Modell:

$$z = \sum_{i=1}^{l} \sum_{\substack{j=1 \\ j \neq i}}^{l} c_{ij} x_{ij} = \text{Min!}$$

unter den Restriktionen

$$(i) \quad \sum_{\substack{i=1 \\ i \neq k}}^{l} x_{ik} - \sum_{\substack{j=1 \\ j \neq k}}^{l} x_{kj} = b_k - a_k \quad k = 1, 2, \ldots, l$$

$$(ii) \quad x_{ij} \geq 0 \qquad i, j = 1, 2, \ldots, l \qquad i \neq j.$$

Ferner gelte die Gleichgewichtsbedingung

$$\sum_{i=1}^{l} a_i = \sum_{j=1}^{l} b_j.$$

Modell 6-5: Standardmodell zum allgemeinen Umladetransportproblem

Im folgenden sei - wie auch schon beim klassischen Transportproblem - vorausgesetzt, daß die Gleichgewichtsbedingung stets erfüllt ist.

Unterdrückt man die lediglich zur leichteren Formulierung des allgemeinen Standardmodells eingeführten Transportkosten und Variablen für nicht vorhandene Verbindungswege, dann erhält man als Standardmodell des in Beispiel 7 angeführten Umladetransportproblems bei Angabe der Restriktionen gemäß der Reihenfolge der Orte:

$$4x_{12} + 8x_{16} + 7x_{17} + 3x_{28} + 4x_{32} + 2x_{34} + 2x_{38} + x_{39}$$
$$+ 3x_{45} + 2x_{54} + 7x_{65} + 4x_{67} + 2x_{68} + 5x_{76} + x_{78}$$
$$+ 2x_{82} + 8x_{86} + 9x_{89} + 4x_{94} + 5x_{95} + 2x_{98} = \text{Min!}$$

unter den Restriktionen

$$(i) \quad -x_{12} - x_{16} - x_{17} \qquad\qquad = -10$$
$$ x_{12} + x_{32} + x_{82} - x_{28} \qquad = \quad 0$$

$$-x_{32} - x_{34} - x_{38} - x_{39} = -10$$
$$x_{34} + x_{54} + x_{94} - x_{45} = 5$$
$$x_{45} + x_{65} + x_{95} - x_{54} = 15$$
$$x_{16} + x_{76} + x_{86} - x_{65} - x_{67} - x_{68} = 0$$
$$x_{17} + x_{67} - x_{76} - x_{78} = 0$$
$$x_{28} + x_{38} + x_{68} + x_{78} + x_{98} - x_{82} - x_{86} - x_{89} = 0$$
$$x_{39} + x_{89} - x_{94} - x_{95} - x_{98} = 0$$

(ii) $x_{ij} \geq 0$

Modell 6-6: Standardmodell zum Umladetransportproblem aus Beispiel 7

6.1.2.3 Modellösung und Interpretation der von einem Standardprogrammpaket erzeugten Druckausgabe

Bei Benutzung der bisher verwendeten Bezeichnungen ergibt sich zu Modell 6-6 (Beispiel 7) das in Abb. 6-27 wiedergegebene MPS-Tableau.

Verwendet man in der NAME-Karte als Identifikation "UMLADTRANS", dann hat das MPS-Datendeck selbst die in Abb. 6-28 gezeigte Gestalt.

Die die Lösungen betreffenden Sektionen CONSTRAINTS und COLUMNS sind in den Abb. 6-29 und 6-30 enthalten.

Für die Lösung von Beispiel 7 ergibt sich somit:

Optimalwert der Zielfunktion

    185 GE

Optimalwerte der Basisvariablen

R7 = 0 aME ⎱
R8 = 0 aME ⎰ SLACK aus CONSTRAINTS

X12 = 0 ME
X16 = 10 ME
X28 = 0 ME
X34 = 10 ME ⎱ ACTIVE aus COLUMNS
X45 = 5 ME
X65 = 10 ME
X95 = 0 ME.

Die Basis besteht folglich aus zwei künstlichen und sieben Problemvariablen.

	X12	X16	X17	X28	X32	X34	X38	X39	X45	X54	X65	X67	X68	X76	X78	X82	X86	X89	X94	X95	X98	Typ	RS
ZIEL	4	8	7	3	4	2	2	1	3	2	7	4	2	5	1	2	8	9	4	5	2	Min.	
R1	-1	-1	-1																			=	-10
R2	1			-1	1											1						=	0
R3					-1	-1	-1	-1														=	-10
R4						1			-1	1									1			=	5
R5									1	-1	1									1		=	15
R6		1									-1	-1	-1	1			1					=	0
R7			1									1		-1	-1							=	0
R8				1			1						1		1	-1	-1	-1			1	=	0
R9								1										1	-1	-1	-1	=	0

Abb. 6-27: MPS-Tableau zu Modell 6-6 (Beispiel 7)

```
NAME                UMLADTRANS
ROWS
 N  ZIEL
 E  R1
 E  R2
 E  R3
 E  R4
 E  R5
 E  R6
 E  R7
 E  R8
 E  R9
COLUMNS
    X12         ZIEL       4.
    X12         R1        -1.         R2         1.
    X16         ZIEL       8.
    X16         R1        -1.         R6         1.
    X17         ZIEL       7.
    X17         R1        -1.         R7         1.
    X28         ZIEL       3.
    X28         R2        -1.         R8         1.
    X32         ZIEL       4.
    X32         R2         1.         R3        -1.
    X34         ZIEL       2.
    X34         R3        -1.         R4         1.
    X38         ZIEL       2.
    X38         R3        -1.         R8         1.
    X39         ZIEL       1.
    X39         R3        -1.         R9         1.
    X45         ZIEL       3.
    X45         R4        -1.         R5         1.
    X54         ZIEL       2.
    X54         R4         1.         R5        -1.
    X65         ZIEL       7.
    X65         R5         1.         R6        -1.
    X67         ZIEL       4.
    X67         R6        -1.         R7         1.
    X68         ZIEL       2.
    X68         R6        -1.         R8         1.
    X76         ZIEL       5.
    X76         R6         1.         R7        -1.
    X78         ZIEL       1.
    X78         R7        -1.         R8         1.
    X82         ZIEL       2.
    X82         R2         1.         R8        -1.
    X86         ZIEL       8.
    X86         R6         1.         R8        -1.
    X89         ZIEL       9.
    X89         R8        -1.         R9         1.
    X94         ZIEL       4.
    X94         R4         1.         R9        -1.
    X95         ZIEL       5.
    X95         R5         1.         R9        -1.
    X98         ZIEL       2.
    X98         R8         1.         R9        -1.
RHS
    RS          R1       -10.         R3       -10.
    RS          R4         5.         R5        15.
ENDATA
```

Abb. 6-28: MPS-Datendeck zu Modell 6-6 (Beispiel 7)

C O N S T R A I N T S

```
PRINT OPTION = COMPLETE OUTPUT                                        VALUE OF OBJECTIVE =        185.00000
NAME = UMLADTRANS  OBJ = ZIEL      RHS = RS        BND =              RPSOBJ  =    1.0000   RPSRHS  =   1.0000
DIR  = MINIMIZE    COBJ =          CRHS =          RNG =              RPCHOBJ =    0.0000   RPCHRHS =   0.0000
```

NUMBER	NAME TYPE	ROW ACTIVITY STATUS	SLACK MARGINAL	RHS LOWER RHS UPPER	LOWER ACT UPPER ACT	UNIT COST UNIT COST	OBJ_LOWER OBJ_UPPER	LIMITING PROCESS	OBJ COEF RANGE	OBJ_OBJ COEF RANGE
1 ZIEL		185.00000	-185.00000	-INF						
	FR	SLACK	.	+INF						
2 R1		-10.00000	.	-10.00000	-10.00000	7.00000	185.00000	R8	-INF	185.00000
	EQ	BINDING	7.00000	-10.00000	-10.00000	-7.00000	185.00000	R8	+INF	185.00000
3 R2		.	.	.	.	3.00000	185.00000	R8	-INF	185.00000
	EQ	BINDING	3.00000	.	.	-3.00000	185.00000	R8	+INF	185.00000
4 R3		-10.00000	.	-10.00000	-10.00000	-3.00000	185.00000	R8	-INF	185.00000
	EQ	BINDING	-3.00000	-10.00000	-10.00000	3.00000	185.00000	R8	+INF	185.00000
5 R4		5.00000	.	5.00000	5.00000	-5.00000	185.00000	R8	-INF	185.00000
	EQ	BINDING	-5.00000	5.00000	5.00000	5.00000	185.00000	R8	+INF	185.00000
6 R5		15.00000	.	15.00000	15.00000	-8.00000	185.00000	R8	-INF	185.00000
	EQ	BINDING	-8.00000	15.00000	15.00000	8.00000	185.00000	R8	+INF	185.00000
7 R6		.	.	.	.	-1.00000	185.00000	R8	-INF	185.00000
	EQ	BINDING	-1.00000	.	.	1.00000	185.00000	R8	+INF	185.00000
8 R7		.	.	.	.	1.00000	185.00000	X78	-1.00000	185.00000
	EQ	SLACK	.	.	.	.	185.00000	X17	.	185.00000
9 R8		.	.	.	.	.	185.00000	X17	.	185.00000
	EQ	SLACK	.	.	.	1.00000	185.00000	X78	1.00000	185.00000
10 R9		.	.	.	.	-3.00000	185.00000	R8	-INF	185.00000
	EQ	BINDING	-3.00000	.	.	3.00000	185.00000	R8	+INF	185.00000

Abb. 6-29: OUTPUT REPORT
CONSTRAINTS zu Modell 6-6 (Beispiel 7)

C O L U M N S

```
PRINT OPTION = COMPLETE OUTPUT                              VALUE OF OBJECTIVE =          185.00000
NAME = UMLADTRANS   OBJ = ZIEL      RHS = RS      BND =        RPSOBJ =     1.0000   RPSRHS =    1.0000
OIR = MINIMIZE      COBJ =          CRHS =        RNG =        RPCHOBJ =    0.0000   RPCHRHS =   0.0000
```

NUMBER	NAME / TYPE	COL ACTIVITY / STATUS	OBJ COEF / MARGINAL	BND LOWER / BND UPPER	LOWER ACT / UPPER ACT	UNIT COST / UNIT COST	OBJ_LOWER / OBJ_UPPER	LIMITING PROCESS	OBJ COEF RANGE	OBJ_OBJ COEF RANGE
1	X12 PL	. ACTIVE	4.00000 .	. +INF	. .	. 4.00000	185.00000 185.00000	X17 X76	4.00000 .	185.00000 185.00000
2	X16 PL	10.00000 ACTIVE	8.00000 .	. +INF	10.00000 10.00000	4.00000 3.00000	185.00000 185.00000	X76 X68	12.00000 5.00000	225.00000 155.00000
3	X17 PL **	. LOWER	7.00000 .	. +INF	. .	. .	185.00000 185.00000	R8 R8	+INF 7.00000	185.00000 185.00000
4	X28 PL	. ACTIVE	3.00000 .	. +INF	. .	. 4.00000	185.00000 185.00000	X17 X76	3.00000 -1.00000	185.00000 185.00000
5	X32 PL	. LOWER	4.00000 10.00000	. +INF	-10.00000 .	-10.00000 10.00000	85.00000 185.00000	X16 X12	+INF -6.00000	185.00000 185.00000
6	X34 PL	10.00000 ACTIVE	2.00000 .	. +INF	5.00000 10.00000	1.00000 +INF	190.00000 185.00000	X39 NONE	3.00000 -INF	195.00000 -INF
7	X38 PL	. LOWER	2.00000 5.00000	. +INF	-10.00000 .	-5.00000 5.00000	135.00000 185.00000	X16 X28	+INF -3.00000	185.00000 185.00000
8	X39 PL	. LOWER	1.00000 1.00000	. +INF	. 5.00000	-1.00000 1.00000	185.00000 190.00000	X95 X45	+INF .	185.00000 185.00000
9	X45 PL	5.00000 ACTIVE	3.00000 .	. +INF	-5.00000 5.00000	1.00000 2.00000	195.00000 185.00000	X39 X94	4.00000 1.00000	190.00000 175.00000
10	X54 PL	. LOWER	2.00000 5.00000	. +INF	-5.00000 +INF	-5.00000 5.00000	160.00000 +INF	X45 NONE	+INF -3.00000	185.00000 185.00000
11	X65 PL	10.00000 ACTIVE	7.00000 .	. +INF	. 10.00000	6.00000 5.00000	245.00000 185.00000	X89 X98	13.00000 2.00000	245.00000 135.00000
12	X67 PL	. LOWER	4.00000 5.00000	. +INF	. .	-5.00000 5.00000	185.00000 185.00000	R8 R8	+INF -1.00000	185.00000 185.00000

Fortsetzung siehe S. 174

13	X68			•	2.00000	•	-10.00000	-3.00000	155.00000	X16	+INF	185.00000
		PL	LOWER	•	3.00000	+INF	•	3.00000	185.00000	X28	-1.00000	185.00000
14	X76			•	5.00000	•	•	-4.00000	185.00000	R8	+INF	185.00000
		PL	LOWER	•	4.00000	+INF	•	4.00000	185.00000	R8	1.00000	185.00000
15	X78			•	1.00000	•	•	-1.00000	185.00000	R8	+INF	185.00000
		PL	LOWER	•	1.00000	+INF	•	1.00000	185.00000	R8	•	185.00000
16	X82			•	2.00000	•	•	-5.00000	185.00000	X28	+INF	185.00000
		PL	LOWER	•	5.00000	+INF	+INF	5.00000	+INF	NONE	-3.00000	185.00000
17	X86			•	8.00000	•	•	-7.00000	185.00000	X28	+INF	185.00000
		PL	LOWER	•	7.00000	+INF	10.00000	7.00000	255.00000	X16	1.00000	185.00000
18	X89			•	9.00000	•	•	-6.00000	185.00000	X95	+INF	185.00000
		PL	LOWER	•	6.00000	+INF	10.00000	6.00000	245.00000	X16	3.00000	185.00000
19	X94			•	4.00000	•	-5.00000	-2.00000	175.00000	X45	+INF	185.00000
		PL	LOWER	•	2.00000	+INF	•	2.00000	185.00000	X95	2.00000	185.00000
20	X95			•	5.00000	•	-INF	2.00000	+INF	X94	7.00000	185.00000
		PL	ACTIVE	•	•	+INF	5.00000	1.00000	190.00000	X39	4.00000	185.00000
21	X98			•	2.00000	•	-10.00000	-5.00000	135.00000	X16	+INF	185.00000
		PL	LOWER	•	5.00000	+INF	•	5.00000	185.00000	X95	-3.00000	185.00000

Abb. 6-30: OUTPUT REPORT
       COLUMNS zu Modell 6-6 (Beispiel 7)

Wie beim klassischen Transportproblem so ist auch hier - aufgrund der Gleichgewichtsbedingung - eine Variation der rechten Seiten ohne Basiswechsel
nicht möglich.

6.1.2.4 Abriß zum Algorithmus für das Umladetransportproblem von ORDEN

Zunächst soll gezeigt werden, daß das Umladetransportproblem auf ein klassisches Transportproblem zurückgeführt werden und somit zur Lösung der Transportalgorithmus verwandt werden kann. Anschließend soll die Anwendung des
Transportalgorithmus auf das Netzwerk selbst - d.h. ohne Verwendung von
Tableaus - erläutert werden. Diese Vorgehensweise zeichnet sich neben Ele-
ganz durch äußerst große Anschaulichkeit aus.

Wie beim klassischen Transportproblem, so erzeugen auch kleine Umladetransportprobleme bereits umfangreiche Simplextableaus. Durch Einführung zusätzlicher Variablen gelingt es jedoch, das Umladetransportproblem in einem Tableau zum klassischen Transportproblem unterzubringen.

Die mathematische Formulierung des Umladetransportproblems lautet nach Modell 6-5:

$$z = \sum_{i=1}^{1} \sum_{\substack{j=1 \\ j \neq i}}^{1} c_{ij} x_{ij} = \text{Min!}$$

unter den Restriktionen

$$\text{(i)} \quad \sum_{\substack{i=1 \\ i \neq k}}^{1} x_{ik} - \sum_{\substack{j=1 \\ j \neq k}}^{1} x_{kj} = b_k - a_k \qquad k = 1, 2, \ldots, 1$$

$$\text{(ii)} \quad x_{ij} \geqq 0 \qquad i, j = 1, 2, \ldots, 1 \qquad i \neq j.$$

Definiert man für $k = 1, 2, \ldots, 1$ die Variablen

$$\overline{x}_{kk} \qquad \text{Gesamtvorrat im Orte O(k)} \qquad k = 1, 2, \ldots, 1,$$

Dann ergeben sich aus der Gleichgewichtsrelation bzgl. eines jeden Ortes
- der Gesamtvorrat ist gleich der Summe aus ankommenden und selbstproduzier-
ten Mengeneinheiten bzw. der Summe aus weitergeleiteten und selbstverwende-
ten Mengeneinheiten - die folgenden Beziehungen

$$\overline{x}_{kk} = \sum_{\substack{i=1 \\ i \neq k}}^{1} x_{ik} + a_k$$

bzw.

$$\overline{x}_{kk} = \sum_{\substack{j=1 \\ j \neq k}}^{1} x_{kj} + b_k$$

$$\left. \right\} \quad k = 1, 2, \ldots, 1.$$

Hiermit aber läßt sich das Umladetransportproblem folgendermaßen formulieren:

$$z = \sum_{i=1}^{1} \sum_{\substack{j=1 \\ j \neq i}}^{1} c_{ij} x_{ij} = \text{Min!}$$

unter den Restriktionen

$$(i) \quad \sum_{\substack{i=1 \\ i \neq k}}^{1} x_{ik} - \overline{x}_{kk} = -a_k \qquad k = 1, 2, \ldots, 1$$

$$(ii) \quad \sum_{\substack{j=1 \\ j \neq k}}^{1} x_{kj} - \overline{x}_{kk} = -b_k \qquad k = 1, 2, \ldots, 1$$

$$(iii) \quad x_{ij} \geq 0 \qquad i \neq j$$
$$\overline{x}_{kk} \geq 0 \qquad k = 1, 2, \ldots, 1$$

Modell 6-7: Standardmodell mit Vorratsvariablen zum allgemeinen
Umladetransportproblem

Ordnet man den Variablen $\overline{x}_{kk}$ Kostenkoeffizienten c_{kk} mit dem Wert Null zu, und ordnet man ferner nicht vorhandenen Verbindungen zwischen je zwei Orten i und j die Variable x_{ij} mit dem Wert Null zu - das Transportvolumen zwischen solchen Orten ist also Null und folglich sind zugehörige c_{ij} ohne Bedeutung -, dann läßt das Umladetransportproblem eine dem klassischen Transportproblem analoge Kompaktdarstellung zu. Da diese Variablen keinen anderen Wert annehmen dürfen, stehen sie auch bei Umverteilungen nicht zur Verfügung. Man bezeichnet deshalb die zugehörigen Felder des Tableaus als unzulässig und versieht sie, zwecks besserer Übersicht, mit einer Markierung. Im weiteren werden unzulässige Felder mit "¤" gekennzeichnet. Aus Modell 6-6 zu Beispiel 7 erhält man die in Abb. 6-31 gezeigte Kompaktdarstellung.

0 $-\bar{x}_{11}$	4 x_{12}	¤	¤	¤	8 x_{16}	7 x_{17}	¤	¤	-10
¤	0 $-\bar{x}_{22}$	¤	¤	¤	¤	¤	3 x_{28}	¤	0
¤	4 x_{32}	0 $-\bar{x}_{33}$	2 x_{34}	¤	¤	¤	2 x_{38}	1 x_{39}	-10
¤	¤	¤	0 $-\bar{x}_{44}$	3 x_{45}	¤	¤	¤	¤	0
¤	¤	¤	2 x_{54}	0 $-\bar{x}_{55}$	¤	¤	¤	¤	0
¤	¤	¤	¤	7 x_{65}	0 $-\bar{x}_{66}$	4 x_{67}	2 x_{68}	¤	0
¤	¤	¤	¤	¤	5 x_{76}	0 $-\bar{x}_{77}$	1 x_{78}	¤	0
¤	2 x_{82}	¤	¤	¤	8 x_{86}	¤	0 $-\bar{x}_{88}$	9 x_{89}	0
¤	¤	¤	4 x_{94}	5 x_{95}	¤	¤	2 x_{98}	0 $-\bar{x}_{99}$	0
0	0	0	-5	-15	0	0	0	0	

Abb. 6-31: *Kompaktdarstellung zum Standardmodell mit Vorratsvariablen des Umladetransportproblems aus Beispiel 7*

Neben der Tatsache, daß Umladetransportprobleme keine Lösung zu besitzen brauchen, besteht der grundlegende Unterschied zum klassischen Transportproblem darin, daß beim klassischen Transportproblem für jede Variable x_{ij} die Beschränkung

$$0 \leq x_{ij} \leq \min(a_i, b_j) \qquad \text{(vgl. Kap. 6.1.1.4)}$$

gilt, während beim Umladetransportproblem nicht nur Variablen mit negativem

Vorzeichen auftreten, sondern darüberhinaus Variablen $\overline{x}_{ii}$, x_{ij}, x_{ji} und $\overline{x}_{jj}$ um eine beliebige Konstante d vergrößert werden können, ohne daß Zeilen- und Spaltensummen sich ändern. Dies ist unmittelbar einsichtig, wenn man bedenkt, daß diesen Variablen im Tableau zum klassischen Transportalgorithmus eine 2 x 2 Matrix der Form

$$\begin{pmatrix} -\overline{x}_{ii} & x_{ij} \\ x_{ji} & -\overline{x}_{jj} \end{pmatrix}$$

entspricht.

Durch Addition von d zu jeder dieser Variablen erhält man hieraus

$$\begin{pmatrix} -(\overline{x}_{ii} + d) & x_{ij} + d \\ (x_{ji} + d) & -(\overline{x}_{jj} + d) \end{pmatrix}$$

woraus man unmittelbar erkennt, daß Zeilen- und Spaltensummen unverändert bleiben.

Für den Fall aber, daß sämtliche Kostenkoeffizienten größer oder gleich Null sind, und nur dieser Fall soll hier betrachtet werden, läßt sich für die $\overline{x}_{kk}$ einer optimalen Lösung eine obere Schranke angeben, wodurch das Umladetransportproblem in ein klassisches Transportproblem überführt werden kann. Die Grundlage hierzu bildet der folgende Satz:

Satz 6-5

Sind in einem Umladetransportproblem sämtliche $c_{ij} \geq 0$, und besitzt das Problem eine optimale Lösung, dann gilt für die Variablen $\overline{x}_{kk}$ in einer optimalen Lösung die Beziehung

$$\overline{x}_{kk} \leq S + a_k + b_k$$

mit

$$S = \sum_{i=1}^{\ell} a_i = \sum_{i=1}^{\ell} b_i.$$

Ersetzt man in Modell 6-7 die Variablen $\overline{x}_{kk}$ durch

$$\overline{x}_{kk} = S + a_k + b_k - x_{kk},$$

dann geht das Umladetransportproblem in das folgende klassische Transportproblem über:

$$\sum_{i=1}^{1} \sum_{j=1}^{1} c_{ij} x_{ij} = \text{Min!}$$

unter den Restriktionen

$$\text{(i)} \qquad \sum_{i=1}^{1} x_{ik} = S + b_k \qquad k = 1, 2, \ldots, 1$$

$$\text{(ii)} \qquad \sum_{j=1}^{1} x_{kj} = S + a_k \qquad k = 1, 2, \ldots, 1$$

$$\text{(iii)} \quad x_{ij} \geq 0 \qquad\qquad i, j = 1, 2, \ldots, 1.$$

Modell 6-8: Standardmodell des klassischen Transportproblems zum
allgemeinen Umladetransportproblem

Für Beispiel 7 erhält man mit

$$S = 20$$

das in Abb. 6-32 wiedergegebene klassische Transportproblem.

Auf dieses Problem läßt sich - wie unten gezeigt werden soll - der klassische Transportalgorithmus anwenden.

Voraussetzung für die Anwendung des klassischen Transportalgorithmus aber ist die Kenntnis einer Basislösung. Aufgrund der unzulässigen Felder jedoch versagen im allgemeinen die in Kapitel 6.1.1.4 angeführten Verfahren zur Konstruktion von Basislösungen.

Im folgenden wird eine Methode beschrieben, durch die man in den meisten Fällen eine Basislösung erhält, und die sich darüberhinaus durch große Anschaulichkeit auszeichnet. Vorweg muß jedoch darauf eingegangen werden, daß bei einem klassischen Transportproblem, das aus einem Umladetransportproblem entstanden ist, gewisse Variablen als Teil einer jeden Basis aufgefaßt werden können. Hieraus folgt, daß man sich bei der Suche nach einer Optimallösung auf bestimmte Basislösungen beschränken kann.

Aus der Beziehung

$$\bar{x}_{kk} \leq S + a_k + b_k$$

folgt für jede Zahl d größer Null

0 x_{11}	4 x_{12}	¤	¤	¤	8 x_{16}	7 x_{17}	¤	¤	30
¤	0 x_{22}	¤	¤	¤	¤	¤	3 x_{28}	¤	20
¤	4 x_{32}	0 x_{33}	2 x_{34}	¤	¤	¤	2 x_{38}	1 x_{39}	30
¤	¤	¤	0 x_{44}	3 x_{45}	¤	¤	¤	¤	20
¤	¤	¤	2 x_{54}	0 x_{55}	¤	¤	¤	¤	20
¤	¤	¤	¤	7 x_{65}	0 x_{66}	4 x_{67}	2 x_{68}	¤	20
¤	¤	¤	¤	¤	5 x_{76}	0 x_{77}	1 x_{78}	¤	20
¤	2 x_{82}	¤	¤	¤	8 x_{86}	¤	0 x_{88}	9 x_{89}	20
¤	¤	¤	4 x_{94}	5 x_{95}	¤	¤	2 x_{98}	0 x_{99}	20
20	20	20	25	35	20	20	20	20	

Abb. 6-32: Tableau des klassischen Transportproblems zum Umladetransportproblem aus Beispiel 7

$$\overline{x}_{kk} < S + a_k + b_k + d.$$

Ersetzt man in Modell 6-7 die Variablen $\overline{x}_{kk}$ durch

$$\overline{x}_{kk} = S + a_k + b_k + d - x_{kk},$$

dann geht das Umladetransportproblem in ein klassisches Transportproblem über, in dem die Variablen

$$x_{kk} = S + a_k + b_k + d - \overline{x}_{kk}$$

wegen

$$\overline{x}_{kk} < S + a_k + b_k + d$$

positiv sind und somit stets zur Basis gehören. Da diese Variablen auch Basisvariablen bleiben, wenn d gegen Null strebt, ergibt sich:

Satz 6-6
In der Darstellung des Umladetransportproblems als klassisches Transportproblem können die Variablen x_{kk} stets als Basisvariablen betrachtet werden.

Eine allgemeine Aussage über die Existenz solcher Basislösungen beinhaltet der folgende Satz:

Satz 6-7
Besitzt das Umladetransportproblem eine zulässige Lösung, dann existiert bzgl. des zugehörigen klassischen Transportproblems eine Basislösung zu zulässigen Feldern, die die Variablen x_{kk} enthält.

Die außer den 1 Variablen x_{kk} zu einer Basis gehörenden 1-1 Variablen, die man als die Basis charakterisierend ansehen kann, besitzen eine auf graphentheoretischen Erkenntnissen basierende Eigenschaft, die der folgende Satz wiedergibt:

Satz 6-8
Bei jeder Basis des klassischen Transportproblems zu einem mit einem Netzwerk mit l Knoten gehörenden Umladetransportproblem bilden die, zu den die Basis charakterisierenden Variablen gehörenden, Kanten ein Teilnetzwerk aus $l-1$ Kanten, in dem jeder Knoten mit einem anderen verbunden ist und keine geschlossenen Kantenzüge auftreten.

Bei der Bestimmung einer Basislösung kann man deshalb so vorgehen, daß man zunächst in dem Netzwerk des betrachteten Problems ein Teilnetzwerk mit 1-1 Kanten auswählt, in dem jeder Knoten mit einem anderen verbunden ist, und das keinen geschlossenen Kantenzug enthält. Anschließend ordnet man den entsprechenden Variablen - unter Beachtung der Gleichgewichtsbedingung - mittels der a_i und b_i Werte zu, wobei bemerkt sei, daß diese Werte zu jedem solchen Teilnetzwerk eindeutig bestimmt sind. Sind sämtliche Werte nicht negativ, dann bilden diese Variablen zusammen mit den x_{kk} eine Basis. Die Werte der x_{kk} lassen sich aus dem Tableau zum klassischen Transportproblem entnehmen, nämlich als Differenz aus den Randsummen und den Summen der Basisvariablen in den entsprechenden Zeilen- bzw. Spalten.

Zu Beispiel 7 gehört nach Abb. 6-25 das umseitig abgebildete Netzwerk mit neun Knoten.

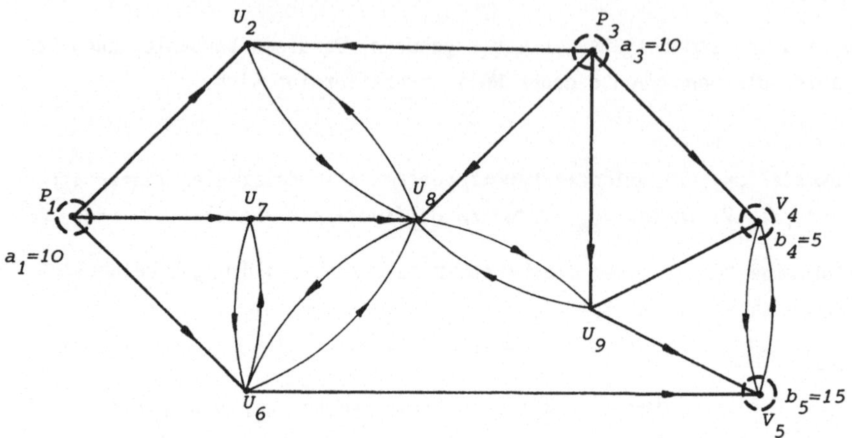

Wie man unmittelbar erkennt, ist durch das in Abb. 6-33 dargestellte Netzwerk ein Teilnetzwerk aus acht Kanten gegeben, in dem jeder Knoten mit einem anderen verbunden ist und in dem kein geschlossener Kantenzug existiert.

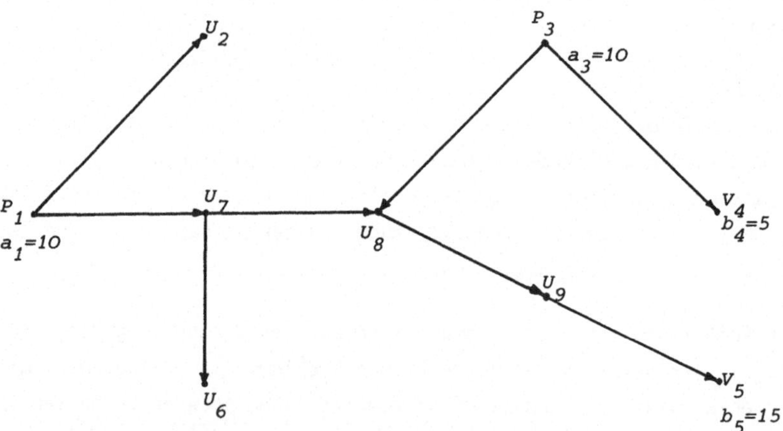

Abb. 6-33: *Teilnetzwerk zum Netzwerk aus Abb. 6-25 ohne geschlossenen
Kantenzug und ohne isolierte Knoten*

Die den Kanten bzw. den entsprechenden Variablen zuzuordnenden Werte ergeben sich aus den folgenden Überlegungen:

Von Knoten 3 sind 10 Einheiten abzuführen; da Knoten 4 lediglich 5 Einheiten
aufnehmen kann, müssen die verbleibenden 5 Einheiten zu Knoten 8 geleitet
werden. Hieraus folgt

$$x_{34} = 5 \text{ und } x_{38} = 5.$$

Da Knoten 5 insgesamt 15 Einheiten benötigt, so ergibt sich

$$x_{95} = 15.$$

Aus der Gleichgewichtsbedingung bzgl. Knoten 9 folgt weiter

$$x_{89} = 15.$$

In Verbindung mit $x_{38} = 5$ impliziert die Gleichgewichtsbedingung bzgl. Knoten 8 dann

$$x_{78} = 10,$$

bzgl. Knoten 7 anschließend

$$x_{17} = 0$$

und schließlich

$$x_{12} = 0 \text{ und } x_{76} = 0.$$

Vermerkt man diese eindeutig bestimmten Werte an den entsprechenden Kanten des Teilnetzwerkes, so erhält man:

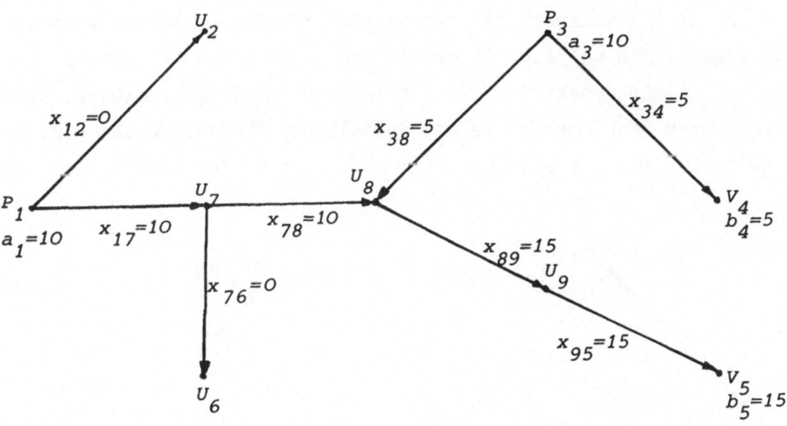

Abb. 6-34: Teilnetzwerk aus Abb. 6-33 mit Angabe der Variablenwerte

Trägt man zunächst die Angaben des Teilnetzwerkes in ein Mengentableau ein, und bestimmt man anschließend die Werte der Variablen x_{kk} als Differenz aus den Randsummen und den Summen der bereits bestimmten Basisvariablen der entsprechenden Zeile bzw. Spalte, dann ergibt sich für die konstruierte Basislösung das in Abb. 6-35 wiedergegebene Mengentableau, wobei - wie beim klassischen Transportproblem - lediglich für die Basisvariablen Eintragungen gemacht werden.

20	0	⋈	⋈	⋈		10	⋈	⋈
⋈	20	⋈	⋈	⋈	⋈	⋈		⋈
⋈		20	5	⋈	⋈	⋈	5	
⋈	⋈	⋈	20		⋈	⋈	⋈	⋈
⋈	⋈	⋈		20	⋈	⋈	⋈	⋈
⋈	⋈	⋈	⋈		20			⋈
⋈	⋈	⋈	⋈	⋈	0	10	10	⋈
⋈		⋈	⋈	⋈		⋈	5	15
⋈	⋈	⋈		15	⋈	⋈		5

Abb. 6-35: Mengentableau der graphentheoretisch bestimmten Basislösung aus Abb. 6-34 des klassischen Transportproblems zum Umladetransportproblem aus Abb. 6-32 (Beispiel 7)

Da nicht jedes Teilnetzwerk mit den angeführten Eigenschaften eine Basislösung darstellt - so hat z.B. in dem in Abb. 6-36 gezeigten Teilnetzwerk die Variable x_{94} einen negativen Wert - braucht diese Vorgehensweise, speziell bei komplexeren Problemen zu keiner Basislösung führen. Durch Betrachtung eines Hilfsproblems ist es aber stets möglich entweder eine Basislösung zu

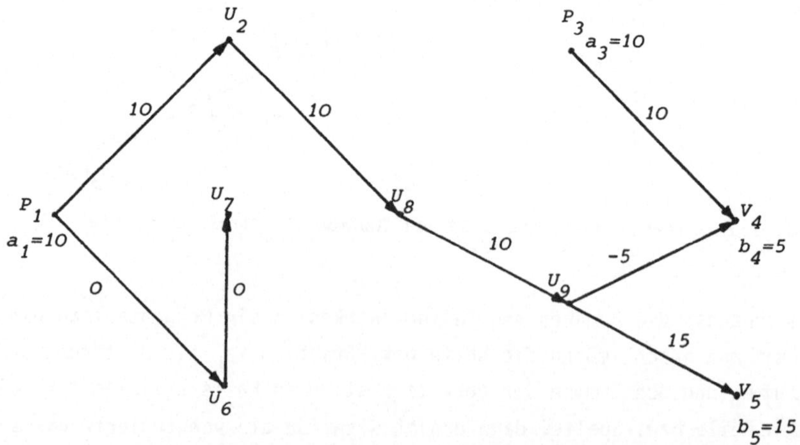

Abb. 6-36: Teilnetzwerk zum Netzwerk aus Abb. 6-25, das keine Basislösung des klassischen Transportproblems zum Umladetransportproblem aus Abb. 6-32 (Beispiel 7) darstellt

erstellen oder aber nachzuweisen, daß das Problem keine zulässige Lösung besitzt und somit nicht lösbar ist. Hierauf soll jedoch nicht näher eingegangen werden.

Ausgehend von einer Basislösung zu zulässigen Feldern, die die Variablen x_{kk} enthält, kann der klassische Transportalgorithmus nach Kapitel 6.1.1.4 angewandt werden, wobei man sich auf Basislösungen zu zulässigen Feldern, die die Variablen x_{kk} enthalten, beschränken kann, d.h. lediglich Variablen zu zulässigen Feldern dürfen in die Basis aufgenommen werden und keine der Variablen x_{kk} verläßt die Basis.

Zur Illustration diene der nachfolgend durchgeführte Austauschschritt. Ausgangspunkt ist hierbei die noch einmal gezeigte Basislösung aus Abb. 6-35, für die sich in Verbindung mit dem in Abb. 6-31 enthaltenen Kostentableau als Zielfunktionswert

20	0	¤	¤	¤		10	¤	¤
¤	20	¤	¤	¤	¤	¤		¤
¤		20	5	¤	¤	¤	5	
¤	¤	¤	20		¤	¤	¤	¤
¤	¤	¤		20	¤	¤	¤	¤
¤	¤	¤	¤		20			¤
¤	¤	¤	¤	¤	0	10	10	¤
¤		¤	¤	¤		¤	5	15
¤	¤	¤		15	¤	¤		5

$$z = 7 \cdot 10 + 2 \cdot 5 + 2 \cdot 5 + 1 \cdot 10 + 9 \cdot 15 + 5 \cdot 15 = 310$$

ergibt. Für einen Austauschschritt, durch den die Variable x_{45} in die Basis aufgenommen wird, erhält man - indem man sich lediglich auf zulässige Felder beschränkt - das in Abb. 6-37 dargestellte "d-Tableau" und als Zielfunktionswert in Abhängigkeit von d

$$z(d) = 310 + 2d - 2d + 3d - 9d - 5d = 310 - 11d.$$

Wegen $d \geqq 0$ folgt unmittelbar, daß dieser Basiswechsel keinesfalls einen Kostenanstieg verursacht. Für $d = 5$ verläßt die Variable x_{38} die Basis und an ihre Stelle tritt die Variable x_{45}. Als zugehöriges Tableau erhält man

20	0	¤	¤	¤		10	¤	¤
¤	20	¤	¤	¤	¤	¤		¤
¤		20	5+d	¤	¤	¤	5-d	
¤	¤	¤	20-d	(d)	¤	¤	¤	¤
¤	¤	¤		20	¤	¤	¤	¤
¤	¤	¤	¤		20			¤
¤	¤	¤	¤	¤	0	10	10	¤
¤		¤	¤	¤		¤	5+d	15-d
¤	¤	¤		15-d	¤	¤		5+d

Abb. 6-37: "d-Tableau" bzgl. der Variablen x_{45}, ausgehend von der Basislösung aus Abb. 6-35 (Beispiel 7)

mit Abb. 6-38 die folgende Basislösung.

20	0	¤	¤	¤		10	¤	¤
¤	20	¤	¤	¤	¤	¤		¤
¤		20	10	¤	¤	¤		
¤	¤	¤	15	5	¤	¤	¤	¤
¤	¤	¤		20	¤	¤	¤	¤
¤	¤	¤	¤		20			¤
¤	¤	¤	¤	¤	0	10	10	¤
¤		¤	¤	¤		¤	10	10
¤	¤	¤		10	¤	¤		10

Abb. 6-38: Basislösung nach Aufnahme der Variablen x_{45} in die Basis, ausgehend von der Basislösung aus Abb. 6-35 (Beispiel 7)

Der zugehörige Zielfunktionswert ergibt sich aus

$$z(d) = 310 - 11d \qquad \text{mit } d = 5$$

zu

z = 255.

Das nachfolgend wiedergegebene Tableau

20	0	¤	¤	¤	10	0	¤	¤
¤	20	¤	¤	¤	¤	¤	0	¤
¤		20	10	¤	¤	¤		0
¤	¤	¤	15	5	¤	¤	¤	¤
¤	¤	¤		20	¤	¤	¤	¤
¤	¤	¤	¤	10	10			¤
¤	¤	¤	¤	¤		20		¤
¤		¤	¤	¤		¤	20	
¤	¤	¤			¤	¤		20

Abb. 6-39: Optimale Basislösung des klassischen Transportproblems zum Umladetransportproblem aus Abb. 6-32 (Beispiel 7)

mit dem Zielfunktionswert 185 ist optimal, denn bei einem Basiswechsel ergibt sich der Wert der Zielfunktion jeweils zu

$$z(d) = 185 + n \cdot d \qquad \text{mit } n, d \geq 0,$$

was bedeutet, daß keine Kostenreduktion eintritt.

Aufgrund der Tatsache, daß man sich auf Basislösungen zu zulässigen Feldern, die die Variablen x_{kk} enthalten, beschränken kann, und jeder solchen Basis ein Teilnetzwerk der oben angeführten Art des Ausgangsnetzwerkes entspricht, läßt sich der klassische Transportalgorithmus auch unmittelbar auf das Ausgangsnetzwerk anwenden, d.h. es ist nicht nötig, zunächst das dem Umladetransportproblem entsprechende klassische Transportproblem herzuleiten. Der Vorteil dieser Vorgehensweise, die im folgenden beschrieben werden soll, liegt in seiner äußerst großen Anschaulichkeit (vgl. BURKARD, S. 81-84).

Ausgangspunkt ist ein einer Basislösung entsprechendes Teilnetzwerk. Der Aufnahme einer Variablen in die Basis entspricht die Aufnahme einer Kante des Ausgangsnetzwerkes in das Teilnetzwerk, wodurch sich ein geschlossener Kantenzug ergibt. Der aufgenommenen Kante ordnet man den Wert $d \geq 0$ zu und korrigiert die Werte der übrigen Kanten dieses Kantenzuges, so daß die Gleichgewichtsbedingungen nicht verletzt werden. Anschließend bestimmt man den Maximalwert von d so, daß keine Variable zu einer der Kanten des Kantenzuges negativ wird. Entfernt man dann eine Kante des Kantenzuges, deren zugehörige Variable den Wert Null hat, dann hat sich wieder ein einer Basislösung entsprechendes Teilnetzwerk ergeben.

Zur Erläuterung soll der in den Tableaus von Abb. 6-35, 6-37 und 6-38 durchgeführte Austauschschritt am Netzwerk selbst vorgenommen werden.

Der Ausgangsbasis aus Abb. 6-35 entspricht das Teilnetzwerk aus Abb. 6-34.

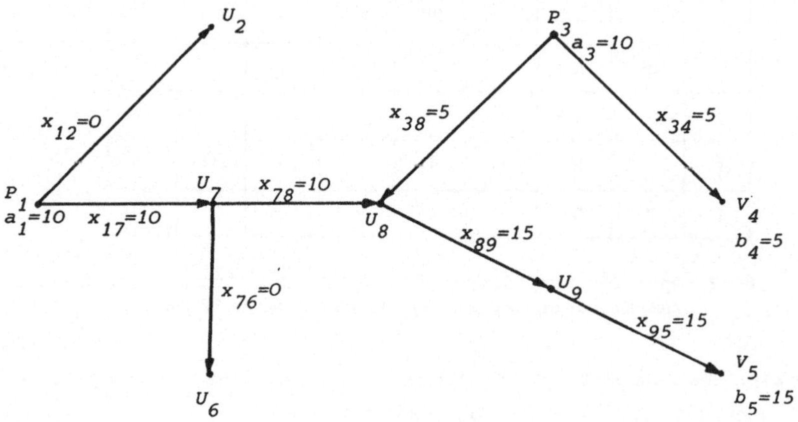

Der Aufnahme der Variablen x_{45} in die Basis entspricht die Aufnahme der entsprechenden Kante in das Teilnetzwerk aus Abb. 6-34, also

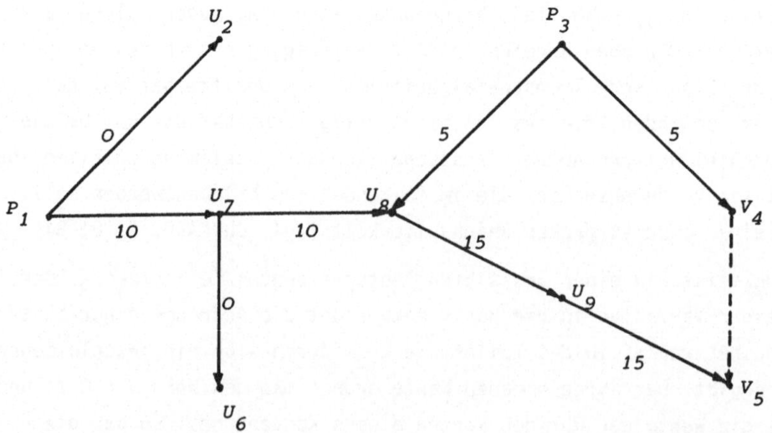

Abb. 6-40: *Aufnahme der der Variablen x_{45} entsprechenden Kante in das Teilnetzwerk aus Abb. 6-34*

Zuordnen von d und Modifizieren gemäß der Gleichgewichtsbedingungen liefert das dem "d-Tableau" aus Abb. 6-37 entsprechende Teilnetzwerk.

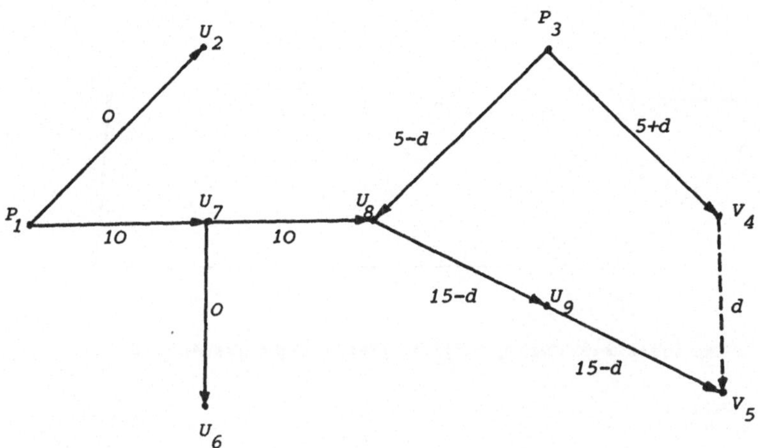

Abb. 6-41: Teilnetzwerk zum "d-Tableau" aus Abb. 6-37

Mit d = 5 - hierdurch verläßt die Variable x_{38} die Basis - ergibt sich als neues Teilnetzwerk

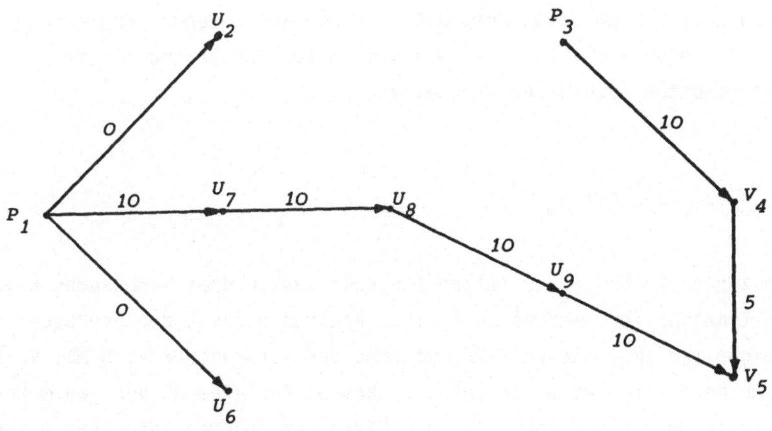

Abb. 6-42: Teilnetzwerk zur Basislösung aus Abb. 6-38

das der im Tableau von Abb. 6-38 wiedergegebenen Basislösung entspricht. Als Teilnetzwerk zum optimalen Tableau aus Abb. 6-39 ergibt sich:

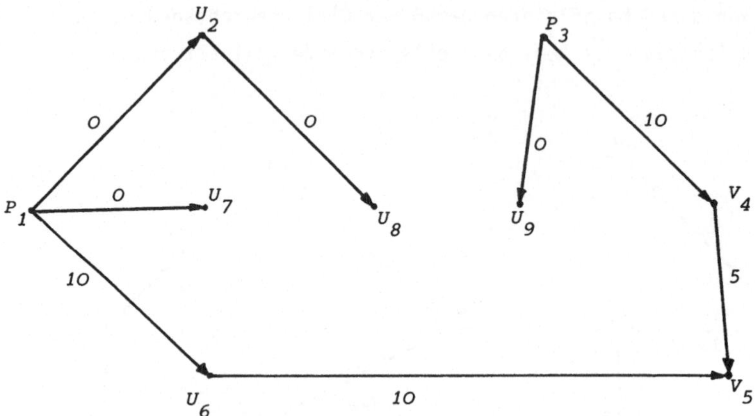

Abb. 6-43: Teilnetzwerk zur optimalen Basislösung aus Abb. 6-39

6.1.3 Fixed-Charge-Transportproblem

Wie das Umladetransportproblem so ist auch das Fixed-Charge-Transportproblem eine Verallgemeinerung des klassischen Transportproblems. Liegt dem Umladetransportproblem der Gedanke zugrunde, daß in der Praxis Transporte im allgemeinen nicht unmittelbar vom Produktionszentrum zum Verbrauchszentrum, sondern meist über Umschlagplätze durchgeführt werden, so geht man beim Fixed-Charge-Transportproblem davon aus, daß sich die auftretenden Kosten aus einem festen Kostenanteil - etwa den Mietkosten für das Transportmittel - und den Transportkosten selbst zusammensetzen.

6.1.3.1 Einführendes Beispiel

Beispiel 8

Zwei Produzenten P_1 und P_2 erstellen ein Gut, das zu drei Verbrauchern V_1, V_2 und V_3 transportiert werden soll. Im einzelnen erzeugt der Produzent P_1 9 Mengeneinheiten (ME) und P_2 7 ME, während der Verbraucher V_1 8 ME, V_2 5 ME und V_3 3 ME benötigt. Neben den Transportkosten für eine ME von jedem Produzenten zu jedem Verbraucher sind noch Fixkosten gegeben, die jedoch nur für tatsächlich durchgeführte Transporte anfallen, d.h. für jeden durchgeführten Transport setzen sich die Kosten aus den Transportkosten und den Fixkosten zusammen.

Die Angaben bzgl. Produktionsumfang, Produktionsnachfrage, Transport- und

Fixkosten sind in der folgenden Tabelle zusammengestellt:

	Transport- kosten GE/ME			Fix- kosten GE			Prod.- umfang ME
	V_1	V_2	V_3	V_1	V_2	V_3	
P_1	6	5	3	1	3	2	9
P_2	3	.2	1	3	1	2	7
Prod.- nachfr. ME	8	5	3				

Abb. 6-44: Problemspezifische Angaben zu Beispiel 8

Die Aufgabe besteht nun darin, - unter Beachtung von Produktionsumfang und Produktionsnachfrage - einen Transportplan mit minimalen Gesamtkosten zu erstellen.

Vor der Formulierung dieses Beispiels als Aufgabe der linearen Optimierung mit Ganzzahligkeitsbedingung und deren Lösung mittels eines Standardprogramm-paketes soll allgemein auf die Problemstellung sowie das Standardmodell zum Fixed-Charge-Transportproblem eingegangen werden.

6.1.3.2 Allgemeine Problemstellung und Standardmodell zum Fixed-Charge-Transportproblem

Das Fixed-Charge-Transportproblem kann allgemein folgendermaßen formuliert werden.

Von m Produzenten P_i, i = 1, 2, ..., m, und n Verbrauchern V_j, j = 1, 2, ..., n, eines gewissen Gutes seien der Produktionsumfang a_i, die Produktionsnach-frage b_j sowie die Transportkosten c_{ij} für eine Einheit vom Produzenten P_i zum Verbraucher V_j bekannt. Es sind darüberhinaus noch Fixkosten k_{ij} gegeben, die jedoch nur für tatsächlich durchgeführte Transporte vom Produzenten P_i zum Verbraucher V_j anfallen. Für jeden durchgeführten Transport setzen sich somit die Kosten aus den Transportkosten und den Fixkosten zusammen; für nicht durchgeführte Transporte treten weder Transportkosten noch Fixkosten auf. Die entsprechenden Daten sind in der in Abb. 6-45 wiedergegebenen Tabelle enthalten.

	Transport- kosten GE/ME			Fixkosten GE			Prod.- umfang ME
	V_1	V_2 ... V_n		V_1	V_2 ... V_n		
P_1	c_{11}	c_{12} ... c_{1n}		k_{11}	k_{12} ... k_{1n}		a_1
P_2	c_{21}	c_{22} ... c_{2n}		k_{21}	k_{22} ... k_{2n}		a_2
.	.				.		.
.	.				.		.
.	.				.		.
P_m	c_{m1}	c_{m2} ... c_{mn}		k_{m1}	k_{m2} ... k_{mn}		a_m
Prod.- nachfr. ME	b_1	b_2 ... b_n					

Abb. 6-45: Problemspezifische Angaben zum allgemeinen
Fixed-Charge-Transportproblem

Es sei ferner vorausgesetzt, daß die Gleichgewichtsbedingung

$$\sum_{i=1}^{m} a_i = \sum_{j=1}^{n} b_j$$

erfüllt sei, d.h. der gesamte Produktionsumfang stimmt mit der gesamten Produktionsnachfrage überein.

Die Aufgabe besteht dann darin, einen Transportplan mit minimalen Gesamtkosten zu erstellen, der den folgenden Bedingungen genügt:

(i)   der Produktionsumfang eines jeden Produzenten wird ausgeschöpft;

(ii)   die Nachfrage eines jeden Verbrauchers wird befriedigt;

(iii)   die Transportvolumina sind nicht negativ.

Zur Herleitung des entsprechenden mathematischen Modells sind zunächst für die unbekannten Größen - das sind die jeweils vom Produzenten P_i zum Verbraucher V_j zu transportierenden Einheiten - Variablen einzuführen.

Für i = 1, 2, ..., m und j = 1, 2, ..., n bezeichnet

x_{ij} die Anzahl der vom Produzenten P_i zum Verbraucher V_j zu transportierenden Mengeneinheiten.

Die Zielforderung - nämlich die Minimierung der Gesamtkosten - ergibt sich dann zu

$$z = \sum_{i=1}^{m} \sum_{j=1}^{n} \overline{k}_{ij}(x_{ij}) = \text{Min!}$$

$$\overline{k}_{ij}(x_{ij}) = \begin{cases} 0 & x_{ij} = 0 \\ c_{ij}x_{ij} + k_{ij} & x_{ij} > 0. \end{cases}$$

Die Ausschöpfung des Produktionsumfanges eines jeden Produzenten liefert die Restriktionen

$$\sum_{j=1}^{n} x_{ij} = a_i \qquad i = 1, 2, \ldots, m.$$

Die Befriedigung einer jeden Verbrauchernachfrage führt zu den Restriktionen

$$\sum_{i=1}^{m} x_{ij} = b_j \qquad j = 1, 2, \ldots, n.$$

Die Forderung nicht negativer Transportvolumina schließlich impliziert

$$x_{ij} \geq 0 \qquad \begin{array}{l} i = 1, 2, \ldots, m \\ j = 1, 2, \ldots, n. \end{array}$$

Zusammen mit der bereits in der Problemstellung angeführten Gleichgewichtsbedingung ergibt sich somit für das Fixed-Charge-Transportproblem das folgende mathematische Modell:

$$z = \sum_{i=1}^{m} \sum_{j=1}^{n} \overline{k}_{ij}(x_{ij}) = \text{Min!}$$

$$\overline{k}_{ij}(x_{ij}) = \begin{cases} 0 & x_{ij} = 0 \\ c_{ij}x_{ij} + k_{ij} & x_{ij} > 0 \end{cases}$$

unter den Restriktionen

$$\text{(i)} \quad \sum_{j=1}^{n} x_{ij} = a_i \qquad i = 1, 2, \ldots, m$$

$$\text{(ii)} \quad \sum_{i=1}^{m} x_{ij} = b_j \qquad j = 1, 2, \ldots, n$$

$$\text{(iii)} \quad x_{ij} \geq 0 \qquad \begin{array}{l} i = 1,\, 2,\, \ldots,\, m \\ j = 1,\, 2,\, \ldots,\, n. \end{array}$$

Ferner gelte die Gleichgewichtsbedingung

$$\sum_{i=1}^{m} a_i = \sum_{j=1}^{n} b_j$$

Modell 6-9: Standardmodell zum allgemeinen Fixed-Charge-Transportproblem

Wie bei den vorausgegangenen Transportproblemen sei auch hier vorausgesetzt, daß die Gleichgewichtsbedingung stets erfüllt sei.

Als Standardmodell des in Beispiel 8 angeführten Fixed-Charge-Transportproblems erhält man

$$z = \sum_{i=1}^{2} \sum_{j=1}^{3} \overline{k}_{ij}(x_{ij}) = \text{Min!}$$

$$\overline{k}_{11}(x_{11}) = \begin{cases} 0 & x_{11} = 0 \\ 6x_{11} + 1 & x_{11} > 0 \end{cases} \qquad \overline{k}_{12}(x_{12}) = \begin{cases} 0 & x_{12} = 0 \\ 5x_{12} + 3 & x_{12} > 0 \end{cases}$$

$$\overline{k}_{13}(x_{13}) = \begin{cases} 0 & x_{13} = 0 \\ 3x_{13} + 2 & x_{13} > 0 \end{cases}$$

$$\overline{k}_{21}(x_{21}) = \begin{cases} 0 & x_{21} = 0 \\ 3x_{21} + 3 & x_{21} > 0 \end{cases} \qquad \overline{k}_{22}(x_{22}) = \begin{cases} 0 & x_{22} = 0 \\ 2x_{22} + 1 & x_{22} > 0 \end{cases}$$

$$\overline{k}_{23}(x_{23}) = \begin{cases} 0 & x_{23} = 0 \\ x_{23} + 2 & x_{23} > 0 \end{cases}$$

unter den Restriktionen

$$\text{(i)} \quad \begin{array}{l} x_{11} + x_{12} + x_{13} = 9 \\ x_{21} + x_{22} + x_{23} = 7 \end{array}$$

$$\text{(ii)} \quad \begin{array}{l} x_{11} + x_{21} = 8 \\ x_{12} + x_{22} = 5 \\ x_{13} + x_{23} = 3 \end{array}$$

$$\text{(iii)} \quad x_{ij} \geq 0 \qquad \begin{array}{l} i = 1,\, 2 \\ j = 1,\, 2,\, 3 \end{array}$$

Modell 6-10: Standardmodell zum Fixed-Charge-Transportproblem aus Beispiel 8

Das Fixed-Charge-Transportproblem enthält als Spezialfall das klassische
Transportproblem, denn für den Fall, daß keine Fixkosten auftreten, geht es
in das klassische Transportproblem über. Im Gegensatz zum klassischen Transportproblem ist es aber in der angeführten Form - aufgrund der Unstetigkeit
der Zielfunktion, die aus

$$\overline{k}_{ij}(x_{ij}) = \begin{cases} 0 & x_{ij} = 0 \\ c_{ij}x_{ij} + k_{ij} & x_{ij} > 0 \end{cases}$$

resultiert - für die lineare Optimierung nicht zugänglich. Durch die Einführung von 0 - 1 Variablen, d.h. Variablen, die nur die Werte Null bis Eins
annehmen können, gelingt es jedoch, das Fixed-Charge-Transportproblem als
Aufgabe der linearen Optimierung mit Ganzzahligkeitsbedingung zu formulieren.

Ordnet man allen $k_{ij} > 0$ eine Variable

$$y_{ij} = \begin{cases} 0 & \text{für } x_{ij} = 0 \\ 1 & \text{für } x_{ij} > 0 \end{cases}$$

zu, dann läßt sich $\overline{k}_{ij}(x_{ij})$ in geschlossener Form durch den Ausdruck

$$c_{ij}x_{ij} + k_{ij}y_{ij}$$

angeben. Für die Zielfunktion ergibt sich hiermit:

$$z = \sum_{i=1}^{m} \sum_{j=1}^{n} (c_{ij}x_{ij} + k_{ij}y_{ij}) = \text{Min!}$$

Die Restriktionen

$$\sum_{j=1}^{n} x_{ij} = a_i \qquad i = 1, 2, \ldots, m$$

und

$$\sum_{i=1}^{m} x_{ij} = b_j \qquad j = 1, 2, \ldots, n$$

sind von den Variablen y_{ij} unabhängig und ändern sich somit nicht.

Es sind nun noch Beziehungen zwischen den x_{ij} und den y_{ij} herzuleiten, die
sicherstellen, daß für eine Optimallösung y_{ij} in Abhängigkeit von x_{ij} den
richtigen Wert annimmt.

Wegen $x_{ij} \leq \min (a_i, b_j)$ (vgl. Kapitel 6.1.1.4) und y_{ij} gleich 0 oder 1 wird
dies durch die Restriktionen

$$x_{ij} \leq \min (a_i, b_j) \cdot y_{ij}$$

sichergestellt, denn für $x_{ij} > 0$ muß die Variable y_{ij} den Wert Eins annehmen; andererseits muß in einer Optimallösung für $x_{ij} = 0$ auch $y_{ij} = 0$ gelten, denn hätte y_{ij} den Wert Eins, so könnte die Lösung nicht optimal sein, da $y_{ij} = 0$ eine Verringerung des Zielfunktionswertes um k_{ij} nach sich zöge.

Die Bestimmung sämtlicher $\min (a_i, b_j)$ kann speziell bei größeren Problemen recht aufwendig sein. Bei Kenntnis einer oberen Schranke bzgl. sämtlicher x_{ij}, d.h. einer Zahl M mit

$$x_{ij} \leq M \qquad \text{für } i = 1, 2, \ldots, m \text{ und } j = 1, 2, \ldots, n,$$

können die Restriktionen

$$x_{ij} \leq \min (a_i, b_j) \cdot y_{ij}$$

jedoch durch

$$x_{ij} \leq M \cdot y_{ij}$$

ersetzt werden. Eine solche obere Schranke ist aber z.B. stets durch

$$M = \max_i a_i$$

gegeben.

Zusammenfassend ergibt sich für das Fixed-Charge-Transportproblem somit das folgende auf BALINSKI zurückgehende mathematische Modell:

$$z = \sum_{i=1}^{m} \sum_{j=1}^{n} (c_{ij} x_{ij} + k_{ij} y_{ij}) = \text{Min!}$$

unter den Restriktionen

$$\text{(i)} \quad \sum_{j=1}^{n} x_{ij} = a_i \qquad i = 1, 2, \ldots, m$$

$$\text{(ii)} \quad \sum_{i=1}^{m} x_{ij} = b_j \qquad j = 1, 2, \ldots, n$$

$$\text{(iii)} \quad x_{ij} \leq M \cdot y_{ij} \qquad \begin{aligned} i &= 1, 2, \ldots, m \\ j &= 1, 2, \ldots, n \end{aligned}$$

$$M = \max_i a_i$$

$$\text{(iv)} \quad x_{ij} \geq 0 \qquad \begin{array}{l} i = 1, 2, \ldots, m \\ j = 1, 2, \ldots, n \end{array}$$

$$\text{(v)} \quad y_{ij} = \begin{cases} 0 \\ 1 \end{cases} \qquad \begin{array}{l} i = 1, 2, \ldots, m \\ j = 1, 2, \ldots, n \end{array}$$

Modell 6-11: Standardmodell mit Ganzzahligkeitsbedingung zum allgemeinen Fixed-Charge-Transportproblem

Als Standardmodell mit Ganzzahligkeitsbedingung des in Beispiel 8 angeführten Fixed-Charge-Transportproblems erhält man nach Trennung der x_{ij} und y_{ij}:

$$z = 6x_{11} + 5x_{12} + 3x_{13} + 3x_{21} + 2x_{22} + x_{23} + y_{11} + 3y_{12}$$
$$+ 2y_{13} + 3y_{21} + y_{22} + 2y_{23} = \text{Min!}$$

unter den Restriktionen

$$\text{(i)} \quad \begin{aligned} x_{11} + x_{12} + x_{13} &= 9 \\ x_{21} + x_{22} + x_{23} &= 7 \end{aligned}$$

$$\text{(ii)} \quad \begin{aligned} x_{11} + x_{21} &= 8 \\ x_{12} + x_{22} &= 5 \\ x_{13} + x_{23} &= 3 \end{aligned}$$

$$\text{(iii)} \quad \begin{aligned} x_{11} - 9y_{11} &\leq 0 \\ x_{12} - 9y_{12} &\leq 0 \\ x_{13} - 9y_{13} &\leq 0 \\ x_{21} - 9y_{21} &\leq 0 \\ x_{22} - 9y_{22} &\leq 0 \\ x_{23} - 9y_{23} &\leq 0 \end{aligned}$$

$$\text{(iv)} \quad x_{ij} \geq 0 \qquad \begin{array}{l} i = 1, 2 \\ j = 1, 2, 3 \end{array}$$

$$\text{(v)} \quad y_{ij} = \begin{cases} 0 \\ 1 \end{cases} \qquad \begin{array}{l} i = 1, 2 \\ j = 1, 2, 3 \end{array}$$

Modell 6-12: Standardmodell mit Ganzzahligkeitsbedingung zum Fixed-Charge-Transportproblem aus Beispiel 8

6.1.3.3 <u>Modellösung und Interpretation der von einem Standardprogrammpaket erzeugten Druckausgabe</u>

Bei Verwendung der In Kapitel 3.1.1 Abb. 3-1 angeführten Bezeichnungen ergibt sich für Modell 6-12 (Beispiel 8) das in Abb. 6-46 wiedergegebene MPS-Tableau.

	X11	X12	X13	X21	X22	X23	Y11	Y12	Y13	Y21	Y22	Y23	Typ	RS
ZIEL	6	5	3	3	2	1	1	3	2	3	1	2	Min.	
R1	1	1	1										=	9
R2				1	1	1							=	7
R3	1		1										=	8
R4		1		1									=	5
R5			1		1								=	3
R6	1						-9						≦	0
R7		1						-9					≦	0
R8			1						-9				≦	0
R9				1						-9			≦	0
R10					1						-9		≦	0
R11						1						-9	≦	0
BD							BV	BV	BV	BV	BV	BV		

Abb. 6-46: MPS-Tableau zu Modell 6-12 (Beispiel 8)

Verwendet man in der NAME-Karte als Identifikation "FIXTRANS", dann hat das MPS-Datendeck selbst die in Abb. 6-47 gezeigte Gestalt.

Angaben bzgl. der Lösungen enthalten die Sektionen CONSTRAINTS, COLUMNS und MIXINT NODE LOG, die in den Abb. 6-48 und 6-49 wiedergegeben sind.

Für die Lösung von Beispiel 8 ergibt sich somit:

Optimalwert der Zielfunktion

68 GE

```
NAME                FIXTRANS
ROWS
 N  ZIEL
 E  R1
 E  R2
 E  R3
 E  R4
 E  R5
 L  R6
 L  R7
 L  R8
 L  R9
 L  R10
 L  R11
COLUMNS
    X11         ZIEL        6.
    X11         R1          1.          R3          1.
    X11         R6          1.
    X12         ZIEL        5.
    X12         R1          1.          R4          1.
    X12         R7          1.
    X13         ZIEL        3.
    X13         R1          1.          R5          1.
    X13         R8          1.
    X21         ZIEL        3.
    X21         R2          1.          R3          1.
    X21         R9          1.
    X22         ZIEL        2.
    X22         R2          1.          R4          1.
    X22         R10         1.
    X23         ZIEL        1.
    X23         R2          1.          R5          1.
    X23         R11         1.
    Y11         ZIEL        1.
    Y11         R6         -9.
    Y12         ZIEL        3.
    Y12         R7         -9.
    Y13         ZIEL        2.
    Y13         R8         -9.
    Y21         ZIEL        3.
    Y21         R9         -9.
    Y22         ZIEL        1.
    Y22         R10        -9.
    Y23         ZIEL        2.
    Y23         R11        -9.
RHS
    RS          R1          9.          R2          7.
    RS          R3          8.          R4          5.
    RS          R5          3.
BOUNDS
 BV BJ          Y11
 BV BJ          Y12
 BV BJ          Y13
 BV BJ          Y21
 BV BJ          Y22
 BV BJ          Y23
ENDATA
```

Abb. 6-47: MPS-Datendeck zu Modell 6-12 (Beispiel 8)

                            C O N S T R A I N T S

PRINT OPTION = COMPLETE OUTPUT   VALUE OF OBJECTIVE =   68.00000
NAME = FIXTRANS   OBJ = ZIEL   RHS = RS   BND = BD   RPSOBJ =   1.0000 RPSRHS =   1.0000
DIR = MINIMIZE   COBJ =   CRHS =   RNG =   RPCHOBJ =   0.0000 RPCHRHS =   0.0000

 NUMBER   NAME   TYPE   STATUS   ROW ACTIVITY   SLACK   RHS LOWER   RHS UPPER   MARGINAL
 ------   --------   ----   -------   ------------   ------------   ------------   ------------   ------------

    1   ZIEL   FR   SLACK   68.00000   -68.00000   -INF   +INF   .
    2   R1   EQ   BINDING   9.00000   .   9.00000   9.00000   -3.00000
    3   R2   EQ ** BINDING   7.00000   .   7.00000   7.00000   .
    4   R3   EQ   BINDING   8.00000   .   8.00000   8.00000   -3.00000
    5   R4   EQ   BINDING   5.00000   .   5.00000   5.00000   -2.00000
    6   R5   EQ   SLACK   3.00000   .   3.00000   3.00000   .
    7   R6   LE   SLACK   -3.00000   3.00000   -INF   .   .
    8   R7   LE ** BINDING   .   .   -INF   .   .
    9   R8   LE   SLACK   -6.00000   6.00000   -INF   .   .
   10   R9   LE   SLACK   -7.00000   7.00000   -INF   .   .
   11   R10   LE   SLACK   -4.00000   4.00000   -INF   .   .
   12   R11   LE   SLACK   .   .   -INF   .   .

                            C O L U M N S

PRINT OPTION = COMPLETE OUTPUT   VALUE OF OBJECTIVE =   68.00000
NAME = FIXTRANS   OBJ = ZIEL   RHS = RS   BND = BD   RPSOBJ =   1.0000 RPSRHS =   1.0000
DIR = MINIMIZE   COBJ =   CRHS =   RNG =   RPCHOBJ =   0.0000 RPCHRHS =   0.0000

 NUMBER   NAME   TYPE   STATUS   COL ACTIVITY   OBJ COEF   BND LOWER   BND UPPER   MARGINAL
 ------   --------   ----   -------   ------------   ------------   ------------   ------------   ------------

    1   X11   PL   ACTIVE   6.00000   6.00000   .   +INF   .
    2   X12   PL   ACTIVE   .   5.00000   .   +INF   .
    3   X13   PL   ACTIVE   3.00000   3.00000   .   +INF   .
    4   X21   PL   ACTIVE   2.00000   3.00000   .   +INF   .
    5   X22   PL   ACTIVE   5.00000   2.00000   .   +INF   .
    6   X23   PL   LOWER   .   1.00000   .   +INF   1.00000
    7   Y11   BV   LOWER   1.00000   1.00000   .   1.00000   1.00000   ARB BV
    8   Y12   BV   LOWER   .   3.00000   .   1.00000   3.00000
    9   Y13   BV   LOWER   1.00000   2.00000   .   1.00000   2.00000   ARB BV
   10   Y21   BV   LOWER   1.00000   3.00000   .   1.00000   3.00000   ARB BV
   11   Y22   BV   LOWER   1.00000   1.00000   .   1.00000   1.00000   ARB BV
   12   Y23   BV   LOWER   .   2.00000   .   1.00000   2.00000

Abb. 6-48: OUTPUT REPORT
CONSTRAINTS und COLUMNS zu Modell 6-12 (Beispiel 8)

NODE NO.	PARENT NODE NO.	ARB. DIR.	STATUS	OBJECTIVE FUNCTION VALUE	SUM OF FRACTIONS	- - - - - - - SEPARATION VARIABLE - - - - - - - - TYPE	NUMBER	LOWER LIMIT	UPPER LIMIT
1	0		DEVELOPED	-63.555556	1.333				
2	1	UP	DEVELOPED	-64.888889	1.000	BINARY	9	1.000	1.000
3	2	UP	DEVELOPED	-67.222222	.778	BINARY	10	1.000	1.000
4	3	UP	DEVELOPED	-67.555556	.444	BINARY	7	1.000	1.000
5	4	UP	INTEGER	-68.000000	0.000	BINARY	11	1.000	1.000

INTEGER SOLUTION NUMBER   1
  IS WITHIN   2.778 UNITS (4.26 PER CENT) OF OPTIMUM

NODE NO.	PARENT NODE NO.	ARB. DIR.	STATUS	OBJECTIVE FUNCTION VALUE	SUM OF FRACTIONS	TYPE	NUMBER	LOWER LIMIT	UPPER LIMIT
6	1	DOWN	DEVELOPED	-66.333333	1.000	BINARY	9	0.000	0.000
7	2	DOWN	DEVELOPED	-66.888889	.778	BINARY	10	0.000	0.000
8	6	UP	BOUNDED	-70.333333	.778	BINARY	8	1.000	1.000
		UP				BINARY	12	1.000	1.000

CANNOT FIND ANY BETTER INTEGER SOLUTION
INTEGER SOLUTION FOUND AT NODE   5, WITH FUNCTIONAL VALUE   -68.000000,
  IS ASSUMED OPTIMAL

Abb. 6-49: OUTPUT REPORT
MIXINT NODE LOG zu Modell 6-12 (Beispiel 8)

Optimalwerte der Variablen

    X11 = 6 ME
    X12 = 0 ME
    X13 = 3 ME
    X21 = 2 ME
    X22 = 5 ME
    X23 = 0 ME

    Y11 = 1
    Y12 = 0
    Y13 = 1
    Y21 = 1
    Y22 = 1
    Y23 = 0.

Es sei bemerkt, daß - wie man der Sektion MIXINT NODE LOG aus Abb. 6-49 entnimmt - die Ganzzahligkeitsbedingung der y_{ij} nicht redundant ist.

6.1.3.4 Abriß zu einem Algorithmus für das Fixed-Charge-Transportproblem

Bevor ein Branch und Bound Algorithmus zur Lösung des Fixed-Charge-Transportproblems beschrieben wird, soll auf Zusammenhänge zwischen dem Fixed-Charge-Transportproblem und dem klassischen Transportproblem eingegangen werden, die häufig zur näherungsweisen Lösung von Fixed-Charge-Transportproblemen herangezogen werden. Hier sind speziell die Untersuchungen von HIRSCH und DANTZIG anzuführen; auf sie geht auch der folgende Satz zurück:

Satz 6-9
Die Optimallösung des Fixed-Charge-Transportproblems ist eine Basislösung des zugehörigen klassischen Transportproblems, d.h. des klassischen Transportproblems, das sich durch Vernachlässigung der fixen Kosten aus dem Fixed-Charge-Transportproblem ergibt.

Da das klassische Transportproblem bei ganzzahligen a_i und b_j nur ganzzahlige Basislösungen und somit auch eine ganzzahlige Optimallösung besitzt, gilt nach diesem Satz dasselbe für das Fixed-Charge-Transportproblem.

Zur Erläuterung dieses Satzes diene das Fixed-Charge-Transportproblem aus Beispiel 8. Aus der Problemstellung nach Abb. 6-44

$$
\left[\begin{array}{ccc|ccc}
6 & 5 & 3 & 1 & 3 & 2 \\
3 & 2 & 1 & 3 & 1 & 2
\end{array}\right]
\begin{array}{c} 9 \\ 7 \end{array}
$$

$$
8 \quad 5 \quad 3
$$

ergibt sich als zugehöriges klassisches Transportproblem:

$$
\left[\begin{array}{ccc}
6 & 5 & 3 \\
3 & 2 & 1
\end{array}\right]
\begin{array}{c} 9 \\ 7 \end{array}
$$

$$
8 \quad 5 \quad 3
$$

Modell 6-13: Klassisches Transportproblem zum Fixed-Charge-Transportproblem aus Beispiel 8

Bei Verwendung der Schreibweise

$$
\begin{pmatrix}
x_{11} & x_{12} & x_{13} \\
x_{21} & x_{22} & x_{23}
\end{pmatrix}
$$

erhält man zu Modell 6-13 folgende Basislösungen:

$$
a = \begin{pmatrix} 6 & 0 & 3 \\ 2 & 5 & 0 \end{pmatrix}
\qquad
b = \begin{pmatrix} 8 & 0 & 1 \\ 0 & 5 & 2 \end{pmatrix}
\qquad
c = \begin{pmatrix} 8 & 1 & 0 \\ 0 & 4 & 3 \end{pmatrix}
$$

$$
d = \begin{pmatrix} 4 & 5 & 0 \\ 4 & 0 & 3 \end{pmatrix}
\qquad
e = \begin{pmatrix} 1 & 5 & 3 \\ 0 & 4 & 3 \end{pmatrix}
$$

*Abb. 6-50: Basislösungen des klassischen Transportproblems zum
Fixed-Charge-Transportproblem aus Beispiel 8*

Die den Basislösungen entsprechenden Kosten des Fixed-Charge-Transportproblems aus Beispiel 8 sind in Abb. 6-51 wiedergegeben.

Die Optimallösung wird also durch die Basislösung a repräsentiert, die
auch Bestandteil der in Kapitel 6.1.3.3 bestimmten Optimallösung ist.

Ein einfaches Näherungsverfahren, das auf dem folgenden Satz basiert, stammt
von BALINSKI:

Satz 6-10

In einer Optimallösung des Fixed-Charge-Transportproblems zu Modell 6-11 ohne Ganzzahligkeitsbedingung besteht zwischen den Variablen x_{ij} und y_{ij} die Beziehung

$$x_{ij} = min\ (a_i, b_j) \cdot y_{ij}.$$

Basislösung	a	b	c	d	e
Transport- kosten	61	63	64	64	61
Fixkosten	7	6	7	9	9
Gesamtkosten	68	69	71	73	70

Abb. 6-51: *Tranport-, Fix- und Gesamtkosten zum Fixed-Charge-Transportproblem aus Beispiel 8 für die Basislösungen des entsprechenden klassischen Transportproblems aus Abb. 6-50*

Dieser Satz gestattet die Transformation des Fixed-Charge-Transportproblems zu Modell 6-11 ohne Ganzzahligkeitsbedingung in ein klassisches Transportproblem. Mit

$$y_{ij} = \frac{x_{ij}}{min\ (a_i, b_j)}$$

geht das Fixed-Charge-Transportproblem in das folgende klassische Transportproblem über:

$$\sum_{i=1}^{m} \sum_{j=1}^{n} (c_{ij} + \frac{k_{ij}}{min\ (a_i, b_j)})\ x_{ij} = Min!$$

unter den Restriktionen

$$(i) \quad \sum_{j=1}^{n} x_{ij} = a_i \qquad i = 1, 2, \ldots, m$$

$$(ii) \quad \sum_{i=1}^{m} x_{ij} = b_j \qquad j = 1, 2, \ldots, n$$

(iii) $x_{ij} \geq 0$

Modell 6-14: Klassisches Transportproblem zum allgemeinen Fixed-Charge-Transportproblem aus Modell 6-11 ohne Ganzzahligkeitsbedingung

Aus einer Optimallösung x_{ij}' dieses klassischen Transportproblems konstruiert man dann eine Näherungslösung x_{ij}^{o}, y_{ij}^{o} zum Fixed-Charge-Transportproblem wie folgt:

$$x_{ij}^{o} = 0$$
$$y_{ij}^{o} = 0 \qquad \text{für } x_{ij}' = 0$$

$$x_{ij}^{o} = x_{ij}'$$
$$y_{ij}^{o} = 1 \qquad \text{für } x_{ij}' > 0.$$

Das Fixed-Charge-Transportproblem zu Beispiel 8 aus Abb. 6-44 ohne Ganzzahligkeitsbedingung liefert mit den Kostenkoeffizienten

$$c_{ij} + \frac{k_{ij}}{\min (a_i, b_j)}$$

das folgende klassische Transportproblem:

$\frac{49}{8}$	$\frac{28}{3}$	$\frac{11}{3}$	9
$\frac{24}{7}$	$\frac{11}{5}$	$\frac{5}{3}$	7
8	5	3	

Modell 6-15: Klassisches Transportproblem zum Fixed-Charge-Transportproblem aus Modell 6-12 (Beispiel 8) ohne Ganzzahligkeitsbedingung

Als Lösung erhält man für die Zielfunktion den Wert

$$z = 65.61,$$

für die Variablen die Werte

$$x_{11}' = 6 \qquad x_{21}' = 2$$

$$x_{12}' = 0 \qquad x_{22}' = 5$$
$$x_{13}' = 3 \qquad x_{23}' = 0.$$

Als Näherungslösung bzgl. des Fixed-Charge-Transportproblems ergibt sich hieraus:

$$x_{11}^{o} = 6 \qquad y_{11}^{o} = 1$$
$$x_{12}^{o} = 0 \qquad y_{12}^{o} = 0$$
$$x_{13}^{o} = 3 \qquad y_{13}^{o} = 1$$
$$x_{21}^{o} = 2 \qquad y_{21}^{o} = 1$$
$$x_{22}^{o} = 5 \qquad y_{22}^{o} = 1$$
$$x_{23}^{o} = 0 \qquad y_{23}^{o} = 0,$$

mit

$$z = 68$$

für den Wert der Zielfunktion, d.h. es hat sich die Optimallösung ergeben.

Ein einfacher Branch und Bound Algorithmus zur exakten Lösung von Fixed-Charge-Transportproblemen nach Modell 6-11 ist etwa der folgende:

Als Relaxation verwendet man das entsprechende Problem ohne Ganzzahligkeitsbedingung, d.h. mit

$$0 \leqq y_{ij} \leqq 1 \text{ anstelle von } y_{ij} = \begin{cases} 0 \\ 1. \end{cases}$$

Zur Separation wählt man ein Problem, für das der Wert der Zielfunktion der entsprechenden Relaxation minimal ist. Als Separationsvariable wählt man ein nicht ganzzahliges y_{ij} mit minimalem k_{ij}. Die Betrachtung der Fälle $y_{ij} = 0$ bzw. $y_{ij} = 1$ liefert somit zwei neue Teilprobleme. Bei der Bestimmung der Separationsvariablen läßt man sich von dem Gedanken leiten, daß - im Falle $y_{ij} = 1$ - der durch die Fixkosten bedingte Zuwachs minimal sein soll.

Beim Ausloten werden alle Teilprobleme, für die der Minimalwert der zugehörigen Relaxation größer oder gleich dem Zielfunktionswert einer zulässigen Lösung ist, d.h. einer Lösung, die den Restriktionen (i) - (v) im Modell 6-11 genügt, von den weiteren Betrachtungen ausgeschlossen.

Für das durch Abb. 6-44 gegebene Beispiel 8

6	5	3	1	3	2	9
3	2	1	3	1	2	7

| | 8 | 5 | 3 | | | | |

erzeugt der Algorithmus den folgenden Entscheidungsbaum:

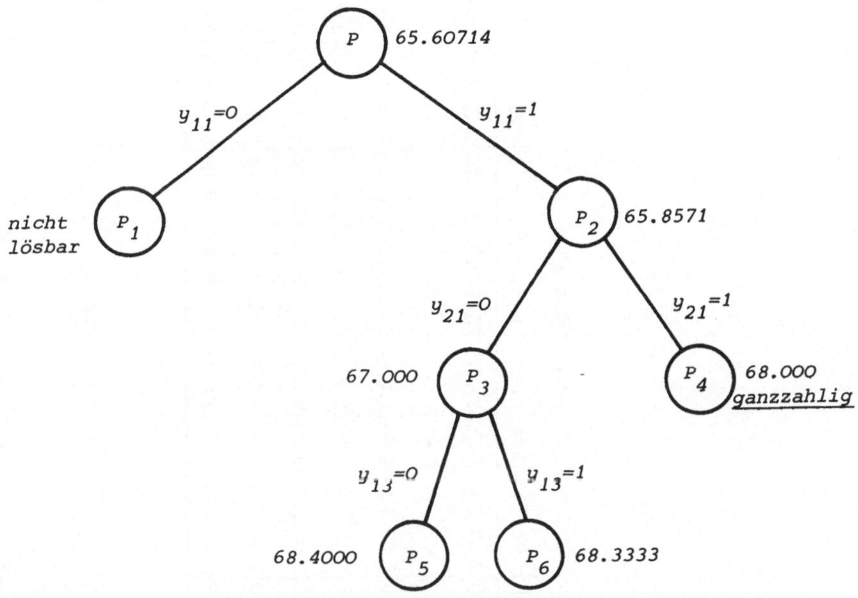

Abb. 6-52: Entscheidungsbaum zur Lösung des Modells 6-12 (Beispiel 8)

Wie hieraus zu entnehmen ist, liefert P_4 die Lösung des Ausgangsproblems; die Lösungen der im Laufe der Berechnung auftretenden Teilprobleme selbst sind - auf zwei Stellen hinter dem Komma gerundet - in der in Abb. 6-53 auf der folgenden Seite enthaltenen Tabelle zusammengestellt.

Prob.	Vor. Prob.	Problem-Beschreibung						Lösung der Relaxation												Separations-	
		y_{11}	y_{12}	y_{13}	y_{21}	y_{22}	y_{23}	x_{11}	x_{12}	x_{13}	x_{21}	x_{22}	x_{23}	y_{11}	y_{12}	y_{13}	y_{21}	y_{22}	y_{23}	Wert	Problem	Variable
P	-	≥ 0	≥ 0	≥ 0	≥ 0	≥ 0	≥ 0	6.00	0.00	3.00	2.00	5.00	0.00	0.75	0.00	1.00	0.28	1.00	0.00	65.61	P	y_{11}
P_1	P	$=0$	≥ 0	≥ 0	≥ 0	≥ 0	≥ 0	-	-	-	-	-	-	-	-	-	-	-	-	-	-	-
P_2	P	$=1$	≥ 0	≥ 0	≥ 0	≥ 0	≥ 0	6.00	0.00	3.00	2.00	5.00	0.00	1.00	0.00	1.00	0.28	1.00	0.00	65.86	P_2	y_{21}
P_3	P_2	$=1$	≥ 0	≥ 0	$=0$	≥ 0	≥ 0	8.00	0.00	1.00	0.00	5.00	2.00	1.00	0.00	0.33	0.00	1.00	0.67	67.00	P_3	y_{13}
P_4	P_2	$=1$	≥ 0	≥ 0	$=1$	≥ 0	≥ 0	6.00	0.00	3.00	2.00	5.00	0.00	1.00	0.00	1.00	1.00	1.00	0.00	68.00	ganzzahlig	
P_5	P_3	$=1$	≥ 0	$=0$	$=0$	≥ 0	≥ 0	8.00	1.00	0.00	0.00	4.00	3.00	1.00	0.20	0.00	0.00	0.80	1.00	68.40	-	-
P_6	P_3	$=1$	≥ 0	$=1$	$=0$	≥ 0	≥ 0	8.00	0.00	1.00	0.00	5.00	2.00	1.00	0.00	1.00	0.00	1.00	0.67	68.33	-	-

Abb. 6-53: *Lösungen und Angaben bzgl. der Separation für die im Entscheidungsbaum aus Abb. 6-52 auftretenden Teilprobleme*

6.1.4 <u>Literatur</u>

Balinski, M.L.   "Fixed cost transportation problems".
Nav. Res. Log. Quart. 8, 41-54 (1961)

Burkard, R.E.   "Methoden der ganzzahligen Optimierung"
Wien - New York (1972)

Dantzig, G.B.   "Lineare Programmierung und Erweiterungen"
Berlin - Heidelberg - New York (1966)

Hirsch, W.
Dantzig, G.B.   "The Fixed Charge Problem"
Nav. Res. Log. Quart. 15, 413-428
(1968)

Hitchcock, F.L.   "The Distribution of a Product from
several Sources or Numerous Lo-
calities"
J. Math. Phys. 20, 224-230 (1941)

Judin, D.B.
Golstein, E.G.   "Lineare Optimierung I/II"
Berlin 1968/1970

Koopmans, T.C.   "Optimum Utilization of the Transportation System"
Supplement von Econometrica 17 (1949)

Murty, K.G.   "Linear and combinatorial programming"
New York - London - Sydney - Toronto
(1976)

Orden, A.   "The transshipment problem"
Man. Sci. 2, 276-285 (1956)

Salkin, H.M.   "Integer Programming"
Menlo Park - London - Don Mills (1975)

Suchowitzki, S.I.
Awdejewa, L.I.   "Lineare und konvexe Programmierung"
München - Wien (1969)

Taha, H.A.   "Integer Programming - Theory,

Applications and Computations"
New York - San Francisco - London
(1975)

6.2 Zuordnungsprobleme

Zuordnungsprobleme treten auf in Fertigungsbetrieben, wobei sich, in Abhängigkeit von der Art der Fertigung etwa

. Fertigung mit vorgegebener Reihenfolge der Bearbeitung oder parallel ausführbaren Tätigkeiten

bzw.

. Fertigung ohne vorgegebene Reihenfolge der Bearbeitung

Probleme der optimalen Zuordnung von Arbeitskräften zu Arbeitsplätzen bzw. der optimalen Reihenfolge ergeben.

Auf beide Problemkreise soll im folgenden eingegangen werden.

6.2.1 Summen-Zuordnungsproblem

Das Summen-Zuordnungsproblem kann interpretiert werden als Problem der Minimierung der Gesamtarbeitszeit bei einer Fertigung mit vorgegebener Reihenfolge der Tätigkeiten.

6.2.1.1 Einführendes Beispiel

Beispiel 9

Ein Werkstück hat bis zu seiner Fertigstellung 4 Arbeitsplätze in der Folge A_1, A_2, A_3 und A_4 zu durchlaufen. Zur Besetzung der Arbeitsplätze stehen 4 Personen P_1, P_2, P_3 und P_4 zur Verfügung, die jedoch bzgl. der verschiedenen Arbeitsplätze unterschiedliche Qualifikationen aufweisen. In der in Abb. 6-54 wiedergegebenen Tabelle sind die Arbeitszeiten in Zeiteinheiten (ZE) der verschiedenen Personen zur Fertigung des Werkstückes bzgl. der verschiedenen Arbeitsplätze zusammengestellt.

Die Aufgabe besteht nun darin, die 4 Personen so auf die 4 Arbeitsplätze zu verteilen - wobei jeder Person genau ein Arbeitsplatz zugeordnet werden muß - daß die Gesamtarbeitszeit zur Fertigstellung des Werkstückes minimal wird.

	Arbeitszeiten ZE			
	A_1	A_2	A_3	A_4
P_1	9	7	8	8
P_2	6	2	6	7
P_3	7	1	3	8
P_4	1	3	1	5

Abb. 6-54: Problemspezifische Angaben zu Beispiel 9

Vor der Lösung dieses Problems als Aufgabe der linearen Optimierung und deren Lösung mittels eines Standardprogrammpaketes soll allgemein auf die Problemstellung sowie das Standardmodell zum Summen-Zuordnungsproblem eingegangen werden.

6.2.1.2 Allgemeine Problemstellung und Standardmodell zum Summen-Zuordnungsproblem

Das Summen-Zuordnungsproblem kann allgemein folgendermaßen formuliert werden:

Ein Werkstück hat bis zu seiner Fertigstellung n Arbeitsplätze in der Folge A_1, A_2, A_3, ..., A_n zu durchlaufen. Zur Besetzung der Arbeitsplätze stehen n Personen P_i, i = 1, 2, ..., n, zur Verfügung, die bzgl. der Arbeitsplätze unterschiedlich qualifiziert sind. Bezeichnet c_{ij} die Arbeitszeit in Zeiteinheiten (ZE), die die Person P_i zur Fertigstellung des Werkstückes auf dem Arbeitsplatz A_j benötigt, dann läßt sich das Problem in der in Abb. 6-55 gezeigten Tabelle unterbringen.

Die Aufgabe besteht nun darin, die n Personen so auf die n Arbeitsplätze zu verteilen - wobei jeder Person genau ein Arbeitsplatz zugeordnet werden muß -, daß die Gesamtarbeitszeit zur Fertigstellung des Werkstückes minimal wird.

Zur Herleitung des entsprechenden mathematischen Modells sind zunächst für die unbekannten Größen Variablen einzuführen. Da die Person P_i entweder dem Arbeitsplatz A_j zugeordnet wird oder nicht, benötigt man Variablen, die diese Alternative anzeigen.

	Arbeitszeiten ZE			
	A_1	A_2	$A_3 \cdots$	A_n
P_1	c_{11}	c_{12}	$c_{13} \cdots$	c_{1n}
P_2	c_{21}	c_{22}	$c_{23} \cdots$	c_{2n}
$\vdots$				$\vdots$
P_n	c_{n1}	c_{n2}	$c_{n3} \cdots$	c_{nn}

Abb. 6-55: Problemspezifische Angaben zum allgemeinen
Summen-Zuordnungsproblem

Für i = 1, 2, ..., n und j = 1, 2, ..., n bezeichnet

$$x_{ij} = \begin{cases} 1 \text{ falls die Person } P_i \text{ dem Arbeitsplatz } A_j \text{ zugeordnet wird,} \\ 0 \text{ sonst.} \end{cases}$$

Die Zielforderung - nämlich die Minimierung der Gesamtarbeitszeit - ergibt
sich dann zu

$$z = \sum_{i=1}^{n} \sum_{j=1}^{n} c_{ij}x_{ij} = \text{Min!}$$

Da jede Person P_i einem Arbeitsplatz zugewiesen werden muß, ergeben sich die
Restriktionen

$$\sum_{j=1}^{n} x_{ij} = 1 \qquad i = 1, 2, ..., n.$$

Da auch jeder Arbeitsplatz A_j belegt werden muß, erhält man die Restriktionen

$$\sum_{i=1}^{n} x_{ij} = 1 \qquad j = 1, 2, ..., n.$$

Zusammenfassend ergibt sich somit für das Summen-Zuordnungsproblem das folgende mathematische Modell:

$$z = \sum_{i=1}^{n} \sum_{j=1}^{n} c_{ij}x_{ij} = \text{Min!}$$

unter den Restriktionen

$$(i) \quad \sum_{j=1}^{n} x_{ij} = 1 \qquad i = 1, 2, \ldots, n$$

$$(ii) \quad \sum_{i=1}^{n} x_{ij} = 1 \qquad j = 1, 2, \ldots, n$$

$$(iii) \quad x_{ij} = \begin{cases} 0 & i = 1, 2, \ldots, n \\ 1 & j = 1, 2, \ldots, n. \end{cases}$$

Modell 6-16: Standardmodell zum allgemeinen Summen-Zuordnungsproblem

Als Standardmodell des in Beispiel 9 angeführten Summen-Zuordnungsproblems erhält man

$$z = 9x_{11} + 7x_{12} + 8x_{13} + 8x_{14} + 6x_{21} + 2x_{22} + 6x_{23}$$
$$+ 7x_{24} + 7x_{31} + 1x_{32} + 3x_{33} + 8x_{34} + 1x_{41} + 3x_{42}$$
$$+ 1x_{43} + 5x_{44} = \text{Min!}$$

unter den Restriktionen

$$(i) \quad \begin{aligned} x_{11} + x_{12} + x_{13} + x_{14} &= 1 \\ x_{21} + x_{22} + x_{23} + x_{24} &= 1 \\ x_{31} + x_{32} + x_{33} + x_{34} &= 1 \\ x_{41} + x_{42} + x_{43} + x_{44} &= 1 \end{aligned}$$

$$(ii) \quad \begin{aligned} x_{11} + x_{21} + x_{31} + x_{41} &= 1 \\ x_{12} + x_{22} + x_{32} + x_{42} &= 1 \\ x_{13} + x_{23} + x_{33} + x_{43} &= 1 \\ x_{14} + x_{24} + x_{34} + x_{44} &= 1 \end{aligned}$$

$$(iii) \quad x_{ij} = \begin{cases} 0 & i = 1, 2, \ldots, n \\ 1 & j = 1, 2, \ldots, n. \end{cases}$$

Modell 6-17: Standardmodell zum Summen-Zuordnungsproblem aus Beispiel 9

ZIEL	X11	X12	X13	X14	X21	X22	X23	X24	X31	X32	X33	X34	X41	X42	X43	X44	Typ	RS
	9	7	8	8	6	2	6	7	7	1	3	8	1	3	1	5	Max.	
R1	1	1	1	1													=	1
R2					1	1	1	1									=	1
R3									1	1	1	1					=	1
R4													1	1	1	1	=	1
R5	1				1				1				1				=	1
R6		1				1				1				1			=	1
R7			1				1				1				1		=	1
R8				1				1				1				1	=	1
BD	BV	BV	BV	BV	BV	BV	BV	BV	BV	BV	BV	BV	BV	BV	BV	BV		

Abb. 6-56: MPS-Tableau zu Modell 6-17 (Beispiel 9)

```
NAME          ZUORDSUM
ROWS
 N  ZIEL
 E  R1
 E  R2
 E  R3
 E  R4
 E  R5
 E  R6
 E  R7
 E  R8
COLUMNS
    X11       ZIEL      9.
    X11       R1        1.           R5        1.
    X12       ZIEL      7.
    X12       R1        1.           R6        1.
    X13       ZIEL      8.
    X13       R1        1.           R7        1.
    X14       ZIEL      8.
    X14       R1        1.           R8        1.
    X21       ZIEL      6.
    X21       R2        1.           R5        1.
    X22       ZIEL      2.
    X22       R2        1.           R6        1.
    X23       ZIEL      6.
    X23       R2        1.           R7        1.
    X24       ZIEL      7.
    X24       R2        1.           R8        1.
    X31       ZIEL      7.
    X31       R3        1.           R5        1.
    X32       ZIEL      1.
    X32       R3        1.           R6        1.
    X33       ZIEL      3.
    X33       R3        1.           R7        1.
    X34       ZIEL      8.
    X34       R3        1.           R8        1.
    X41       ZIEL      1.
    X41       R4        1.           R5        1.
    X42       ZIEL      3.
    X42       R4        1.           R6        1.
    X43       ZIEL      1.
    X43       R4        1.           R7        1.
    X44       ZIEL      5.
    X44       R4        1.           R8        1.
RHS
    RS        R1        1.           R2        1.
    RS        R3        1.           R4        1.
    RS        R5        1.           R6        1.
    RS        R7        1.           R8        1.
BOUNDS
 BV BD        X11
 BV BD        X12
 BV BD        X13
 BV BD        X14
 BV BD        X21
 BV BD        X22
 BV BD        X23
 BV BD        X24
```

```
BV BD        X31
BV BD        X32
BV BD        X33
BV BD        X34
BV BD        X41
BV BD        X42
BV BD        X43
BV BD        X44
ENDATA
```

Abb. 6-57: MPS-Datendeck zu Modell 6-17 (Beispiel 9)

6.2.1.3 Modellösung und Interpretation der von einem Standardprogrammpaket erzeugten Druckausgabe

Bei Verwendung der in Kapitel 3.1.1 Abb. 3-1 angeführten Bezeichnungen ergibt sich zu Modell 6-17 (Beispiel 9) das in Abb. 6-56 wiedergegebene MPS-Tableau.

Verwendet man in der NAME-Karte als Identifikation "ZUORDSUM", dann erhält man zu dem MPS-Tableau aus Abb. 6-56 das in Abb. 6-57 dargestellte MPS-Datendeck.

Die die Lösungen betreffenden Sektionen CONSTRAINTS und COLUMNS sind in Abb. 6-58 enthalten.

Für die Lösung von Beispiel 9 ergibt sich somit:

Optimalwert der Zielfunktion

  14 ZE

Optimalwerte der Problemvariablen

$$X11 = 0$$
$$X12 = 0$$
$$X13 = 0$$
$$X14 = 1$$
$$X21 = 0$$
$$X22 = 1$$
$$X23 = 0$$
$$X24 = 0$$
$$X31 = 0$$
$$X32 = 0$$
$$X33 = 1$$
$$X34 = 0$$

C O N S T R A I N T S

```
PRINT OPTION = COMPLETE OUTPUT                           VALUE OF OBJECTIVE =          14.00000
NAME = ZUORDSUM     OBJ = ZIEL        RHS = RS      BND = BD      RPSOBJ  =    1.0000   RPSRHS  =    1.0000
DIR  = MINIMIZE     COBJ =            CRHS =        RNG =         RPCHOBJ =    0.0000   RPCHRHS =    0.0000

  NUMBER    NAME    TYPE   STATUS   ROW ACTIVITY      SLACK        RHS LOWER      RHS UPPER       MARGINAL
  ------  --------  ----  --------  ------------  ------------   ------------   ------------   ------------

     1    ZIEL       FR    SLACK      14.00000     -14.00000       -INF           +INF             .
     2    R1         EQ    BINDING     1.00000         .            1.00000        1.00000       -1.00000
     3    R2         EQ    SLACK       1.00000         .            1.00000        1.00000          .
     4    R3         EQ    BINDING     1.00000         .            1.00000        1.00000        1.00000
     5    R4         EQ    BINDING     1.00000         .            1.00000        1.00000        3.00000
     6    R5         EQ    BINDING     1.00000         .            1.00000        1.00000       -6.00000
     7    R6         FQ    BINDING     1.00000         .            1.00000        1.00000       -2.00000
     8    R7         EQ    BINDING     1.00000         .            1.00000        1.00000       -4.00000
     9    R8         EQ    BINDING     1.00000         .            1.00000        1.00000       -7.00000
```

C O L U M N S

```
PRINT OPTION = COMPLETE OUTPUT                           VALUE OF OBJECTIVE =          14.00000
NAME = ZUORDSUM     OBJ = ZIEL        RHS = RS      BND = BD      RPSOBJ  =    1.0000   RPSRHS  =    1.0000
DIR  = MINIMIZE     COBJ =            CRHS =        RNG =         RPCHOBJ =    0.0000   RPCHRHS =    0.0000

  NUMBER    NAME    TYPE   STATUS   COL ACTIVITY     OBJ COEF     BND LOWER      BND UPPER       MARGINAL
  ------  --------  ----  --------  ------------  ------------   ------------   ------------   ------------

     1    X11        BV    LOWER        .            9.00000         .            1.00000        2.00000
     2    X12        BV    LOWER        .            7.00000         .            1.00000        4.00000
     3    X13        BV    LOWER        .            8.00000         .            1.00000        3.00000
     4    X14        BV    ACTIVE     1.00000        8.00000         .            1.00000          .
     5    X21        BV    ACTIVE       .            6.00000         .            1.00000          .
     6    X22        BV    ACTIVE     1.00000        2.00000         .            1.00000          .
     7    X23        BV    LOWER        .            6.00000         .            1.00000        2.00000
     8    X24        BV    ACTIVE       .            7.00000         .            1.00000          .
     9    X31        BV    LOWER        .            7.00000         .            1.00000        2.00000
    10    X32        BV    ACTIVE       .            1.00000         .            1.00000          .
    11    X33        BV    ACTIVE     1.00000        3.00000         .            1.00000          .
    12    X34        BV    LOWER        .            8.00000         .            1.00000        2.00000
    13    X41        BV    UPPER      1.00000        1.00000         .            1.00000       -2.00000
    14    X42        BV    LOWER        .            3.00000         .            1.00000        4.00000
    15    X43        BV    ACTIVE       .            1.00000         .            1.00000          .
    16    X44        BV    LOWER        .            5.00000         .            1.00000        1.00000
```

Abb. 6-58: OUTPUT REPORT
CONSTRAINTS und COLUMNS zu Modell 6-17 (Beispiel 9)

$$X41 = 1$$
$$X42 = 0$$
$$X43 = 0$$
$$X44 = 0.$$

Die folgende Abbildung 6-59 soll die Lösung noch einmal veranschaulichen:

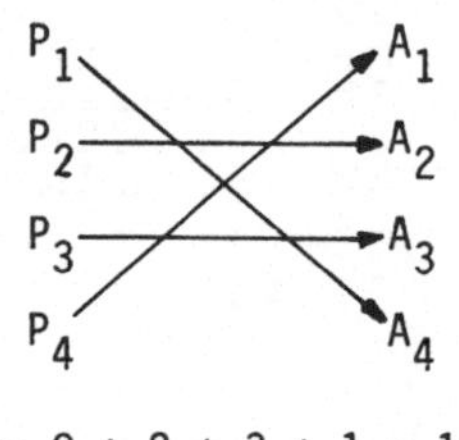

$$z = 8 + 2 + 3 + 1 = 14$$

*Abb. 6-59: Graphische Darstellung der Optimal-
lösung zum Summen-Zuordnungsproblem
aus Beispiel 9*

6.2.1.4 Abriß zum Summen-Zuordnungsalgorithmus von KUHN ("Ungarische Methode")

Aufgrund der Ganzzahligkeitsbedingung - sie impliziert, daß nur endlich viele zulässige Lösungen existieren, und daß somit das Summen-Zuordnungsproblem
stets lösbar ist - könnte man glauben, daß das Summen-Zuordnungsproblem
durch vollständige Enumeration, d.h. Bestimmung sämtlicher zulässiger Lösungen und Auswahl derjenigen mit minimalem Zielfunktionswert, gelöst werden
könnte. Die Tatsache, daß die Anzahl der zulässigen Lösungen $n! = 1 \cdot 2 \cdot 3 \cdot \ldots \cdot n$
beträgt, läßt erkennen, daß die Durchführung dieser Methode per Hand nur bei
Problemen mit $n \leq 4$ möglich ist. Aber auch der Einsatz von ADV-Anlagen ist
bezüglich dieser Vorgehensweise sehr beschränkt. Da in Kapitel 6.2.3 bzgl.
des Problems des Handlungsreisenden, bei dem noch eher der Eindruck entsteht,
daß man es mittels vollständiger Enumeration lösen kann, diesbezüglich Untersuchungen durchgeführt werden, soll an dieser Stelle auf Aussagen solcher
Art verzichtet werden.

Im folgenden sollen, ausgehend von der Verwandtschaft zwischen dem Summen-
Zuordnungsproblem und dem klassischen Transportproblem, Aussagen über Lös-
barkeit sowie Lösungsalgorithmen zum Summen-Zuordnungsproblem hergeleitet
werden.

Vergleicht man Modell 6-16 - Standardmodell zum allgemeinen Summen-Zuordnungsproblem - mit Modell 6-1 - Standardmodell zum allgemeinen klassischen Transportproblem - so erkennt man, daß das Summen-Zuordnungsproblem ein spezielles klassisches Transportproblem darstellt. Unter den Voraussetzungen

. Anzahl der Produzenten stimmt überein mit der Anzahl der Verbraucher
. Produktionsumfang und Produktionsnachfrage betragen jeweils eine Einheit
. Ganzzahligkeit der Lösungen

geht das klassische Transportproblem nämlich in ein Summen-Zuordnungsproblem über.

Da nach Satz 6-4 bei Ganzzahligkeit der Angaben bzgl. Produktionsumfang und Produktionsnachfrage jede Basislösung und folglich auch die Optimallösung des klassischen Transportproblems ganzzahlig ist, ist die im Summen-Zuordnungsproblem geforderte Ganzzahligkeit redundant.

Sämtliche Ausführungen bzgl. des klassischen Transportproblems, d.h. die Überlegungen aus Kapitel 6.1.1.4, lassen sich somit auf das Summen-Zuordnungsproblem übertragen. So gilt speziell, daß das Summen-Zuordnungsproblem stets lösbar ist, und daß zu seiner Lösung der Transportalgorithmus herangezogen werden kann.

Der Grund, daß für das Summen-Zuordnungsproblem spezielle Lösungsalgorithmen entwickelt wurden, ist der, daß man bzgl. der Basislösungen des Summen-Zuordnungsproblems über präzisere Angaben verfügt als bzgl. der Basislösungen zum klassischen Transportproblem.

Wie man Modell 6-16 zum Summen-Zuordnungsproblem - aufgrund der Ganzzahligkeitsbedingung - unmittelbar entnimmt, enthält jede Basislösung genau n positive Basisvariablen (mit dem Wert 1), während nach Satz 6-2 lediglich die Aussage gemacht werden kann, daß maximal 2n-1 Variablen positive Werte annehmen können.

Zur Lösung des Summen-Zuordnungsproblems wurden deshalb Algorithmen entwickelt, die der Tatsache Rechnung trugen, daß genau n Basisvariablen positive Werte besitzen, und die deshalb günstiger sind als Algorithmen, die auf das Transportproblem zugeschnitten sind.

Das bekannteste Lösungsverfahren zum Summen-Zuordnungsproblem ist die "Ungarische Methode" von KUHN, auf die nun eingegangen werden soll.

Vorweg jedoch seien die Begriffe "Zuordnung" und "Zuordnungssumme" definiert.

Definition 6-1
Unter einer <u>*Zuordnung*</u> *Z versteht man eine bzgl. Modell 6-16 zulässige Lösung.*

Den zugehörigen Zielfunktionswert S(Z) bezeichnet man als <u>*Zuordnungssumme.*</u>

Der Begriff Zuordnung läßt sich dadurch veranschaulichen, daß man das Problem der Zuweisung von Personen zu Arbeitsplätzen zugrunde legt.

Eine Zuordnung, d.h. eine bzgl. des Summen-Zuordnungsproblems zulässige Lösung, entspricht einer Zuweisung von Personen und Arbeitsplätzen, wobei jeder Person genau ein Arbeitsplatz und jedem Arbeitsplatz genau eine Person zugeordnet wird.

Faßt man die Koeffizienten der Zielfunktion zu einer "Kostenmatrix"

$$C = \begin{pmatrix} c_{11} & c_{12} & \cdots & c_{1n} \\ c_{21} & c_{22} & \cdots & c_{2n} \\ \cdot & \cdot & & \cdot \\ \cdot & \cdot & & \cdot \\ \cdot & \cdot & & \cdot \\ c_{n1} & c_{n2} & \cdots & c_{nn} \end{pmatrix}$$

zusammen, dann entsprechen einer Zuordnung - da diese genau n Variablen mit dem Wert 1 besitzt, und sämtliche übrigen Variablen den Wert Null haben - genau n Elemente aus C, und diese Elemente sind so verteilt, daß in jeder Zeile und gleichzeitig in jeder Spalte genau eines dieser Elemente enthalten ist.

Bezüglich Beispiel 9 ergibt sich die Kostenmatrix C zu

$$C = \begin{pmatrix} 9 & 7 & 8 & 8 \\ 6 & 2 & 6 & 7 \\ 7 & 1 & 3 & 8 \\ 1 & 3 & 1 & 5 \end{pmatrix}$$

Abb. 6-60 : Kostenmatrix zu Beispiel 9

Eine Zuordnung bzgl. Modell 6-17 ist z.B. durch

$$Z: x_{11} = x_{24} = x_{32} = x_{43} = 1$$

gegeben. Die zugehörige Zuordnungssumme ergibt sich zu:

$$S(Z) = 9 + 7 + 1 + 1 = 18.$$

Markiert man die entsprechenden Elemente der Matrix C mit "+", so erkennt man, daß in jeder Zeile und gleichzeitig in jeder Spalte genau ein markiertes Element liegt.

$$C = \begin{pmatrix} 9^+ & 7 & 8 & 8 \\ 6 & 2 & 6 & 7^+ \\ 7 & 1^+ & 3 & 8 \\ 1 & 3 & 1^+ & 5 \end{pmatrix}$$

Abb. 6-61: Kostenmatrix zu Beispiel 9 mit Mar-
kierung der Elemente bzgl. der Zu-
ordnung x_{11}, x_{24}, x_{32} und x_{43}

Für die Elemente x_{ij} = 1 einer Zuordnung muß folglich der Index i sämtliche Werte von 1 bis n annehmen - hierdurch ist gewährleistet, daß jede Zeile eines dieser Elemente enthält -, und ferner muß auch der Index j sämtliche Werte von 1 bis n annehmen - hierdurch wird erreicht, daß gleichzeitig jede Spalte eines dieser Elemente enthält.

Ausgehend von der Kostenmatrix C, kann das Summen-Zuordnungsproblem dann folgendermaßen formuliert werden:

In der Kostenmatrix C sind n Elemente zu bestimmen - wobei in jeder Zeile und gleichzeitig in jeder Spalte genau ein Element liegen muß -, so daß deren Summe minimal ist.

Die Methode von KUHN, die im folgenden beschrieben wird, basiert auf

. Transformationen der Ausgangsmatrix, die die Beziehungen zwischen den Zuordnungssummen bzgl. der Ausgangsmatrix nicht ändern, d.h. gilt für zwei Zuordnungen Z_1 und Z_2 bzgl. der Ausgangsmatrix C

$$S_C(Z_1) < S_C(Z_2) \quad \text{bzw.} \quad S_C(Z_1) = S_C(Z_2),$$

dann gilt auch bzgl. der transformierten Matrix C'

$$S_{C'}(Z_1) < S_{C'}(Z_2) \quad \text{bzw.} \quad S_{C'}(Z_1) = S_{C'}(Z_2),$$

. einem Satz der ungarischen Mathematiker KÖNIG und EGERVARY, woraus sich auch die Bezeichnung "Ungarische Methode" erklärt.

Da die Transformationen die Beziehungen zwischen den Zuordnungssummen bzgl. der Ausgangsmatrix nicht ändern, ist jede bzgl. der Ausgangsmatrix optimale Zuordnung auch bezüglich der transformierten Matrix optimal und umgekehrt. Die Vorgehensweise besteht nun darin, ausgehend von der durch das Problem gegebenen Kostenmatrix C mittels Transformationen eine Matrix mit nicht negativen Elementen zu erzeugen, die n Nullen so verteilt besitzt, daß in jeder Zeile und gleichzeitig in jeder Spalte eine Null enthalten ist. Die entsprechende Zuordnung besitzt dann bzgl. der transformierten Matrix die Zuordnungssumme Null. Da sämtliche Elemente der transformierten Matrix nicht negativ sind, kann keine Zuordnung mit kleinerer Zuordnungssumme existieren. Die Zuordnung ist folglich optimal bzgl. der transformierten Matrix und somit auch bzgl. der Ausgangsmatrix.

Der folgende Satz gibt Auskunft über Art und Eigenschaften der verwendeten Transformationen:

Satz 6-11

Sind jedem $i \in \{1, 2, \ldots, n\}$ zwei reelle Zahlen u_i und v_i zugeordnet, dann heißt eine Transformation der Matrix C in die Matrix C' mit

$$c'_{ij} = c_{ij} - u_i - v_j$$

eine <u>Reduktion</u> von C zu C'. Mit der <u>Reduktionssumme</u>

$$R = \sum_{i=1}^{n} (u_i + v_i)$$

gilt zwischen den Zuordnungssummen einer jeden Zuordnung Z bzgl. C und C' - bezeichnet mit $S_c(Z)$ bzw. $S_{c'}(Z)$ - die Beziehung

$$S_c(Z) = S_{c'}(Z) + \sum_{i=1}^{n} (u_i + v_i).$$

Eine Reduktion ergibt sich also dadurch, daß man etwa zuerst von jeder Zeile i das zugehörige u_i subtrahiert und anschließend von jeder Spalte j das entsprechende v_j. Da für jede Zuordnung die Zuordnungssummen bzgl. C und C' sich um die Reduktionssumme R unterscheiden, folgt unmittelbar, daß die Beziehungen der Zuordnungssummen bzgl. C und C' gleich sind.

Anhand der Kostenmatrix C zu Beispiel 9 aus Abb. 6-60

$$C = \begin{pmatrix} 9 & 7 & 8 & 8 \\ 6 & 2 & 6 & 7 \\ 7 & 1 & 3 & 8 \\ 1 & 3 & 1 & 5 \end{pmatrix}$$

sowie den Zuordnungen

$$Z_1: \quad x_{11} = x_{24} = x_{32} = x_{43} = 1 \qquad \text{mit } S_c(Z_1) = 18$$
$$Z_2: \quad x_{13} = x_{24} = x_{32} = x_{41} = 1 \qquad \text{mit } S_c(Z_2) = 17$$

- es gilt also

$$S_C(Z_2) < S_C(Z_1) -$$

soll Satz 6-11 erläutert werden.

Subtrahiert man z.B.

$$u_1 = 2$$
$$u_2 = 0$$
$$u_3 = 1$$
$$u_4 = 2$$

von den entsprechenden Zeilen der Matrix C - man erhält dann die Matrix

$$C^+ = \begin{pmatrix} 7 & 5 & 6 & 6 \\ 6 & 2 & 6 & 7 \\ 6 & 0 & 2 & 7 \\ -1 & 1 & -1 & 3 \end{pmatrix} -$$

und anschließend z.B.

$$v_1 = 1$$
$$v_2 = 2$$
$$v_3 = 0$$
$$v_4 = 2$$

von den entsprechenden Spalten der Matrix C^+, so ergibt sich als transformierte Matrix

$$C' = \begin{pmatrix} 6 & 3 & 6 & 4 \\ 5 & 0 & 6 & 5 \\ 5 & -2 & 2 & 5 \\ -2 & -1 & -1 & 1 \end{pmatrix}$$

Abb. 6-62: Kostenmatrix nach Anwendung der Reduktion auf die Kostenmatrix aus Abb. 6-60 (Beispiel 9)

und als Reduktionssumme

$$R = 2 + 0 + 1 + 2 + 1 + 2 + 0 + 2 = 10.$$

Für die Zuordnungssummen von Z_1 und Z_2 bzgl. C' erhält man

$$S_{C'}(Z_1) = 8 \text{ und } S_{C'}(Z_2) = 7,$$

d.h. es gilt

$$S_{C'}(Z_2) < S_{C'}(Z_1),$$

und somit ist die Beziehung der Zuordnungssummen bzgl. der Ausgangsmatrix C
erhalten geblieben.

Mittels der Reduktionssumme R ergibt sich zwischen den Zuordnungssummen
bzgl. C und C' einer Zuordnung Z die Beziehung:

$$S_C(Z) = S_{C'}(Z) + 10.$$

Betrachtet man - wie bereits erwähnt - lediglich solche Reduktionen, bei denen die transformierte Matrix nur nicht negative Elemente enthält, dann gilt
für jede Zuordnung Z

$$S_{C'}(Z) \geqq 0;$$

in Verbindung mit

$$S_C(Z) = S_{C'}(Z) + \sum_{i=1}^{n} (u_i + v_i)$$

ergibt sich die für alle Zuordnungen Z gültige Ungleichung

$$S_C(Z) \geqq \sum_{i=1}^{n} (u_i + v_i),$$

d.h. die Reduktionssumme solcher Reduktionen liefert eine untere Schranke
für die Zuordnungssumme einer jeden Zuordnung bzgl. C.

Ziel der Transformation ist es, eine Matrix mit nicht negativen Elementen zu
erzeugen, die n Nullen so verteilt besitzt, daß jede Zeile und gleichzeitig
jede Spalte eine Null enthält.

Im ersten Schritt erzeugt man - ausgehend von C - eine Matrix mit nicht negativen Elementen, die in jeder Zeile und in jeder Spalte eine Null besitzt.
Hierzu verwendet man die im folgenden Satz beschriebene spezielle Reduktion:

Satz 6-12

Die aus den Reduktionen von C zu C^+ mit

$$\left. \begin{array}{l} u_i = \min_j c_{ij} \\ v_i = 0 \end{array} \right\} \quad i = 1, 2, \ldots, n$$

sowie der Reduktion von C^+ zu C' mit

$$\left. \begin{array}{l} u_j^+ = 0 \\ v_j^+ = \min_i c_{ij}^+ \end{array} \right\} \quad j = 1, 2, \ldots, n$$

bestehende Transformation von C in C' heißt *vollständige Zeilen- und Spaltenreduktion*. Für die erzeugte Matrix C', die *vollständig reduzierte Matrix* heißt, gilt:

i) sämtliche Elemente von C' sind nicht negativ,

ii) jede Zeile und jede Spalte enthält mindestens eine Null.

Ferner besteht für jede Zuordnung Z zwischen den Zuordnungssummen bzgl. C und C' die Beziehung

$$S_C(Z) = S_{C'}(Z) + \sum_{i=1}^{n} (u_i + v_i^+) .$$

Anschaulich gesprochen besteht die vollständige Zeilen- und Spaltenreduktion darin, daß zunächst von jeder Zeile das entsprechende Zeilenminimum und anschließend von jeder Spalte das entsprechende Spaltenminimum subtrahiert wird.

Die so erzeugte Matrix hat im allgemeinen noch nicht die Eigenschaft, daß sie n Nullen besitzt, so daß in jeder Zeile und gleichzeitig in jeder Spalte eine Null enthalten ist. Eine Aussage über die Erstellung einer solchen Matrix mittels Reduktionen - auf deren spezielle Gestaltung nicht näher eingegangen werden soll - beinhaltet der folgende Satz:

Satz 6-13

Nach Durchführung der vollständigen Zeilen- und Spaltenreduktion läßt sich mit maximal n-2 Reduktionen eine Matrix mit nicht negativen Elementen erzeugen, die n Nullen so verteilt besitzt, daß in jeder Zeile und gleichzeitig in jeder Spalte eine Null enthalten ist.

Ausgehend von der Kostenmatrix C zu Beispiel 9 aus Abb. 6-60

$$C = \begin{pmatrix} 9 & 7 & 8 & 8 \\ 6 & 2 & 6 & 7 \\ 7 & 1 & 3 & 8 \\ 1 & 3 & 1 & 5 \end{pmatrix}$$

soll die Vorgehensweise zur Erstellung einer Matrix mit den oben angeführten Eigenschaften erläutert werden.

Vollständige Zeilen- und Spaltenreduktion liefert die in Abb. 6-63 wiedergegebene Matrix.

Mit der Reduktionssumme

$$C' = \begin{pmatrix} 2 & 0 & 1 & 0 \\ 4 & 0 & 4 & 4 \\ 6 & 0 & 2 & 6 \\ 0 & 2 & 0 & 3 \end{pmatrix}$$

Abb. 6-63: Vollständig reduzierte Kostenmatrix
zur Kostenmatrix aus Abb. 6-60 (Beispiel 9)

$$R = 12$$

ergibt sich zwischen den Zuordnungssummen bzgl. C und C' die Beziehung

$$S_C(Z) = S_{C'}(Z) + 12.$$

Die Matrix C' aus Abb. 6-63 besitzt zwar in jeder Zeile und in jeder Spalte eine Null, jedoch lassen sich nicht 4 Nullen auswählen, so daß in jeder Zeile und gleichzeitig in jeder Spalte eine Null enthalten ist. Es existiert somit keine Zuordnung Z mit der Zuordnungssumme Null bzgl. C', d.h. mit

$$S_{C'}(Z) = 0.$$

Es wird deshalb - ausgehend von C' - eine Reduktion durchgeführt - wobei die Bestimmung dieser Reduktion offen bleiben soll - durch die eine Matrix C'' mit nicht negativen Elementen und einer neuen Null entsteht.

Mit

$$u_1 = 0$$
$$u_2 = 2$$
$$u_3 = 2$$
$$u_4 = 0$$

und

$$v_1 = 0$$
$$v_2 = -2$$
$$v_3 = 0$$
$$v_4 = 0$$

erhält man aus der Matrix C' von Abb. 6-63 die in Abb. 6-64 dargestellte Matrix.

Mit der Reduktionssumme

$$R = 2$$

ergibt sich zwischen den Zuordnungssummen bzgl. C' und C'' die Beziehung

$$S_{C'}(Z) = S_{C''}(Z) + 2.$$

$$C'' = \begin{pmatrix} 2 & 2 & 1 & 0 \\ 2 & 0 & 2 & 2 \\ 4 & 0 & 0 & 4 \\ 0 & 4 & 0 & 3 \end{pmatrix}$$

Abb. 6-64: Kostenmatrix nach Anwendung der Reduktion
auf die Kostenmatrix aus Abb. 6-63 (Beispiel 9)

Eingesetzt in die vorausgegangene Beziehung ergibt sich für die Zuordnungssummen bzgl. C und C''

$$S_C(Z) = S_{C''}(Z) + 14.$$

Die Matrix C'' enthält mit den der Zuordnung

$$Z_0: \quad x_{14} = x_{22} = x_{33} = x_{41} = 1$$

entsprechenden Elementen 4 Nullen, die so verteilt sind, daß jede Zeile und
gleichzeitig jede Spalte eine Null enthält. Es gilt somit

$$S_{C''}(Z_0) = 0,$$

d.h. Z_0 ist minimal bzgl. C'' und folglich auch bzgl. C. Die Zuordnungssumme
von Z_0 bzgl. C ist gerade die Summe sämtlicher bisher bestimmten Reduktions-
summen wie aus

$$S_C(Z_0) = S_{C''}(Z_0) + 14$$

wegen

$$S_{C''}(Z_0) = 0$$

unmittelbar folgt, d.h. es gilt

$$S_C(Z_0) = 14.$$

Die obigen Ausführungen haben gezeigt, wie mittels Reduktionen schrittweise
eine Matrix mit nicht negativen Elementen erzeugt wird, die eine Zuordnung
zu Nullelementen enthält. Die Methode von KUHN verwendet aber auch - wie
oben erwähnt - einen Satz von KÖNIG und EGERVARY. Mit Hilfe dieses Satzes
wird nach jeder Reduktion nachgeprüft, ob eine Zuordnung zu Nullelementen
existiert und somit keine weitere Reduktion mehr durchgeführt werden braucht.

6.2.2 Engpaß-Zuordnungsproblem

Das Engpaß-Zuordnungsproblem kann interpretiert werden als Problem der Minimierung der maximalen Einzelarbeitszeit bei einer Fertigung mit parallel
ausführbaren Tätigkeiten.

6.2.2.1 Einführendes Beispiel

Beispiel 10

Zur Anfertigung eines Endproduktes werden 4 Halbprodukte benötigt. Die Halbprodukte werden unabhängig voneinander und parallel an den 4 Arbeitsplätzen A_1, A_2, A_3 und A_4 erstellt, wobei jedoch jeder der Arbeitsplätze nur einen der Halbprodukttypen erstellen kann. Zur Besetzung der Arbeitsplätze stehen 4 Personen P_1, P_2, P_3 und P_4 zur Verfügung, die jedoch bzgl. der verschiedenen Arbeitsplätze unterschiedliche Qualifikationen aufweisen. In der folgenden Tabelle sind die Arbeitszeiten in Zeiteinheiten (ZE) der verschiedenen Personen zur Fertigung des dem Arbeitsplatz entsprechenden Halbproduktes zusammengestellt.

Arbeitszeiten ZE			
	A_1	A_2	A_3	A_4
P_1	5	3	4	2
P_2	2	6	1	4
P_3	6	5	2	3
P_4	3	2	4	1

Abb. 6-65: Problempsezifische Angaben zu Beispiel 10

Da die Herstellung des Endproduktes sämtliche Halbfertigprodukte erfordert, kann ein Endprodukt erst dann erstellt werden, wenn sämtliche 4 Halbfertigprodukte vorliegen.

Die Aufgabe besteht nun darin, die 4 Personen so auf die 4 Arbeitsplätze zu verteilen - wobei jeder Person genau ein Arbeitsplatz zugeordnet werden muß -, daß die bzgl. der Erstellung der Halbfertigprodukte benötigte maximale Einzelarbeitszeit minimal wird. Das Halbfertigprodukt, für dessen Erstellung die längste Arbeitszeit benötigt wird, bildet einen Engpaß.

Vor der Lösung dieses Problems als Aufgabe der linearen Optimierung und deren Lösung mittels eines Standardprogrammpaketes soll allgemein auf die Problemstellung sowie das Standardmodell zum Summen-Zuordnungsproblem eingegangen werden.

6.2.2.2 Allgemeine Problemstellung und Standardmodell zum Engpaß-Zuordnungs-problem

Das Engpaß-Zuordnungsproblem kann allgemein folgendermaßen formuliert werden:

Zur Anfertigung eines Endproduktes werden n Halbfertigprodukte benötigt, die unabhängig voneinander und parallel auf den n Arbeitsplätzen A_i, i = 1, 2, ..., n, erstellt werden könnten. Jeder Arbeitsplatz kann nur einen der Halbprodukttypen erstellen. Zur Besetzung der Arbeitsplätze stehen n Personen P_i, i = 1, 2, ..., n, zur Verfügung, die bzgl. der Arbeitsplätze unterschiedlich qualifiziert sind. Bezeichnet c_{ij} die Arbeitszeit in Zeiteinheiten (ZE), die die Person P_i zur Fertigstellung des dem Arbeitsplatz A_j entsprechenden Halbproduktes benötigt, dann läßt sich das Problem in der folgenden Tabelle unterbringen:

$$
\begin{array}{c|cccc}
 & \multicolumn{4}{c}{\text{Arbeitszeiten ZE}} \\
 & A_1 & A_2 & A_3 \cdots & A_n \\
\hline
P_1 & c_{11} & c_{12} & c_{13} \cdots & c_{1n} \\
P_2 & c_{21} & c_{22} & c_{23} \cdots & c_{2n} \\
\vdots & & & & \vdots \\
P_n & c_{n1} & c_{n2} & c_{n3} \cdots & c_{nn}
\end{array}
$$

Abb. 6-66: Problemspezifische Angaben zum allgemeinen Engpaß-Zuordnungsproblem

Die Aufgabe besteht nun darin, die n Personen so auf die n Arbeitsplätze zu verteilen - wobei jeder Person genau ein Arbeitsplatz zugeordnet werden muß -, daß die bzgl. der Erstellung der Halbfertigprodukte benötigte maximale Einzelarbeitszeit minimal wird.

Zur Herleitung des entsprechenden mathematischen Modells sind zunächst für unbekannten Größen Variablen einzuführen. Da die Person P_i entweder dem Arbeitsplatz A_j zugeordnet wird oder nicht, benötigt man Variablen, die diese Alternative anzeigen.

Für i = 1, 2, ..., n und j = 1, 2, ..., n bezeichnet

$$
x_{ij} = \begin{cases} 1 & \text{falls die Person } P_i \text{ dem Arbeitsplatz } A_j \text{ zugeordnet wird,} \\ 0 & \text{sonst.} \end{cases}
$$

Faßt man ferner - wie beim Summen-Zuordnungsproblem - die Bearbeitungszeiten zu einer Kostenmatrix C zusammen, dann ergibt sich die Zielforderung - nämlich die Minimierung der maximalen Einzelarbeitszeit - zu

$$z = \max_{i,j} c_{ij} x_{ij} = \text{Min!}$$

Da jede Person P_i einem Arbeitsplatz A_j und jedem Arbeitspaltz A_j eine Person P_i zugewiesen werden muß, ergeben sich wie beim Summen-Zuordnungsproblem die Restriktionen

$$\sum_{j=1}^{n} x_{ij} = 1 \qquad i = 1, 2, \ldots, n$$

sowie

$$\sum_{i=1}^{n} x_{ij} = 1 \qquad j = 1, 2, \ldots, n.$$

Zusammenfassend erhält man somit für das Engpaß-Zuordnungsproblem das folgende mathematische Modell:

$$z = \max_{i,j} c_{ij}\, x_{ij} = \text{Min!}$$

unter den Restriktionen

$$(i) \quad \sum_{j=1}^{n} x_{ij} = 1 \qquad i = 1, 2, \ldots, n$$

$$(ii) \quad \sum_{i=1}^{n} x_{ij} = 1 \qquad j = 1, 2, \ldots, n$$

$$(iii) \quad x_{ij} = \begin{cases} 0 & i = 1, 2, \ldots, n \\ 1 & j = 1, 2, \ldots, n. \end{cases}$$

Modell 6-18: Standardmodell zum allgemeinen Engpaß-Zuordnungsproblem

Als Standardmodell des in Beispiel 10 angeführten Engpaß-Zuordnungsproblems erhält man

$$z = \max_{i,j} c_{ij}x_{ij} = \text{Min!}$$

$$C = \begin{pmatrix} 5 & 3 & 4 & 2 \\ 2 & 6 & 1 & 4 \\ 6 & 5 & 2 & 3 \\ 3 & 2 & 4 & 1 \end{pmatrix}$$

unter den Restriktionen

(i)
$$x_{11} + x_{12} + x_{13} + x_{14} = 1$$
$$x_{21} + x_{22} + x_{23} + x_{24} = 1$$
$$x_{31} + x_{32} + x_{33} + x_{34} = 1$$
$$x_{41} + x_{42} + x_{43} + x_{44} = 1$$

(ii)
$$x_{11} + x_{21} + x_{31} + x_{41} = 1$$
$$x_{12} + x_{22} + x_{32} + x_{42} = 1$$
$$x_{13} + x_{23} + x_{33} + x_{43} = 1$$
$$x_{14} + x_{24} + x_{34} + x_{44} = 1$$

(iii) $$x_{ij} = \begin{cases} 0 & i = 1, 2, \ldots, n \\ 1 & j = 1, 2, \ldots, n \end{cases}$$

Modell 6-19: Standardmodell zum Engpaß-Zuordnungsproblem
aus Beispiel 10

Diese Formulierung ist jedoch für die lineare Optimierung nicht zugänglich. Durch einführen einer zusätzlichen Variablen gelingt es jedoch, das Engpaß-Zuordnungsproblem als Aufgabe der gemischt ganzzahligen linearen Optimierung zu formulieren.

Bezeichnet für eine Zuordnung, d.h. für eine bzgl. Modell 6-18 zulässige Lösung (vgl. Definition 6-1)

$$y = \max_{i,j} c_{ij}x_{ij},$$

dann gilt für sämtliche Elemente dieser Zuordnung mit $x_{ij} = 1$:

$$c_{ij}x_{ij} \leq y.$$

Wegen $x_{ij} = 0$ für die übrigen Elemente der Zuordnung gilt diese Ungleichung für sämtliche Elemente der Zuordnung.

Dann aber läßt sich das Engpaß-Zuordnungsproblem folgendermaßen formulieren:

$$z = y = \text{Min!}$$

unter den Restriktionen

$$\text{(i)} \quad \sum_{j=1}^{n} x_{ij} = 1 \qquad i = 1, 2, \ldots, n$$

$$\text{(ii)} \quad \sum_{i=1}^{n} x_{ij} = 1 \qquad j = 1, 2, \ldots, n$$

$$\text{(iii)} \quad c_{ij} x_{ij} - y \leq 0 \qquad \begin{array}{l} i = 1, 2, \ldots, n \\ j = 1, 2, \ldots, n \end{array}$$

$$\text{(iv)} \quad x_{ij} = \begin{cases} 0 \\ 1 \end{cases} \qquad \begin{array}{l} i = 1, 2, \ldots, n \\ j = 1, 2, \ldots, n \end{array}$$

Modell 6-20: Standardmodell des allgemeinen Engpaß-Zuordnungsproblems als Aufgabe der linearen Optimierung mit Ganzzahligkeitsbedingung

Das Standardmodell des Engpaß-Zuordnungsproblems aus Modell 6-19 (Beispiel 10) ergibt sich als Aufgabe der gemischt ganzzahligen Optimierung zu:

$$z = y = \text{Min!}$$

unter den Restriktionen

$$\text{(i)} \quad \begin{aligned} x_{11} + x_{12} + x_{13} + x_{14} &= 1 \\ x_{21} + x_{22} + x_{23} + x_{24} &= 1 \\ x_{31} + x_{32} + x_{33} + x_{34} &= 1 \\ x_{41} + x_{42} + x_{43} + x_{44} &= 1 \end{aligned}$$

$$\text{(ii)} \quad \begin{aligned} x_{11} + x_{21} + x_{31} + x_{41} &= 1 \\ x_{12} + x_{22} + x_{32} + x_{42} &= 1 \\ x_{13} + x_{23} + x_{33} + x_{43} &= 1 \\ x_{14} + x_{24} + x_{34} + x_{44} &= 1 \end{aligned}$$

$$\text{(iii)} \quad \begin{aligned} 5x_{11} - y &\leq 0 \\ 3x_{12} - y &\leq 0 \\ 4x_{13} - y &\leq 0 \\ 2x_{14} - y &\leq 0 \\ 2x_{21} - y &\leq 0 \end{aligned}$$

$$6x_{22} - y \leq 0$$
$$1x_{23} - y \leq 0$$
$$4x_{24} - y \leq 0$$
$$6x_{31} - y \leq 0$$
$$5x_{32} - y \leq 0$$
$$2x_{33} - y \leq 0$$
$$3x_{34} - y \leq 0$$
$$3x_{41} - y \leq 0$$
$$2x_{42} - y \leq 0$$
$$4x_{43} - y \leq 0$$
$$1x_{44} - y \leq 0$$

$$\text{(iv)} \qquad x_{ij} = \begin{cases} 0 & i = 1, 2, 3, 4 \\ 1 & j = 1, 2, 3, 4. \end{cases}$$

Modell 6-21: Standardmodell zum Engpaß-Zuordnungsproblem aus Beispiel 10 als Aufgabe der linearen Optimierung mit
Ganzzahligkeitsbedingung

6.2.2.3 Modellösung und Interpretation der von einem Standardprogrammpaket erzeugten Druckausgabe

Bei Verwendung der in Kapitel 3.1.1 Abb. 3-1 angeführten Bezeichungen ergibt sich zu Modell 6-21 (Beispiel 10) das in Abb. 6-67 wiedergegebene MPS-Tableau.

Verwendet man in der NAME-Karte als Identifikation "ZUORDENG", dann erhält man zu dem MPS-Tableau aus Abb. 6-67 das in Abb. 6-68 dargestellte MPS-Datendeck.

Die die Lösungen betreffenden Sektionen CONSTRAINTS, COLUMNS und MIXINT NODE LOG sind in den Abb. 6-69 und 6-70 enthalten.

Für die Lösung von Beispiel 10 ergibt sich somit:

Optimalwert der Zielfunktion

    2 ZE

Optimalwerte der Problemvariablen

    X11 = 0
    X12 = 0

	X11	X12	X13	X14	X21	X22	X23	X24	X31	X32	X33	X34	X41	X42	X43	X44	Y	Typ	RS
ZIEL																	1	Min.	
R1	1	1	1	1														=	1
R2					1	1	1	1										=	1
R3									1	1	1	1						=	1
R4													1	1	1	1		=	1
R5	1				1				1				1					=	1
R6		1				1				1				1				=	1
R7			1				1				1				1			=	1
R8				1				1				1				1		=	1
R9	5																-1	≤	0
R10		3															-1	≤	0
R11			4														-1	≤	0
R12				2													-1	≤	0
R13					2												-1	≤	0
R14						6											-1	≤	0
R15							1										-1	≤	0
R16								4									-1	≤	0
R17									6								-1	≤	0
R18										5							-1	≤	0
R19											2						-1	≤	0
R20												3					-1	≤	0
R21													3				-1	≤	0
R22														2			-1	≤	0
R23															4		-1	≤	0
R24																1	-1	≤	0
BD	BV	BV	BV	BV	BV	BV	BV	BV	BV	BV	BV	BV	BV	BV	BV	BV			

Abb. 6-67: MPS-Tableau zu Modell 6-21 (Beispiel 10)

```
NAME                  ZUORDENG
ROWS
   N  ZIEL
   E  R1
   E  R2
   E  R3
   E  R4
   E  R5
   E  R6
   E  R7
   E  R8
   L  R9
   L  R10
   L  R11
   L  R12
   L  R13
   L  R14
   L  R15
   L  R16
   L  R17
   L  R18
   L  R19
   L  R20
   L  R21
   L  R22
   L  R23
   L  R24
COLUMNS
   X11      R1      1.        R5      1.
   X11      R9      5.
   X12      R1      1.        R6      1.
   X12      R10     3.
   X13      R1      1.        R7      1.
   X13      R11     4.
   X14      R1      1.        R8      1.
   X14      R12     2.
   X21      R2      1.        R5      1.
   X21      R13     2.
   X22      R2      1.        R6      1.
   X22      R14     6.
   X23      R2      1.        R7      1.
   X23      R15     1.
   X24      R2      1.        R8      1.
   X24      R16     4.
   X31      R3      1.        R5      1.
   X31      R17     6.
   X32      R3      1.        R6      1.
   X32      R18     5.
   X33      R3      1.        R7      1.
   X33      R19     2.
   X34      R3      1.        R8      1.
```

X34	R20	3.		
X41	R4	1.	R5	1.
X41	R21	3.		
X42	R4	1.	R6	1.
X42	R22	2.		
X43	R4	1.	R7	1.
X43	R23	4.		
X44	R4	1.	R8	1.
X44	R24	1.		
Y	ZIEL	1.		
Y	R9	-1.		
Y	R10	-1.		
Y	R11	-1.		
Y	R12	-1.		
Y	R13	-1.		
Y	R14	-1.		
Y	R15	-1.		
Y	R16	-1.		
Y	R17	-1.		
Y	R18	-1.		
Y	R19	-1.		
Y	R20	-1.		
Y	R21	-1		
Y	R22	-1		
Y	R23	-1		
Y	R24	-1		
RHS				
RS	R1	1.	R2	1.
RS	R3	1.	R4	1.
RS	R5	1.	R6	1.
RS	R7	1.	R8	1.
BOUNDS				
BV BD	X11			
BV BD	X12			
BV BD	X13			
BV BD	X14			
BV BD	X21			
BV BD	X22			
BV BD	X23			
BV BD	X24			
BV BD	X31			
BV BD	X32			
BV BD	X33			
BV BD	X34			
BV BD	X41			
BV BD	X42			
BV BD	X43			
BV BD	X44			
ENDATA				

Abb. 6-68: MPS-Datendeck zu Modell 6-21 (Beispiel 10)

```
                                              C O N S T R A I N T S

   PRINT OPTION = COMPLETE OUTPUT                                   VALUE OF OBJECTIVE =        2.00000
NAME = ZUORDENG     OBJ  = ZIEL        RHS  = RS      BND = BD       RPSOBJ  =     1.0000  RPSRHS  =   1.0000
DIR  = MINIMIZE     COBJ =             CRHS =         RNG =          RPCHOBJ =     0.0000  RPCHRHS =   0.0000

   NUMBER      NAME      TYPE   STATUS    ROW ACTIVITY       SLACK        RHS LOWER       RHS UPPER       MARGINAL
   ------    --------    ----   -------   ------------    ----------    ------------    ------------    ------------

        1    ZIEL        FR      SLACK       2.00000      -2.00000        -INF            +INF              .
        2    R1          EQ **  BINDING      1.00000          .           1.00000         1.00000           .
        3    R2          EQ      SLACK       1.00000          .           1.00000         1.00000           .
        4    R3          EQ **  BINDING      1.00000          .           1.00000         1.00000           .
        5    R4          LQ **  BINDING      1.00000          .           1.00000         1.00000           .
        6    R5          EQ **  BINDING      1.00000          .           1.00000         1.00000           .
        7    R6          EQ **  BINDING      1.00000          .           1.00000         1.00000           .
        8    R7          EQ **  BINDING      1.00000          .           1.00000         1.00000           .
        9    R8          EQ **  BINDING      1.00000          .           1.00000         1.00000           .
       10    P9          LE      SLACK      -2.00000       2.00000        -INF               .              .
       11    R10         LE      SLACK      -2.00000       2.00000        -INF               .              .
       12    R11         LE      SLACK      -2.00000       2.00000        -INF               .              .
       13    R12         LE      SLACK          .             .          -INF               .              .
       14    R13         LE     BINDING         .             .          -INF               .           1.00000
       15    R14         LE      SLACK      -2.00000       2.00000        -INF               .              .
       16    R15         LE      SLACK      -2.00000       2.00000        -INF               .              .
       17    R16         LE      SLACK      -2.00000       2.00000        -INF               .              .
       18    R17         LE      SLACK      -2.00000       2.00000        -INF               .              .
       19    R18         LE      SLACK      -2.00000       2.00000        -INF               .              .
       20    R19         LE      SLACK          .             .          -INF               .              .
       21    F20         LE      SLACK      -2.00000       2.00000        -INF               .              .
       22    R21         LE      SLACK      -2.00000       2.00000        -INF               .              .
       23    R22         LE **  BINDING         .             .          -INF               .              .
       24    R23         LE      SLACK      -2.00000       2.00000        -INF               .              .
       25    P24         LE      SLACK      -2.00000       2.00000        -INF               .              .
```

Abb. 6-69: OUTPUT REPORT
          CONSTRAINTS zu Modell 6-21 (Beispiel 10)

```
                                          C O L J M N S

    PRINT OPTION = COMPLETE OUTPUT                          VALUE OF OBJECTIVE =        2.00000
  NAME = ZUORDENG    OBJ = ZIEL      RHS  = RS      BND = BD    RPSOBJ  =      1.0000  RPSRHS  =      1.0000
  DIR  = MINIMIZE    COBJ =          CRHS =         RNG =       RPCHOBJ =      0.0000  RPCHRHS =      0.0000

    NUMBER     NAME    TYPE    STATUS     COL ACTIVITY     OBJ COEF     BND LOWER     BND UPPER     MARGINAL
    ------   --------  ----   --------   -------------   ----------   -----------   -----------   ----------

        1   X11       BV **  LOWER           .              .              .          1.00000          .        ARB BV
        2   X12       BV     ACTIVE          .              .              .          1.00000          .
        3   X13       BV **  LOWER           .              .              .          1.00000          .        ARB BV
        4   X14       BV     ACTIVE       1.00000           .              .          1.00000          .
        5   X21       BV     LOWER        1.00000           .              .          1.00000       2.00000     ARB BV
        6   X22       BV **  LOWER           .              .              .          1.00000          .        ARB BV
        7   X23       BV     ACTIVE          .              .              .          1.00000          .
        8   X24       BV **  LOWER           .              .              .          1.00000          .
        9   X31       BV **  LOWER           .              .              .          1.00000          .        ARB BV
       10   X32       BV **  LOWER           .              .              .          1.00000          .
       11   X33       BV     ACTIVE       1.00000           .              .          1.00000          .        ARB BV
       12   X34       BV     ACTIVE          .              .              .          1.00000          .
       13   X41       BV     ACTIVE          .              .              .          1.00000          .
       14   X42       BV     ACTIVE       1.00000           .              .          1.00000          .
       15   X43       BV     ACTIVE          .              .              .          1.00000          .
       16   X44       BV **  LOWER           .              .              .          1.00000          .
       17   Y         PL     ACTIVE       2.00000        1.00000           .          +INF             .


           PARENT                                                    - - - - - -  SEPARATION  VARIABLE - - - - - - -
  NODE      NODE    ARB.                    OBJECTIVE      SUM OF    -
   NO.       NO.    DIR.   STATUS         FUNCTION VALUE   FRACTIONS  - TYPE     NUMBER   LOWER LIMIT   UPPER LIMIT -

     1        0            DEVELOPED         -.833333       4.000
     2        1     DOWN   DEVELOPED         -.967742       4.000     BINARY       6      0.000        0.000
     3        2     DOWN   DEVELOPED        -1.000000       4.000     BINARY       1      0.000        0.000
     4        3     DOWN   DEVELOPED        -1.200000       3.400     BINARY       9      0.000        0.000
     5        4     DOWN   DEVELOPED        -1.200000       3.200     BINARY       3      0.000        0.000
     6        5     UP     DEVELOPED        -2.000000       3.000     BINARY       5      1.000        1.000
     7        6     UP     INTEGER          -2.000000       0.000     BINARY      11      1.000        1.000
  INTEGER SOLUTION NUMBER      1
     IS WITHIN            0.000 UNITS (  0.00 PER CENT) OF OPTIMUM
  CANNOT FIND ANY BETTER INTEGER SOLUTION
  INTEGER SOLUTION FOUND AT NODE     7, WITH FUNCTIONAL VALUE        -2.000000,
     IS ASSUMED OPTIMAL
```

Abb. 6-70: OUTPUT REPORT
COLUMNS und MIXINT NODE LOG zu Modell 6-21 (Beispiel 10)

$$X13 = 0$$
$$X14 = 1$$
$$X21 = 1$$
$$X22 = 0$$
$$X23 = 0$$
$$X24 = 0$$
$$X31 = 0$$
$$X32 = 0$$
$$X33 = 1$$
$$X34 = 0$$
$$X41 = 0$$
$$X42 = 1$$
$$X43 = 0$$
$$X44 = 0.$$

Die folgende Abbildung 6-71 soll die Lösung noch einmal veranschaulichen:

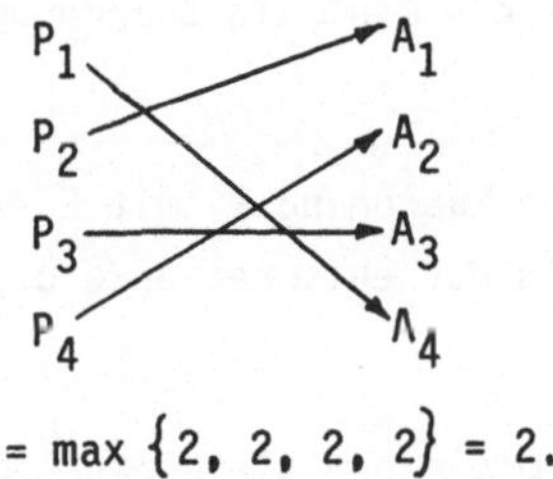

$$z = \max \{2, 2, 2, 2\} = 2.$$

Abb. 6-71: Graphische Darstellung der Optimal-
lösung zum Engpaß-Zuordnungsproblem
aus Beispiel 10

Es sei bemerkt, daß - wie man der Sektion MIXINT NODE LOG aus Abb. 6-70 entnimmt - im Gegensatz zum Summen-Zuordnungsproblem die Ganzzahligkeitsbedingung nicht redundant ist.

6.2.2.4 Abriß zum Engpaß-Zuordnungsalgorithmus von GROSS

Ähnlich wie beim Summen-Zuordnungsproblem, so könnte man auch beim Engpaß-
Zuordnungsproblem auf den Gedanken kommen, mittels vollständiger Enumeration
eine Optimallösung zu bestimmen. Auch an dieser Stelle soll auf Aussagen solcher Art verzichtet werden, da in Kapitel 6.2.3 bzgl. des Problems des Handlungsreisenden ausführlich hierauf eingegangen werden soll.

Das erste praktisch anwendbare Lösungsverfahren zum Engpaß-Zuordnungsproblem stammt von GROSS. Es basiert auf der Rückführung von Engpaß-Zuordnungsproblemen auf Summen-Zuordnungsprobleme, deren Matrizen lediglich die Elemente 0 und 1 enthalten. Die Idee, die diesem Verfahren zugrunde liegt, soll im folgenden beschrieben werden:

Ausgangspunkt ist eine beliebige Zuordnung Z des durch die Matrix C gegebenen Engpaß-Zuordnungsproblems. Bezeichnet man für diese Zuordnung den Engpaßwert mit

$$y(Z) = \max_{i,j} c_{ij} x_{ij},$$

dann läßt sich in Abhängigkeit von $y(Z)$ der Matrix C eine Matrix $C'(Z)$, deren Elemente nur die Werte 0 und 1 annehmen, wie folgt zuordnen:

$$C'(Z) = \begin{cases} c'_{ij} = 0 \text{ für } c_{ij} < y(Z) \\ c'_{ij} = 1 \text{ für } c_{ij} \geq y(Z). \end{cases}$$

Betrachtet man nun bzgl. der Matrix $C'(Z)$ das Summen-Zuordnungsproblem gemäß Kapitel 6.1, dann gilt für die minimale Zuordnungssumme S die Ungleichung

$$0 \leq S \leq n.$$

Gilt $S = 0$, dann existiert eine Zuordnung Z_1 mit Elementen $c_{ij} < y(Z)$, denn gerade für diese Elemente hatte das entsprechende c'_{ij} den Wert Null. Wegen

$$y(Z_1) < y(Z)$$

hat sich somit eine Zuordnung mit einem kleineren Engpaßwert ergeben.

Gilt $S > 0$, dann enthält die Lösung des Summen-Zuordnungsproblems mindestens ein c'_{ij} mit dem Wert 1 - das entsprechende c_{ij} ist größer oder gleich $y(Z)$ -, und folglich existiert bzgl. des Engpaß-Zuordnungsproblems keine Zuordnung mit kleinerem Engpaßwert.

Wie man sieht, ist lediglich die Aussage $S = 0$ bzw. $S > 0$ von Interesse, nicht jedoch der genaue Summenwert. GROSS hat zur Lösung dieses Problems ein Verfahren angegeben, das wesentlich effizienter ist als die Lösungsalgorithmen zum allgemeinen Summen-Zuordnungsproblem.

Anhand von Beispiel 10 soll die beschriebene Vorgehensweise explizit erläutert werden. Ausgangspunkt ist die Kostenmatrix C zum Engpaß-Zuordnungsproblem aus Beispiel 10, die in Abb. 6-72 wiedergegeben ist, sowie etwa die Zuordnung

$$Z: x_{11} = x_{24} = x_{32} = x_{43} = 1$$

$$C = \begin{pmatrix} 5 & 3 & 4 & 2 \\ 2 & 6 & 1 & 4 \\ 6 & 5 & 2 & 3 \\ 3 & 2 & 4 & 1 \end{pmatrix}$$

*Abb. 6-72: Kostenmatrix zum Engpaß-Zuordnungs-
problem aus Beispiel 10*

mit dem Engpaßwert

$$y(Z) = 5.$$

Die Matrix $C'(Z)$ ergibt sich hierfür zu

$$C'(Z) = \begin{pmatrix} 1 & 0 & 0 & 0 \\ 0 & 1 & 0 & 0 \\ 1 & 1 & 0 & 0 \\ 0 & 0 & 0 & 0 \end{pmatrix}.$$

*Abb. 6-73: Kostenmatrix des Summen-Zuordnungsproblems
zum Engpaß-Zuordnungsproblem aus Abb. 6-72
(Beispiel 10) mit dem Engpaßwert 5*

Wie man leicht erkennt, liefert z.B. die Zuordnung

$$Z_1: \; x_{12} = x_{21} = x_{33} = x_{44} = 1$$

bzgl. des durch $C'(Z)$ gegebenen Summen-Zuordnungsproblems als Summenwert

$$S = 0.$$

Die Zuordnung Z_1 erzeugt dann aber bzgl. des durch C gegebenen Engpaß-Zuordnungsproblems einen kleineren Engpaßwert; es gilt

$$y(Z_1) = 3.$$

In Verbindung mit der Matrix C ergibt sich die Matrix $C'(Z_1)$ zu

$$C'(Z_1) = \begin{pmatrix} 1 & 1 & 1 & 0 \\ 0 & 1 & 0 & 1 \\ 1 & 1 & 0 & 1 \\ 1 & 0 & 1 & 0 \end{pmatrix}.$$

*Abb. 6-74: Kostenmatrix des Summen-Zuordnungsproblems
zum Engpaß-Zuordnungsproblem aus Abb. 6-72
(Beispiel 10) mit dem Engpaßwert 3*

Die Zuordnung

$$Z_2: x_{14} = x_{21} = x_{33} = x_{42} = 1$$

liefert bzgl. des Summen-Zuordnungsproblems $C'(Z_1)$ den Summenwert Null und somit bzgl. des Engpaß-Zuordnungsproblems C eine Verbesserung.

Als Engpaßwert ergibt sich

$$y(Z_2) = 2.$$

Zusammen mit der Matrix C erhält man die Matrix

$$C'(Z_2) = \begin{pmatrix} 1 & 1 & 1 & 1 \\ 1 & 1 & 0 & 1 \\ 1 & 1 & 1 & 1 \\ 1 & 1 & 1 & 0 \end{pmatrix},$$

Abb. 6-75: Kostenmatrix des Summen-Zuordnungsproblems zum Engpaß-Zuordnungsproblem aus Abb. 6-72 (Beispiel 10) mit dem Engpaßwert 2

für die - wie man z.B. aus der ersten Zeile unmittelbar entnehmen kann - die minimale Zuordnungssumme größer ist als Null. Die entsprechende Zuordnung enthält also mindestens ein c'_{ij} mit dem Wert 1, das zugehörige c_{ij} ist somit größer oder gleich 2 und folglich ist die Zuordnung Z_2 optimal bzgl. des durch C gegebenen Engpaß-Zuordnungsproblems.

Abschließend sei bemerkt, daß PAGE und speziell HERRMANN erkannten, daß die zur Lösung von Summen-Zuordnungsproblemen entwickelte "Ungarische Methode" - nach entsprechenden Modifikationen - auch zur Lösung von Engpaß-Zuordnungsproblemen verwendet werden kann. Die hierauf basierenden Lösungsalgorithmen haben sich als wesentlich wirksamer erwiesen als der Algorithmus von GROSS.

6.2.3 Problem des Handlungsreisenden

Das Problem des Handlungsreisenden kann interpretiert werden als Aufgabe der Minimierung der Gesamtarbeitszeit bei einer Fertigung, die eine Folge nacheinander ausführbarer Tätigkeiten ohne feste Reihenfolge beinhaltet.

Zunächst soll jedoch auf die Aufgabenstellung eingegangen werden, der das Problem seinen Namen verdankt.

6.2.3.1 Einführendes Beispiel

Beispiel 11

Ein Handlungsreisender soll die Orte $O(1)$, $O(2)$, $O(3)$ und $O(4)$ aufsuchen. Die Entfernungen in Längeneinheiten (LE) zwischen je zwei Orten - wobei die Entfernung von $O(i)$ nach $O(j)$ sich durchaus von der von $O(j)$ nach $O(i)$ unterscheiden kann - sind in der folgenden Tabelle zusammengestellt:

	Entfernungen LE			
	$O(1)$	$O(2)$	$O(3)$	$O(4)$
$O(1)$	x	13	15	20
$O(2)$	16	x	1	15
$O(3)$	25	17	x	20
$O(4)$	38	27	21	x

Abb. 6-76: Problemspezifische Daten zu Beispiel 10

Die Aufgabe besteht nun darin, die vier Orte - mit Ausnahem eines Startortes - auf einer Rundreise minimaler Länge genau einmal zu besuchen.

Deutet man die Orte als Tätigkeiten und die Entfernungen als Arbeitszeiten, dann ergibt sich das bereits erwähnte Problem der Minimierung der Gesamtarbeitszeit bei einer Fertigung, die eine Folge nacheinander ausführbarer Tätigkeiten ohne feste Reihenfolge beinhaltet.

Vor der Lösung dieses Problems als Aufgabe der linearen Optimierung und deren Lösung mittels eines Standardprogrammpaketes soll allgemein auf die Problemstellung sowie das Standardmodell zum Problem des Handlungsreisenden eingegangen werden.

6.2.3.2 Allgemeine Problemstellung und Standardmodell zum Problem des Handlungsreisenden

Das Problem des Handlungsreisenden kann allgemein folgendermaßen formuliert werden:

Ein Handlungsreisender soll die Orte $O(i)$, $i = 1, 2, ..., n$, aufsuchen. Zwischen je zwei Orten $O(k)$ und $O(1)$ ist die Entfernung in Längeneinheiten (LE)

c_{kl} von $O(k)$ nach $O(l)$ bekannt. Die entsprechenden Angaben sind in der folgenden Tabelle zusammengestellt:

	Entfernungen LE			
	$O(1)$	$O(2)$	...	$O(n)$
$O(1)$	x	c_{12}	...	c_{1n}
$O(2)$	c_{21}	x	...	c_{2n}
$\vdots$				
$O(n)$	c_{n1}	c_{n2}	...	x

Abb. 6-77: Problemspezifische Angaben zum allgemeinen Problem des Handlungsreisenden

Die Aufgabe besteht nun darin, die n Orte - mit Ausnahme des Standortes - auf einer Rundreise minimaler Länge genau einmal zu besuchen.

Zum Zwecke einer übersichtlichen Formulierung, die darüber hinaus auch eine Verwandtschaft zum Summen-Zuordnungsproblem erkennen läßt, definiert man zusätzlich

$$c_{ii} = \infty , \quad i = 1, 2, ..., n.$$

Da der Ort $O(j)$ entweder unmittelbar nach dem Ort $O(i)$ besucht wird oder nicht, benötigt man Variablen, die diese Alternative anzeigen.

Für $i = 1, 2, ..., n$ und $j = 1, 2, ..., n$ bezeichnet

$$x_{ij} = \begin{cases} 1 \text{ falls der Ort } O(j) \text{ unmittelbar nach dem Ort } O(i) \text{ besucht wird,} \\ 0 \text{ sonst.} \end{cases}$$

Die Zielforderung - nämlich die Minimierung der Länge einer Rundreise - ergibt sich dann zu

$$z = \sum_{i=1}^{n} \sum_{j=1}^{n} c_{ij} x_{ij} = \text{Min!}$$

Unter der Konvention

$$\infty \cdot 0 = 0$$

impliziert die Minimierungsforderung unmittelbar $x_{ii} = 0$, d.h. das Verbleiben an einem Ort, also $x_{ii} = 1$, ist somit in einfacher Weise vermieden worden.

Da jeder Ort O(j) genau einen Vorgänger hat, ergeben sich die Restriktionen

$$\sum_{i=1}^{n} x_{ij} = 1, \qquad j = 1, 2, \ldots, n.$$

Da ferner jeder Ort O(i) genau einen Nachfolger O(j) hat, erhält man die Restriktionen

$$\sum_{j=1}^{n} x_{ij} = 1, \qquad i = 1, 2, \ldots, n.$$

Fügt man die oben angeführte Ganzzahligkeitsbedingung

$$x_{ij} = \begin{cases} 0 \\ 1 \end{cases}$$

hinzu, so hat sich bisher genau die mathematische Formulierung des Summen-Zuordnungsproblems ergeben.

Faßt man die Koeffizienten der Zielfunktion zu einer Kostenmatrix zusammen

$$C = \begin{pmatrix} \infty & c_{12} & \cdots & c_{1n} \\ c_{21} & \infty & \cdots & c_{2n} \\ \cdot & \cdot & & \cdot \\ \cdot & \cdot & & \cdot \\ \cdot & \cdot & & \cdot \\ c_{n1} & c_{n2} & \cdots & \infty \end{pmatrix}$$

dann entsprechen einer Zuordnung - da diese genau n Variablen mit dem Wert 1 besitzt, und sämtliche übrigen Variablen den Wert Null haben - genau n Elemente aus C, und diese Elemente sind so verteilt, daß in jeder Zeile und gleichzeitig in jeder Spalte genau eines dieser Elemente enthalten ist.

Eine Zuordnung stellt jedoch im allgemeinen keine Rundreise dar.

Die Kostenmatrix

$$C = \begin{pmatrix} \infty & 0 & 1 & 1 \\ 0 & \infty & 1 & 1 \\ 1 & 1 & \infty & 0 \\ 1 & 1 & 0 & \infty \end{pmatrix}$$

zeigt dies ganz deutlich. Als Optimallösung des Summen-Zuordnungsproblems bzgl. dieser Kostenmatrix erhält man mit der Zuordnung

$$Z: x_{12} = x_{21} = x_{34} = x_{43} = 1$$

den Summenwert

$$S(Z) = 0.$$

Wie man unmittelbar erkennt, bilden die den Indizes entsprechenden Verbindungswege jedoch keine Rundreise, denn es ergeben sich mit O(1)-O(2)-O(1) sowie O(3)-O(4)-O(3) zwei Kurzzyklen.

Eine optimale Rundreise ist etwa durch die Zuordnung

$$Z: x_{12} = x_{23} = x_{34} = x_{41} = 1$$

mit dem Summenwert

$$S(Z) = 2$$

gegeben; die den Indizes entsprechenden Verbindungswege bilden die Rundreise O(1)-O(2)-O(3)-O(4)-O(1).

Das Problem des Handlungsreisenden ist also ein Summen-Zuordnungsproblem mit der zusätzlichen Bedingung, daß die Optimallösung keine Kurzzyklen enthalten darf, d.h. es ist eine Optimallösung lediglich bzgl. der Rundreisen, nicht aber - wie es beim klassischen Summen-Zuordnungsproblem der Fall ist - bzgl. sämtlicher Zuordnungen zu bestimmen. Da eine Rundreise eine spezielle Zuordnung ist, folgt - wie auch das Beispiel zeigt -, daß der Optimalwert des Summen-Zuordnungsproblems kleiner höchstens gleich der minimalen Längen einer Rundreise des entsprechenden Problems des Handlungsreisenden ist.

Die Einschränkung von Zuordnungen auf Rundreisen läßt sich durch den Ausschluß sämtlicher Kurzzyklen erreichen.

Kurzzyklen bzgl. eines Ortes O(i), d.h. $x_{ii} = 1$, treten aufgrund der Festsetzung $c_{ii} = \infty$ sowie der Minimierungsforderung von selbst nicht auf.

Kurzzyklen bzgl. zweier Orte O(i) und O(j) lassen sich durch Restriktionen der Form

$$x_{ij} + x_{ji} \leq 1$$

ausschließen.

Kurzzyklen bzgl. dreier Orte O(i), O(j) und O(k) lassen sich durch Restriktionen der Art

$$x_{ij} + x_{jk} + x_{ki} \leq 2$$

vermeiden.

Da eine Zuordnung entweder eine Rundreise darstellt oder aber in Kurzzyklen zerfällt, brauchen für ein Problem von n Orten nicht explizit alle Kurzzyklen bis einschließlich bzgl. (n-1) Orten ausgeschlossen zu werden, sondern lediglich Kurzzyklen bzgl. 2, 3, ..., $\left[\frac{n}{2}\right]$ Orten mit

$$\left[\frac{n}{2}\right] = \begin{cases} \dfrac{n}{2} & \text{falls n gerade,} \\[2ex] \dfrac{n-1}{2} & \text{falls n ungerade.} \end{cases}$$

Kurzzyklen bzgl. einer größeren Anzahl von Orten treten dann automatisch nicht auf, denn zur Bildung einer Zuordnung würden noch Kurzzyklen bzgl. einer Anzahl von Orten kleiner als $\left[\frac{n}{2}\right]$ benötigt, solche aber wurden ausgeschlossen.

Für ein Problem von 4 Orten z.B. sind lediglich die Kurzzyklen bzgl. 2 Orten auszuschließen, denn aus den oben angeführten Gründen können Kurzzyklen bzgl. eines Ortes nicht auftreten, und somit können auch keine Kurzzyklen bzgl. 3 Orten auftreten. Um zu gewährleisten, daß lediglich Rundreisen in Betracht gezogen werden, sind die Restriktionen des Summen-Zuordnungsproblems noch durch sämtliche verschiedenen Ungleichungen der Form

$$x_{i_1 i_2} + x_{i_2 i_3} + \ldots + x_{i_k i_1} \leq k - 1$$

für k = 2, 3, ..., $\left[\frac{n}{2}\right]$ zu ergänzen.

Zusammenfassend ergibt sich für das Problem des Handlungsreisenden das folgende auf ARNOFF und SENGUPTA zurückgehende mathematische Modell:

$$z = \sum_{i=1}^{n} \sum_{j=1}^{n} c_{ij} x_{ij} = \text{Min!}$$

unter den Restriktionen

$$\text{(i)} \quad \sum_{i=1}^{n} x_{ij} = 1 \qquad j = 1, 2, \ldots, n$$

$$\text{(ii)} \quad \sum_{j=1}^{n} x_{ij} = 1 \qquad i = 1, 2, \ldots, n$$

$$\text{(iii)} \quad \sum_{l=1}^{k-1} x_{i_l i_{l+1}} + x_{i_k i_1} \leq k - 1 \qquad k = 2, 3, \ldots, \left[\frac{n}{2}\right]$$

über sämtliche verschiedenen Möglichkeiten

$$\text{(iv)} \quad x_{ij} = \begin{cases} 0 & i = 1, 2, \ldots, n \\ 1 & j = 1, 2, \ldots, n. \end{cases}$$

Modell 6-22: Standardmodell zum allgemeinen Problem des Handlungsreisenden

Als Standardmodell des in Beispiel 11 angeführten Problems des Handlungsreisenden erhält man:

$$z = \infty \cdot x_{11} + 13x_{12} + 15x_{13} + 20x_{14} + 16x_{21} + \infty \cdot x_{22}$$
$$+ x_{23} + 15x_{24} + 25x_{31} + 17x_{32} + \infty \cdot x_{33} + 20x_{34}$$
$$+ 38x_{41} + 27x_{42} + 21x_{43} + \infty \cdot x_{44} = \text{Min!}$$

mit $\infty \cdot 0 = 0$

unter den Restriktionen

$$\text{(i)} \quad \begin{aligned} x_{11} + x_{12} + x_{13} + x_{14} &= 1 \\ x_{21} + x_{22} + x_{23} + x_{24} &= 1 \\ x_{31} + x_{32} + x_{33} + x_{34} &= 1 \\ x_{41} + x_{42} + x_{43} + x_{44} &= 1 \end{aligned}$$

$$\text{(ii)} \quad \begin{aligned} x_{11} + x_{21} + x_{31} + x_{41} &= 1 \\ x_{12} + x_{22} + x_{32} + x_{42} &= 1 \\ x_{13} + x_{23} + x_{33} + x_{43} &= 1 \\ x_{14} + x_{24} + x_{34} + x_{44} &= 1 \end{aligned}$$

$$\text{(iii)} \quad \begin{aligned} x_{12} + x_{21} &\leq 1 \\ x_{13} + x_{31} &\leq 1 \\ x_{14} + x_{41} &\leq 1 \\ x_{23} + x_{32} &\leq 1 \\ x_{24} + x_{42} &\leq 1 \\ x_{34} + x_{43} &\leq 1 \end{aligned}$$

$$\text{(iv)} \quad x_{ij} = \begin{cases} 0 & i = 1, 2, 3, 4 \\ 1 & j = 1, 2, 3, 4. \end{cases}$$

Modell 6-23: Standardmodell zum Problem des Handlungsreisenden aus
Beispiel 11

	X11	X12	X13	X14	X21	X22	X23	X24	X31	X32	X33	X34	X41	X42	X43	X44	Typ	RS
ZIEL	∞	13	15	20	16	∞	1	15	25	17	∞	20	38	27	21	∞	Min.	
R1	1	1	1	1													=	1
R2					1	1	1	1									=	1
R3									1	1	1	1					=	1
R4													1	1	1	1	=	1
R5	1				1				1				1				=	1
R6		1				1				1				1			=	1
R7			1				1				1				1		=	1
R8				1				1				1				1	=	1
R9		1			1												≤	1
R10			1				1										≤	1
R11				1									1				≤	1
R12							1			1							≤	1
R13								1						1			≤	1
R14										1					1		≤	1
BD	BV	BV	BV	BV	BV	BV	BV	BV	BV	BV	BV	BV	BV	BV	BV	BV		

Abb. 6-78: MPS-Tableau zu Modell 6-23 (Beispiel 11)

6.2.3.3 Modellösung und Interpretation der von einem Standardprogrammpaket erzeugten Druckausgabe

Bei Verwendung der in Kapitel 3.1.1 Abb. 3-1 angeführten Bezeichnungen ergibt sich zu Modell 6-23 (Beispiel 11) das in Abb. 6-78 wiedergegebene MPS-Tableau.

Bei Verwendung von ADV-Anlagen zur Lösung dieses Problems ersetzt man das Symbol "∞" durch eine Zahl, die im Verhältnis zu den Nichtdiagonalelementen groß ist, in dem betrachteten Beispiel etwa durch die Zahl 1000.

Verwendet man in der NAME-Karte als Identifikation "ZUORDZYK", dann erhält man zu dem MPS-Tableau aus Abb. 6-78 das in Abb. 6-79 dargestellte MPS-Datendeck.

```
NAME                ZUORDZYK
ROWS
   N ZIEL
   E R1
   E R2
   E R3
   E R4
   E R5
   E R6
   E R7
   E R8
   L R9
   L R10
   L R11
   L R12
   L R13
   L R14
COLUMNS
     X11       ZIEL      1000.
     X11       R1        1.          R5        1.
     X12       ZIEL      13.
     X12       R1        1.          R6        1.
     X12       R9        1.
     X13       ZIEL      15.
     X13       R1        1.          R7        1.
     X13       R10       1.
     X14       ZIEL      20.
     X14       R1        1.          R8        1.
     X14       R11       1.
     X21       ZIEL      16.
     X21       R2        1.          R5        1.
     X21       R9        1.
     X22       ZIEL      1000.
     X22       R2        1.          R6        1.
     X23       ZIEL      1.
     X23       R2        1.          R7        1.
     X23       R12       1.
     X24       ZIEL      15.
     X24       R2        1.          R8        1.
     X24       R13       1.
```

```
        X31        ZIEL       25.
        X31        R3         1.              R5        1.
        X31        R10        1.
        X32        ZIEL       17.
        X32        R3         1.              R6        1.
        X32        R12        1.
        X33        ZIEL       1000.
        X33        R3         1.              R7        1.
        X34        ZIEL       20.
        X34        R3         1.              R8        1.
        X34        R14        1.
        X41        ZIEL       38.
        X41        R4         1.              R5        1.
        X41        R11        1.
        X42        ZIEL       27.
        X42        R4         1.              R6        1.
        X42        R13        1.
        X43        ZIEL       21.
        X43        R4         1.              R7        1.
        X43        R14        1.
        X44        ZIEL       1000.
        X44        R4         1.              R8        1.
RHS
        RS         R1         1.
        RS         R2         1.
        RS         R3         1.
        RS         R4         1.
        RS         R5         1.
        RS         R6         1.
        RS         R7         1.
        RS         R8         1.
        RS         R9         1.
        RS         R10        1.
        RS         R11        1.
        RS         R12        1.
        RS         R13        1.
        RS         R14        1.
BOUNDS
  BV  BD           X11
  BV  BD           X12
  BV  BD           X13
  BV  BD           X14
  BV  BD           X21
  BV  BD           X22
  BV  BD           X23
  BV  BD           X24
  BV  BD           X31
  BV  BD           X32
  BV  BD           X33
  BV  BD           X34
  BV  BD           X41
  BV  BD           X42
  BV  BD           X43
  BV  BD           X44
ENDATA
```

Abb. 6-79: MPS-Datendeck zu Modell 6-23 (Beispiel 11)

C O N S T R A I N T S

```
 PRINT OPTION = COMPLETE OUTPUT                                      VALUE OF OBJECTIVE =        72.00000
NAME = ZUORDZYK      OBJ = ZIEL        RHS = RS         BND = BD      RPSOBJ  =    1.0000  RPSRHS  =    1.0000
DIR = MINIMIZE       COBJ =            CRHS =           RNG =         RPCHOBJ =    0.0000  RPCHRHS =    0.0000
```

NUMBER	NAME	TYPE	STATUS	ROW ACTIVITY	SLACK	RHS LOWER	RHS UPPER	MARGINAL
1	ZIEL	FR	SLACK	72.00000	-72.00000	-INF	+INF	.
2	R1	EQ	BINDING	1.00000	.	1.00000	1.00000	13.00000
3	R2	EQ	BINDING	1.00000	.	1.00000	1.00000	22.00000
4	R3	EQ	BINDING	1.00000	.	1.00000	1.00000	13.00000
5	R4	EQ	SLACK	1.00000	.	1.00000	1.00000	.
6	R5	EQ	BINDING	1.00000	.	1.00000	1.00000	-38.00000
7	R6	EQ	BINDING	1.00000	.	1.00000	1.00000	-26.00000
8	R7	EQ	BINDING	1.00000	.	1.00000	1.00000	-23.00000
9	R8	EQ	BINDING	1.00000	.	1.00000	1.00000	-33.00000
10	R9	LE	SLACK	1.00000	.	-INF	1.00000	.
11	R10	LE	SLACK	.	1.00000	-INF	1.00000	.
12	R11	LE	SLACK	1.00000	.	-INF	1.00000	.
13	R12	LE	SLACK	1.00000	.	-INF	1.00000	.
14	R13	LE	SLACK	.	1.00000	-INF	1.00000	.
15	R14	LE	SLACK	1.00000	.	-INF	1.00000	.

Abb. 6-80: OUTPUT REPORT
CONSTRAINTS zu Modell 6-23 (Beispiel 11)

```
                                      C O L U M N S

   PRINT OPTION = COMPLETE OUTPUT                                    VALUE OF OBJECTIVE =          72.00000
  NAME = ZUORDZYK    OBJ  = ZIEL        RHS  = RS       BND = BD      RPSOBJ  =      1.0000  RPSRHS  =      1.0000
  DIR  = MINIMIZE    COBJ =             CRHS =          RNG =         RPCHOBJ =      0.0000  RPCHRHS =      0.0000

     NUMBER      NAME     TYPE    STATUS     COL ACTIVITY     OBJ COEF      BND LOWER     BND UPPER     MARGINAL
     ------   ----------  ----   --------   ------------   ------------   ------------  ------------  ------------

         1    X11          BV    LOWER            .         1000.00000         .           1.00000      975.00000
         2    X12          BV    ACTIVE       1.00000         13.00000         .           1.00000
         3    X13          BV    LOWER            .           15.00000         .           1.00000        5.00000
         4    X14          BV    ACTIVE           .           20.00000         .           1.00000
         5    X21          BV    ACTIVE           .           16.00000         .           1.00000
         6    X22          BV    LOWER            .         1000.00000         .           1.00000      996.00000
         7    X23          BV    ACTIVE       1.00000          1.00000         .           1.00000
         8    X24          BV    LOWER            .           15.00000         .           1.00000        4.00000
         9    X31          BV    ACTIVE           .           25.00000         .           1.00000
        10    X32          BV    LOWER            .           17.00000         .           1.00000        4.00000
        11    X33          BV    LOWER            .         1000.00000         .           1.00000      990.00000
        12    X34          BV    ACTIVE       1.00000          20.00000        .           1.00000
        13    X41          BV    ACTIVE       1.00000          38.00000        .           1.00000
        14    X42          BV    LOWER            .           27.00000         .           1.00000
        15    X43          BV    LOWER            .           21.00000         .           1.00000        1.00000
        16    X44          BV    LOWER            .         1000.00000         .           1.00000       -2.00000   ARB BV
                                                                                                        967.00000
```

```
            PARENT                                              - - - - - - SEPARATION   VARIABLE - - - - - - -
  NODE      NODE     ARB.                  OBJECTIVE      SUM OF   -
  NO.       NO.      DIR.    STATUS      FUNCTION VALUE  FRACTIONS  - TYPE    NUMBER   LOWER LIMIT   UPPER LIMIT -

    1        0               DEVELOPED    -71.500000      4.000
    2        1       DOWN    INTEGER      -72.000000      0.000    BINARY      15       0.000          0.000
  INTEGER SOLUTION NUMBER      1
     IS WITHIN          0.000 UNITS (  0.00 PER CENT) OF OPTIMUM
  CANNOT FIND ANY BETTER INTEGER SOLUTION
  INTEGER SOLUTION FOUND AT NODE     2, WITH FUNCTIONAL VALUE       -72.000000,
     IS ASSUMED OPTIMAL
```

Abb. 6-81: OUTPUT REPORT
COLUMNS und MIXINT NODE LOG zu Modell 6-23 (Beispiel 11)

Die die Lösungen betreffenden Sektionen CONSTRAINTS, COLUMNS und MIXINT NODE LOG sind in den Abb. 6-80 und 6-81 enthalten.

Für die Lösung von Beispiel 11 ergibt sich somit:

Optimalwert der Zielfunktion

$\quad$ 72 LE

Optimalwerte der Problemvariablen

$\quad$ X11 = 0
$\quad$ X12 = 1
$\quad$ X13 = 0
$\quad$ X14 = 0
$\quad$ X21 = 0
$\quad$ X22 = 0
$\quad$ X23 = 1
$\quad$ X24 = 0
$\quad$ X31 = 0
$\quad$ X32 = 0
$\quad$ X33 = 0
$\quad$ X34 = 1
$\quad$ X41 = 1
$\quad$ X42 = 0
$\quad$ X43 = 0
$\quad$ X44 = 0.

Die folgende Abbildung 6-82 soll die Lösung noch einmal veranschaulichen:

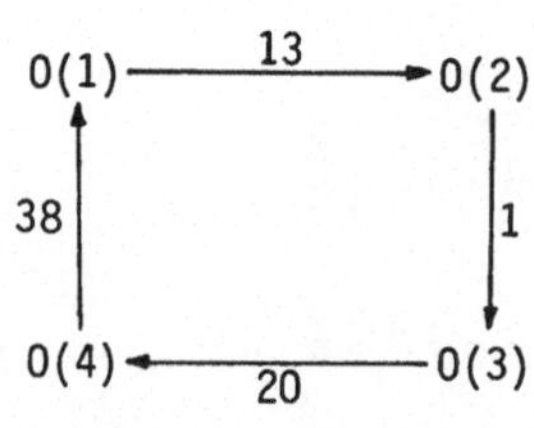

$$z = 13 + 1 + 20 + 38 = 72$$

Abb. 6-82: Graphische Darstellung der Optimallösung zum Problem des Handlungsreisenden aus Beispiel 11

Wie man dem MIXINT NODE LOG aus Abb. 6-81 entnimmt, ist die Ganzzahligkeitsbedingung nicht redundant.

6.2.3.4 Abriß zum Algorithmus für das Problem des Handlungsreisenden von LITTLE, MURTY, SWEENEY und KAREL

Wie bereits in den Abschnitten 6.1.3.3 und 6.2.3.3 angedeutet wurde, sollen in diesem Kapitel auch Betrachtungen zur Lösung des Problems des Handlungsreisenden mittels vollständiger Enumeration durchgeführt werden.

Im Gegensatz zu den Zuordnungsproblemen aus Kapitel 6.1 und 6.2, die jeweils $n! = 1 \cdot 2 \cdot \ldots \cdot n$ zulässige Lösungen besitzen, verfügt das Problem des Handlungsreisenden über $(n-1)!$ zulässige Punkte. Die Durchführung der vollständigen Enumeration per Hand, d.h. die Bestimmung sämtlicher Rundreisen und Auswahl derjenigen mit minimaler Länge ist nur bei sehr kleinen Problemen ($n \leqq 5$) möglich.

Aber auch der Einsatz von ADV-Anlagen zur Durchführung dieser Methode ist aufgrund des unvertretbar großen Aufwandes an Rechenzeit sehr begrenzt. Unter der Annahme, daß eine Rechenanlage $n\,\mu$sec. benötigt, um bei n Orten eine Rundreise zu bestimmen und zu überprüfen, ob es die bisher kürzeste ist, dann ergeben sich - wenn ein Jahr zu 365 Tagen gerechnet wird - in Abhängigkeit von n folgende Zeiten:

n	Zeiten
6	0.001 sec
7	0.005 sec
8	0.040 sec
9	0.363 sec
10	3.629 sec
11	39.917 sec
12	7.983 min
13	1.730 Std.
14	1.009 Tage
15	15.135 Tage
16	242.161 Tage
17	11.310 Jahre
18	203.575 Jahre
19	3867.926 Jahre
20	77358.500 Jahre

Abb. 6-83: Rechenzeiten bzgl. der vollständigen Enumeration für das Problem des Handlungsreisenden in Abhängigkeit von n, d.h. der Anzahl der zu besuchenden Orte

Man erkennt hieran, daß vollständige Enumeration maximal bei 13 Orten angewendet werden kann. Da die Anzahl der Lösungen beim Summen- bzw. Engpaß-Zuordnungsproblem jeweils n! beträgt, würden sich bzgl. dieser beiden Probleme noch wesentlich höhere Zeiten ergeben.

Das Problem des Handlungsreisenden als Problem der linearen Optimierung erzeugt - wie etwa das MPS-Tableau aus Abb. 6-78 zu Beispiel 11 zeigt - bereits für kleine Aufgaben umfangreiche Tableaus, wobei speziell die Restriktionen zur Vermeidung von Kurzzyklen ins Gewicht fallen.

Die Anzahl dieser Restriktionen bei festem n ist gegeben durch

$$\sum_{k=2}^{\left[\frac{n}{2}\right]} \binom{n}{k} \, (k - 1)\,!$$

Fügt man noch die durch das Summen-Zuordnungsproblem erzeugten 2n Restriktionen hinzu, dann umfaßt das Problem des Handlungsreisenden - ohne die Ganzzahligkeitsbedingung -

$$2n + \sum_{k=2}^{\left[\frac{n}{2}\right]} \binom{n}{k} \, (k - 1)\,!$$

Restriktionen.

Einen Überblick über diese Anzahl von Restriktionen in Abhängigkeit zur Problemgröße n vermittelt die folgende Tabelle:

n	Restriktionen
3	6
4	14
5	20
6	67
7	105
8	576
9	978
10	7631
11	13475
12	133388
13	241774

n	Restriktionen
14	2886301
15	5315107
16	74179584
17	138174400
18	2206265000
19	4145453300
20	74512138000.

Abb. 6-84: Anzahl der Restriktionen zum Problem des Handlungsreisenden in Abhängigkeit von n, d.h. der Anzahl der zu besuchenden Orte

Allein aufgrund der Ganzzahligkeitsbedingung sind Probleme dieser Art für n $\geq$ 9 kaum lösbar.

Wie aus den Restriktionen zu entnehmen ist, stellt das Problem des Handlungsreisenden ein spezielles Summen-Zuordnungsproblem dar. Man könnte deshalb glauben, daß die zur Lösung des Summen-Zuordnungsproblems entwickelten sehr effizienten Algorithmen auch zur Lösung des Problems des Handlungsreisenden - nach entsprechenden Modifikationen - Verwendung finden könnten. Dies ist jedoch nicht möglich.

Zur Lösung des Problems des Handlungsreisenden werden - speziell bei größeren Aufgabenstellungen - ausschließlich Branch und Bound Methoden verwandt. Das erste und wohl bekannteste Branch und Bound Verfahren zur Lösung des Problems des Handlungsreisenden ist der Algorithmus von LITTLE, MURTY, SWEENEY und KAREL. Wegen seiner recht anschaulichen Vorgehensweise soll dieser Algorithmus - leicht modifiziert, wobei jedoch die Grundidee nicht berührt wird - im folgenden wiedergegeben werden.

Als _Relaxation_ bietet sich das dem Problem des Handlungsreisenden entsprechende Summen-Zuordnungsproblem an, denn für Summen-Zuordnungsprobleme stehen sehr effiziente Lösungsalgorithmen zur Verfügung. Es wird also nicht - wie in den bisher aufgetretenen Fällen - auf die Ganzzahligkeitsbedingung verzichtet, sondern es werden die Restriktionen zur Vermeidung von Kurzzyklen unterdrückt. Da die Menge der Rundreisen enthalten ist in der Menge der Zuordnungen, liefert das Summen-Zuordnungsproblem eine untere Schranke für die minimale Länge einer Rundreise (vgl. Satz 4-3). Wegen der Fülle auftretender Teilprobleme - speziell bei größeren Aufgabenstellungen - ist die Verwendung des Summen-Zuordnungsproblems aber selbst bei sehr schnellen Lösungsalgorithmen zu zeitraubend und bei weitem nicht so effektiv, wie man annehmen möchte. LITTLE u.a. lösen deshalb nicht das Summen-Zuordnungsproblem, sondern wenden lediglich die vollständige Zeilen- und Spaltenreduktion (vgl. Satz 6-12) an, die eine untere Schranke für den minimalen Summenwert einer Zuordnung und somit auch für die minimale Länge einer Rundreise liefert.

Die so bestimmten unteren Schranken haben zwar im allgemeinen etwas geringeres Niveau als die aus der Lösung des Summen-Zuordnungsproblems, sie haben dafür aber den Vorteil, daß sie sich einfach und schnell berechnen lassen.

Bezüglich des durch Beispiel 11 gegebenen Problems des Handlungsreisenden liefert die Anwendung der vollständigen Zeilen- und Spaltenreduktion auf die entsprechende Kostenmatrix

$$C = \begin{pmatrix} \infty & 13 & 15 & 20 \\ 16 & \infty & 1 & 15 \\ 25 & 17 & \infty & 20 \\ 38 & 27 & 21 & \infty \end{pmatrix}$$

Abb. 6-85: Kostenmatrix zu Beispiel 11

die Reduktionssumme

$$R = 63.$$

Als untere Schranke bzgl. der Menge Z_R ergibt sich somit

$$U(Z_R) = 63.$$

Die <u>Separation</u> beruht auf der einfachen Überlegung, daß eine minimale Rundreise eine vorgegebene direkte Verbindung $O(i)-O(j)$, d.h. der Ort $O(j)$ wird unmittelbar nach dem Ort $O(i)$ besucht, enthält bzw. nicht enthält. Ausgehend von der Menge sämtlicher Rundreisen ergibt sich bzgl. einer direkten Verbindung $O(i)-O(j)$ eine Zerlegung in zwei Mengen, wobei die eine Menge sämtliche Rundreisen mit der direkten Verbindung $O(i)-O(j)$ enthält, die andere sämtliche Rundreisen, die diese Verbindung nicht enthalten.Jede dieser beiden Mengen kann in analoger Weise weiter zerlegt werden. Zur Veranschaulichung einer solchen Zerlegung bedient man sich am zweckmäßigsten des Entscheidungsbaumes, der die in Abb. 6-86 wiedergegebene Gestalt hat.

Ausgangspunkt ist die Menge sämtlicher Rundreisen, die mit Z_R (Zuordnungen, die eine Rundreise darstellen) bezeichnet sei. Diese Menge wird aufgespalten

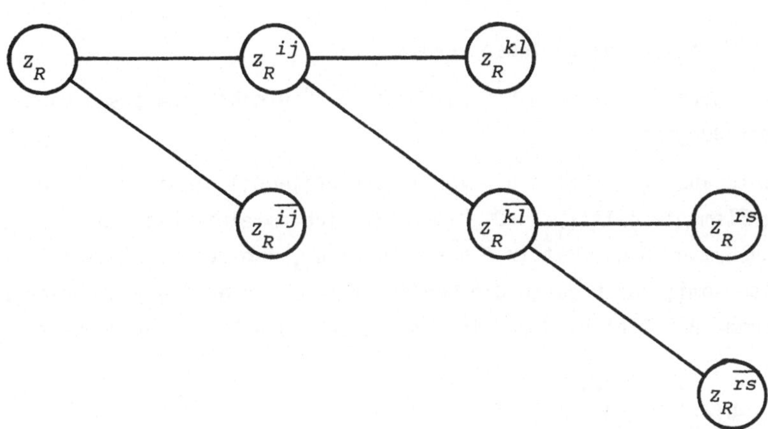

Abb. 6-86: Entscheidungsbaum zum Problem des Handlungsreisenden

in die Mengen der Rundreisen, die die Verbindung O(i)-O(j) enthalten bzw. nicht enthalten, bezeichnet mit $Z_R{}^{ij}$ bzw. $Z_R{}^{\overline{ij}}$. Die Menge $Z_R{}^{ij}$ wird weiter zerlegt in die Mengen der Rundreisen, die die Verbindung O(k)-O(1) enthalten bzw. nicht enthalten, bezeichnet mit $Z_R{}^{kl}$ bzw. $Z_R{}^{\overline{kl}}$. Schließlich wird $Z_R{}^{\overline{kl}}$ noch zerlegt in die Mengen der Rundreisen, die die Verbindung O(r)-O(s) enthalten bzw. nicht enthalten, bezeichnet mit $Z_R{}^{rs}$ bzw. $Z_R{}^{\overline{rs}}$. Jedem Knoten des Entscheidungsbaumes entspricht eine Menge von Rundreisen; die Indizes geben lediglich an, ob die entsprechende Verbindung bzgl. der diese Zerlegung erzeugt wurde, sämtlichen Elementen dieser Menge angehört oder nicht. Ausgehend von einem beliebigen Knoten des Entscheidungsbaumes erhält man genau die Verbindungen, die alle Rundreisen der zugehörigen Menge enthalten müssen bzw. nicht enthalten dürfen, indem man den Entscheidungsbaum zur Menge Z_R zurückläuft. Treibt man eine Zerlegung weit genug, so gelangt man schließlich zu einer Menge, die genau eine einzige Rundreise enthält.

Zur Bestimmung unterer Schranken ordnet man jeder Menge des Entscheidungsbaumes ein die zugehörigen Rundreisen berücksichtigendes Summen-Zuordnungsproblem zu und führt die vollständige Zeilen- und Spaltenreduktion durch. Diese Summen-Zuordnungsprobleme ergeben sich aus dem dem Problem des Handlungsreisenden entsprechenden Summen-Zuordnungsproblem dadurch, daß man hierin sämtliche Elemente zu Verbindungen, die nicht in mindestens einer Rundreise der betrachteten Menge enthalten sind, sperrt.

Ausgehend von der Menge Z_R und dem dem Problem des Handlungsreisenden entsprechenden Summen-Zuordnungsproblem mit der Matrix C soll die Zerlegung von Z_R in $Z_R{}^{\overline{ij}}$ und $Z_R{}^{ij}$ sowie die Erstellung der zugehörigen Summen-Zuordnungsprobleme $C^{\overline{ij}}$ und C^{ij} beschrieben werden.

Das Summen-Zuordnungsproblem $C^{\overline{ij}}$ zur Menge $Z_R^{\overline{ij}}$ ergibt sich aus C durch folgende Überlegungen:

Die Elemente aus $Z_R^{\overline{ij}}$ dürfen die Verbindung O(i)-O(j) nicht enthalten, d.h. für diese Elemente gilt $x_{ij} = 0$. Dies läßt sich am einfachsten dadurch erreichen, daß man in der Matrix C das Element $c_{ij} = \infty$ setzt. Die Matrix $C^{\overline{ij}}$ ergibt sich somit aus C durch die Modifikation $c_{ij} = \infty$. Die zugehörige Reduktionssumme $R^{\overline{ij}}$ liefert dann eine untere Schranke bzgl. der Menge $Z_R^{\overline{ij}}$, d.h.

$$U(Z_R^{\overline{ij}}) = R^{\overline{ij}}.$$

Ausgehend von der Matrix C aus Abb. 6-85

$$C = \begin{pmatrix} \infty & 13 & 15 & 20 \\ 16 & \infty & 1 & 15 \\ 25 & 17 & \infty & 20 \\ 38 & 27 & 21 & \infty \end{pmatrix}$$

soll das der Menge $Z_R^{\overline{23}}$ entsprechende Summen-Zuordnungsproblem $C^{\overline{23}}$ sowie die zugehörige untere Schranke bestimmt werden.

Da die Elemente von $Z_R^{\overline{23}}$ die Verbindung O(2)-O(3) nicht enthalten dürfen, ergibt sich $C^{\overline{23}}$ dadurch, daß man in C das Element $c_{23} = \infty$ setzt, d.h.

$$C^{\overline{23}} = \begin{pmatrix} \infty & 13 & 15 & 20 \\ 16 & \infty & \infty & 15 \\ 25 & 17 & \infty & 20 \\ 38 & 27 & 21 & \infty \end{pmatrix} .$$

Abb. 6-87: Summen-Zuordnungsproblem zur Menge $Z_R^{\overline{23}}$

Mit der Reduktionssumme

$$R^{\overline{23}} = 67$$

ergibt sich als untere Schranke bzgl. der Menge $Z_R^{\overline{23}}$

$$U(Z_R^{\overline{23}}) = 67.$$

Das Summen-Zuordnungsproblem C^{ij} zur Menge Z_R^{ij} ergibt sich aus C durch folgende Überlegung:

Die Elemente aus Z_R^{ij} müssen die Verbindung O(i)-O(j) enthalten, d.h. für diese Elemente gilt $x_{ij} = 1$, und sie dürfen kein anderes Element aus der Zeile i bzw. der Spalte j enthalten. Dies läßt sich am einfachsten dadurch erreichen, daß man in der Matrix C mit Ausnahme von c_{ij} sämtliche Elemente der Zeile i und der Spalte j unendlich setzt. Es muß jetzt noch das Auftreten des Kurzzyklus O(i)-O(j)-O(i) - der durch Auswahl der Verbindung O(j)-O(i), d.h. $x_{ji} = 1$ entstehen könnte - vermieden werden. Zu diesem Zweck setzt man in der Matrix C auch das Element c_{ji} unendlich. Die Matrix C^{ij} ergibt sich somit aus C dadurch, daß man mit Ausnahme des Elementes c_{ij} sämtliche Elemente der Zeile i und der Spalte j unendlich setzt und ferner zur Vermeidung des Kurzzyklus O(i)-O(j)-O(i) auch das Element c_{ji} unendlich setzt. Die zugehörige Reduktionssumme R^{ij} liefert dann eine untere Schranke bzgl. der Menge Z_R^{ij}, d.h.

$$U(Z_R^{ij}) = R^{ij}.$$

Ausgehend von der Matrix C aus Abb. 6-85

$$C = \begin{pmatrix} \infty & 13 & 15 & 20 \\ 16 & \infty & 1 & 15 \\ 25 & 17 & \infty & 20 \\ 38 & 27 & 21 & \infty \end{pmatrix}$$

soll das der Menge Z_R^{23} entsprechende Summen-Zuordnungsproblem C^{23} sowie die zugehörige untere Schranke bestimmt werden. Da die Elemente von Z_R^{23} die Verbindung O(2)-O(3) enthalten müssen, können sie kein weiteres Element der Zeile 2 bzw. der Spalte 3 enthalten. Man setzt also mit Ausnahme von c_{23} sämtliche Elemente der Zeile 2 und Spalte 3 in C unendlich. Zur Vermeidung des Kurzzyklus O(2)-O(3)-O(2) ist ferner das Element c_{32} unendlich zu setzen. Die Matrix C^{23} ergibt sich somit zu

$$C^{23} = \begin{pmatrix} \infty & 13 & \infty & 20 \\ \infty & \infty & 1 & \infty \\ 25 & \infty & \infty & 20 \\ 38 & 27 & \infty & \infty \end{pmatrix}.$$

Abb. 6-88: Summen-Zuordnungsproblem zur Menge Z_R^{23}

Mit der Reduktionssumme

$$R^{23} = 66$$

ergibt sich als untere Schranke bzgl. der Menge Z_R^{23}

$$U(Z_R^{23}) = 66.$$

Der Zerlegung von Z_R in $Z_R^{\overline{23}}$ und Z_R^{23} entspricht der in Abb. 6-89 wiedergegebene Entscheidungsbaum.

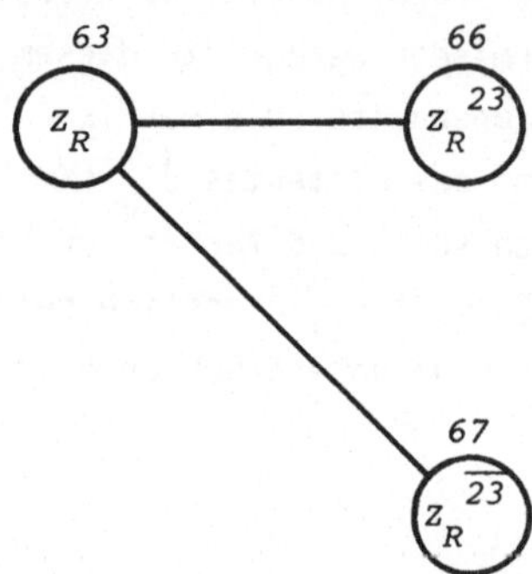

Abb. 6-89: Entscheidungsbaum nach Durchführung der Zerlegung von Z_R in Z_R^{23} und $Z_R^{\overline{23}}$

Sind bzgl. einer Menge Z_R^{Y} mit dem Summen-Zuordnungsproblem C^{Y} bereits mehrere Verbindungen bestimmt, die sämtliche Elemente dieser Menge enthalten müssen bzw. nicht enthalten dürfen, und soll eine Zerlegung von Z_R^{Y} bzgl. der Verbindung O(a)-O(b) in $Z_R^{\overline{ab}}$ und Z_R^{ab} durchgeführt werden, dann ergeben sich die zugehörigen Summen-Zuordnungsprobleme wie folgt:

Das Summen-Zuordnungsproblem $C^{\overline{ab}}$ zur Menge $Z_R^{\overline{ab}}$ ergibt sich aus C^{Y}, indem man das Element c_{ab} unendlich setzt.

Das Summen-Zuordnungsproblem C^{ab} zur Menge Z_R^{ab} ergibt sich aus C^{Y}, indem man zunächst mit Ausnahme des Elementes c_{ab} sämtliche Elemente der Zeile a und der Spalte b unendlich setzt. Zur Vermeidung eines Kurzzyklus bestimmt man, ausgehend von der Verbindung O(a)-O(b), den längsten Verbindungsweg innerhalb der bzgl. Z_R^{ab} festgelegten Verbindungen. Anschließend setzt man die Verbindung O(p)-O(q), die diesen Kantenzug zu einem Zyklus vervollständigen würde, unendlich.

Von besonderem Interesse ist noch der Fall, daß bzgl. einer Menge Z_R^{Y} (n-2) Verbindungen bestimmt sind, die sämtliche Elemente dieser Menge enthalten müssen. Da eine Rundreise durch (n-2) Verbindungen eindeutig bestimmt ist, enthält Z_R^{Y} genau ein einziges Element. Das zugehörige Summen-Zuordnungsproblem hat nur für die den Verbindungen der Rundreise entsprechenden Elemente endliche Werte. Die beiden noch nicht explizit bestimmten Verbindungen lassen sich somit aus dem entsprechenden Summen-Zuordnungsproblem ablesen. Die zugehörige Reduktionssumme R^Y bildet dann nicht nur eine untere Schranke, sondern sie stimmt mit der Länge der einzigen in Z_R^Y enthaltenen Rundreise überein, d.h.

$$S_C(Z_R^Y) = U(Z_R^Y) = R^Y.$$

Bei der Bestimmung einer weiter zu zerlegenden Menge und einer die Zerlegung erzeugenden Verbindung läßt man sich von heuristischen Überlegungen leiten. Als weiter zu zerlegende Menge wählt man eine noch nicht zerlegte Menge mit minimaler unterer Schranke, da man hierin am ehesten eine Rundreise minimaler Länge vermuten darf. Die Festlegung einer Verbindung bzgl. der eine Zerlegung durchgeführt werden soll, erfolgt nach dem Gesichtspunkt, daß die Menge der Rundreisen, die die ausgewählte Verbindung enthalten sollen, eine minimale Rundreise mit "größerer Wahrscheinlichkeit" enthält als die Menge der Rundreisen ohne diese Verbindung. Man versucht deshalb, eine Verbindung auszuwählen, für die die Differenz aus den unteren Schranken bzgl. der Menge ohne bzw. mit dieser Verbindung möglichst groß ist. Auf eine weiterführende Betrachtung bzgl. der Auswahl einer Zerlegungsverbindung soll verzichtet werden.

Das <u>Ausloten</u> schließlich besteht darin, die durch Separation erzeugten Teilmengen daraufhin zu untersuchen, ob eine weitere Zerlegung relevante Informationen bzgl. des Ausgangsproblems liefert. So brauchen z.B. nur solche Teilmengen weiter untersucht zu werden, deren untere Schranken kleiner sind als die Länge einer bereits bekannten Rundreise, denn höchstens diese Mengen können Rundreisen von geringerer Länge enthalten.

Für das durch Beispiel 11 gegebene Problem des Handlungsreisenden ergibt sich der in Abb. 6-90 wiedergegebene Entscheidungsbaum.

Bzgl. der Menge Z_R^{34} sind mit 0(2)-0(3) und 0(3)-0(4) zwei von vier Verbindungen festgelegt, wie man Abb. 6-90 entnehmen kann. Somit enthält Z_R^{34} genau eine einzige Rundreise, nämlich

$$0(1)-0(2)-0(3)-0(4)-0(1),$$

und ihre Zuordnungssumme bzw. ihre Länge stimmt mit der entsprechenden unteren Schranke überein, d.h.

$$S = 72.$$

Da sämtliche unteren Schranken nicht zerlegter Mengen größer bzw. gleich 72

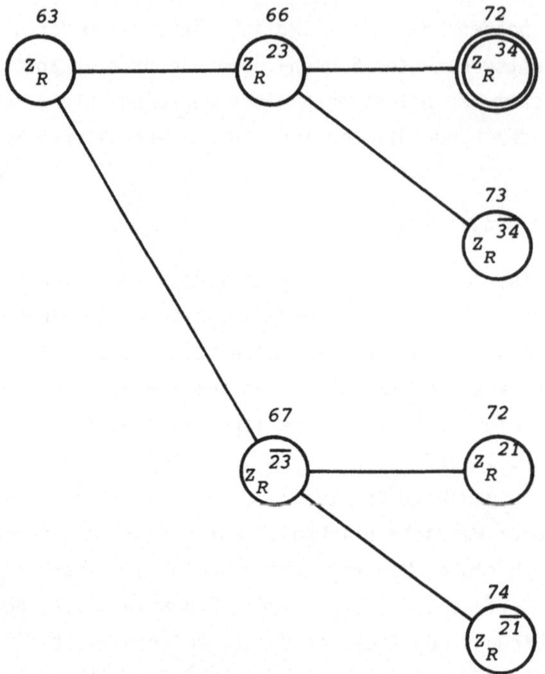

Abb. 6-90: Entscheidungsbaum zum Algorithmus von LITTLE u.a.
zum Problem des Handlungsreisenden aus Beispiel 11

sind, ist diese Lösung optimal.

Angaben bzgl. der im Verlauf der Berechnung auftretenden Teilprobleme sind in der in Abb. 6-91 enthaltenen Tabelle zusammengestellt.

Es sei bemerkt, daß - im Gegensatz zur hier beschriebenen Vorgehensweise - LITTLE u.a. bei der Bestimmung unterer Schranken jeweils von der vollständig reduzierten Matrix zum vorausgegangenen Problem im Entscheidungsbaum ausgehen. Diese Vorgehensweise bewirkt nicht nur, daß sich die unteren Schranken sukzessive auseinander berechnen lassen, vielmehr läßt sich aus dieser Vorgehensweise auch ein Kriterium zur Bestimmung einer Separationsvariablen herleiten.

Abschließend sei noch darauf hingewiesen, daß - ausgehend von einem Problem des Handlungsreisenden - die Probleme

P_1: Problem des Handlungsreisenden
P_2: Problem des Handlungsreisenden ohne Ganzzahligkeitsbedingung
P_3: Summen-Zuordnungsproblem zum Problem des Handlungsreisenden

Problem	Vor-problem	längster Kantenzug bzgl. der Separationsverbindung	bzgl. Kurzzyklus zu sperrendes Element	untere Schranke	Separations-	
					Problem	Verbindung
Z_R	-	-	-	63	Z_R	O(2)-O(3)
$Z_R^{\overline{23}}$	Z_R	-	-	67	$Z_R^{\overline{23}}$	O(2)-O(1)
Z_R^{23}	Z_R	O(2)-O(3)	O(3)-O(2)	66	Z_R^{23}	O(3)-O(4)
$Z_R^{\overline{34}}$	Z_R^{23}	-	-	73	-	-
Z_R^{34}	Z_R^{23}	O(2)-O(3)-O(4)	O(4)-O(2)	72	Rundreise	
$Z_R^{\overline{21}}$	$Z_R^{\overline{23}}$	-	-	74	-	-
Z_R^{21}	$Z_R^{\overline{23}}$	O(2)-O(1)	O(1)-O(2)	72	-	-

Abb. 6-91: *Untere Schranken und Angaben bzgl. der Separation für die im Entscheidungsbaum aus Abb. 6-90 auftretenden Teilprobleme*

im allgemeinen unterschiedliche Optimalwerte besitzen. Für das Problem des Handlungsreisenden aus Beispiel 11 gilt:

P_1:   Optimalwert der Zielfunktion

$\qquad$ 72 LE

$\qquad$ Z: $x_{12} = x_{23} = x_{34} = x_{41} = 1$

P_2:   Optimalwert der Zielfunktion

$\qquad$ 71,5 LE

$\qquad$ Optimalwerte der Problemvariablen

$$x_{11} = 0.0$$
$$x_{12} = 0.5$$
$$x_{13} = 0.0$$
$$x_{14} = 0.5$$
$$x_{21} = 0.5$$
$$x_{22} = 0.0$$
$$x_{23} = 0.5$$
$$x_{24} = 0.0$$
$$x_{31} = 0.5$$
$$x_{32} = 0.0$$
$$x_{33} = 0.0$$
$$x_{34} = 0.5$$
$$x_{41} = 0.0$$
$$x_{42} = 0.5$$
$$x_{43} = 0.5$$
$$x_{44} = 0.0$$

P_3:   Optimalwert der Zielfunktion

$\qquad$ 70 LE

$\qquad$ Z: $x_{12} = x_{21} = y_{34} = x_{43} = 1.$

6.2.4 <u>Literatur</u>

Burkard, R.E.   "Methoden der ganzzahligen Optimierung"
Wien - New York (1972)

Dantzig, G.B.   "Lineare Programmierung und Erweiterungen"
Berlin - Heidelberg - New York (1966)

Ford, L.R.
Fulkerson, D.R.
      "Flows in networks"
      Princeton (1962)

Gross, O.A.
      "The Bottleneck Assignment Problem"
      RAND Report P-1630 (1959)

Herrmann, H.
      "Anwendung der ungarischen Methode auf die Lösung von Engpaß-Zuordnungsproblemen" (unveröffentlicht) Inst. f. Rechentechnik TU Braunschweig (1967)

Kuhn, H.W.
      "The Hungarian Method for the Assignment Problem"
      Nav. Res. Log. Quart, 2, 83-97 (1955)

Kuhn, H.W.
      "Variants of the Hungarian Method for Assignment Problems"
      Nav. Res. Log. Quart, 3, 233-258 (1956)

Little, J.D.C.
Murty, K.G.
Sweeney, D.W.
Karel, C.
      "An Algorithm for the traveling salesman problem"
      Op. Res. 11, H. 12, 972-989 (1963)

Müller-Merbach, H.
      "Optimale Reihenfolgen"
      Berlin - Heidelberg - New York (1970)

Page, E.S.
      "A Note on Assignment Problems"
      Comp. J. 6, H. 3, 241-243 (1963/64)

Pape, U.
Schön, B.
      "Verfahren zur Lösung von Summen- und Engpaß-Zuordnungsproblemen"
      Elektr. Datenverarb. 4, 149-163 (1970)

Schön, B.
      "Ein ALGOL-Programm zur Lösung von Engpaß-Zuordnungsproblemen"
      Elektr. Datenverarb. 4, 179-183 (1968)

Schönlein, A.   "Ein bezüglich Kernspeicher- und Re-
                                       chenbedarf effizientes Branch- und
                                       Bound-Verfahren zur Lösung des Tra-
                                       velling-Salesman-Problems"
                                       Angewandte Informatik 3, 100-108
                                       (1976)

Schönlein, A.   "Ober die Anwendung der Methode des
                                       Branch und Bound auf das Summen-Zu-
                                       ordnungsproblem"
                                       Angewandte Informatik 12, 547-552
                                       (1977)

6.3 <u>Netzwerkprobleme</u>

Zu den bekanntesten Netzwerkproblemen - neben den Transportproblemen, die
gesondert betrachtet wurden - gehören das Problem des kürzesten Weges und
das Problem des maximalen Flusses. Auf beide Probleme soll im folgenden eingegangen werden.

6.3.1 <u>Problem des kürzesten Weges</u>

6.3.1.1 <u>Einführendes Beispiel</u>

Beispiel 12

Von acht Orten $O(1)$, $O(2)$, ..., $O(8)$ sind für vorhandene Verbindungswege
zwischen je zwei Orten - diese Wege können teils nur in einer Richtung benutzt werden - die zugehörigen Entfernungen in Längeneinheiten (LE) bekannt.
Die entsprechenden Angaben sind in dem in Abb. 6-92 wiedergegebenen Netzwerk enthalten.

Die Aufgabe besteht nun darin, einen Weg minimaler Länge vom $O(1)$ zum Orte
$O(8)$ zu bestimmen.

Vor der Formulierung dieses Beispiels als Aufgabe der linearen Optimierung
mit Ganzzahligkeitsbedingung und deren Lösung mittels eines Standardprogrammpaketes soll allgemein auf die Problemstellung sowie das Standardmodell zum
Problem des kürzesten Weges eingegangen werden.

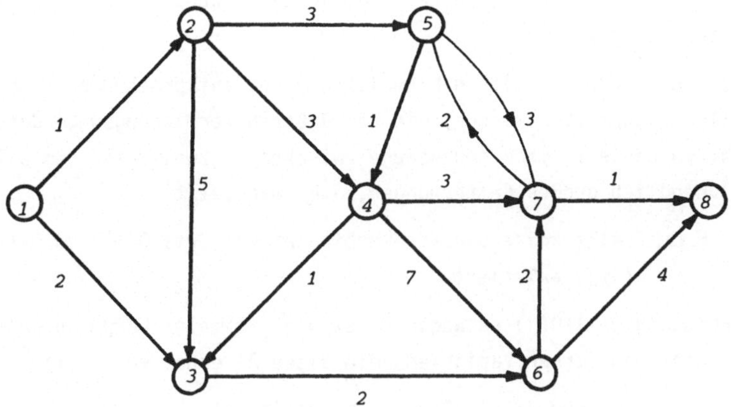

Abb. 6-92: Problemspezifische Angaben zu Beispiel 12

6.3.1.2 Allgemeine Problemstellung und Standardmodell zum Problem des kürzesten Weges

Das Problem des kürzesten Weges kann allgemein folgendermaßen formuliert werden:

Von n Orten $O(i)$, $i = 1, 2, \ldots, n$, sind für vorhandene gerichtete Verbindungswege zwischen je zwei Orten $O(k)$ und $O(l)$ - gerichtet bedeutet, daß dieser Weg nur von $O(k)$ nach $O(l)$ und nicht umgekehrt benutzt werden darf - die Entfernungen c_{kl} in Längeneinheiten (LE) bekannt. Die entsprechenden Angaben sind in dem folgenden Netzwerk enthalten.

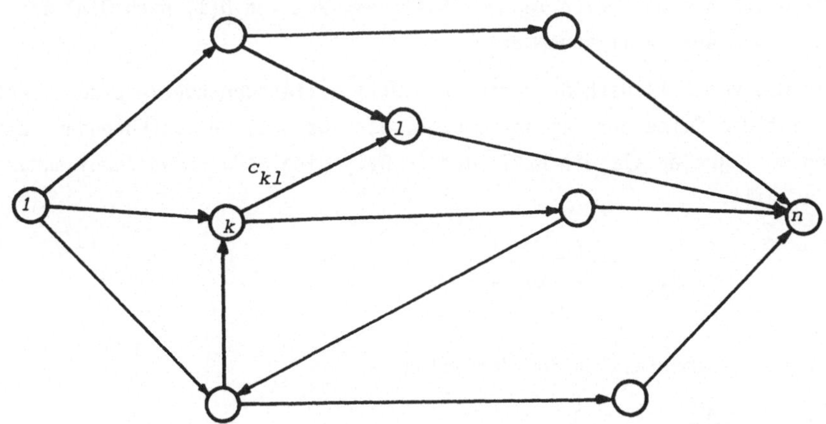

*Abb. 6-93: Problemspezifische Angaben zum allgemeinen
Problem des kürzesten Weges*

Die Aufgabe besteht nun darin, einen Weg minimaler Länge vom Orte $O(1)$ zum Orte $O(n)$ zu bestimmen.

Zum Zwecke einer übersichtlichen Formulierung des entsprechenden mathematichen Modells ergänzt man zunächst die verfügbaren Verbindungswege durch sämtliche nicht vorhandenen Verbindungswege zwischen je zwei Orten und belegt diese mit unendlich großen Entfernungen, d.h. man setzt

$$c_{ij} = \infty, \quad \text{falls keine direkte Verbindung vom Orte } O(i) \text{ zum Orte } O(j)$$
$$(i \neq j) \text{ existiert.}$$

Da die Verbindung $O(i)$-$O(j)$ entweder einem Weg minimaler Länge angehört oder nicht, benötigt man ferner Variablen, die diese Alternative anzeigen.

Für $i = 1, 2, \ldots, n$ und $j = 1, 2, \ldots, n$ bezeichnet

$$x_{ij} = \begin{cases} 1 \text{ falls der Weg von } O(i) \text{ nach } O(j) \ (i \neq j) \text{ benutzt wird} \\ 0 \text{ sonst.} \end{cases}$$

Die Zielforderung - nämlich die Minimierung der gesamten Weglänge von $O(1)$ nach $O(n)$ - ergibt sich dann zu

$$z = \sum_{i=1}^{n} \sum_{\substack{j=1 \\ j \neq i}}^{n} c_{ij} x_{ij} = \text{Min!}$$

Unter der Konvention

$$\infty \cdot 0 = 0$$

impliziert die Minimierungsforderung unmittelbar, daß die Variablen zu den nachträglich hinzugefügten Wegen - falls ein Weg von $O(1)$ nach $O(n)$ existiert - den Wert Null annehmen.

Da ein Weg von $O(1)$ nach $O(n)$ eine von $O(1)$ weiterführende Verbindung enthält, ist die Summe der Variablen bzgl. der aus $O(1)$ herausführenden Verbindungen um 1 größer als die bzgl. der in $O(1)$ hineinführenden Verbindungen, d.h. es gilt

$$\sum_{j=2}^{n} x_{1j} = \sum_{j=2}^{n} x_{j1} + 1$$

oder nach Zusammenfassung der Variablen

$$\sum_{j=2}^{n} x_{1j} - \sum_{j=2}^{n} x_{j1} = 1.$$

Für jeden "Zwischenort" $O(i)$, $i \neq 1, n$, ist die Summe der Variablen bzgl. der hineinführenden Verbindungen gleich der bzgl. der herausführenden Verbindungen, d.h. es gilt

$$\sum_{\substack{j=1 \\ j\neq i}}^{n} x_{ij} = \sum_{\substack{j=1 \\ j\neq i}}^{n} x_{ji} \qquad i \neq 1, n$$

bzw.

$$\sum_{\substack{j=1 \\ j\neq i}}^{n} x_{ij} - \sum_{\substack{j=1 \\ j\neq i}}^{n} x_{ji} = 0 \qquad i \neq 1, n.$$

Da schließlich der Ort $O(n)$ erreicht werden muß, ist die Summe der Variablen bzgl. der aus $O(n)$ herausführenden Verbindungen um 1 kleiner als die bzgl. der in $O(n)$ hineinführenden Verbindungen, d.h. es gilt

$$\sum_{j=1}^{n-1} x_{nj} = \sum_{j=1}^{n-1} x_{jn} - 1$$

bzw.

$$\sum_{j=1}^{n-1} x_{nj} - \sum_{j=1}^{n-1} x_{jn} = -1$$

Zusammenfassend ergibt sich somit für das Problem des kürzesten Weges das folgende mathematische Modell:

$$z = \sum_{i=1}^{n} \sum_{\substack{j=1 \\ j\neq i}}^{n} c_{ij} x_{ij} = \text{Min!}$$

unter den Restriktionen

$$(i) \qquad \sum_{j=2}^{n} x_{1j} - \sum_{j=2}^{n} x_{j1} = 1$$

$$(ii) \qquad \sum_{\substack{j=1 \\ j\neq i}}^{n} x_{ij} - \sum_{\substack{j=1 \\ j\neq i}}^{n} x_{ji} = 0 \qquad i \neq 1, n$$

$$(iii) \quad \sum_{j=1}^{n-1} x_{nj} - \sum_{j=1}^{n-1} x_{jn} = -1$$

$$(iv) \quad x_{ij} = \begin{cases} 0 & i = 1, 2, \ldots, n \\ 1 & j = 1, 2, \ldots, n \end{cases} \quad i \neq j$$

Modell 6-24: Standardmodell zum allgemeinen Problem des kürzesten
Weges

Bei Unterdrückung der zu nicht verfügbaren Verbindungen gehörenden Variablen
- diese waren lediglich einer einfachen Formulierung wegen eingeführt worden -
erhält man als Standardmodell des in Beispiel 12 angeführten Problems des
kürzesten Weges:

$$z = x_{12} + 2x_{13} + 5x_{23} + 3x_{24} + 3x_{25} + 2x_{36} + x_{43} + 7x_{46}$$
$$+ 3x_{47} + x_{54} + 3x_{57} + 2x_{67} + 4x_{68} + 2x_{75} + x_{78} = \text{Min!}$$

unter den Restriktionen

$$(i) \quad x_{12} + x_{13} = 1$$

$$(ii) \quad x_{23} + x_{24} + x_{25} - x_{12} = 0$$
$$x_{36} - x_{13} - x_{23} - x_{43} = 0$$
$$x_{43} + x_{46} + x_{47} - x_{24} - x_{54} = 0$$
$$x_{54} + x_{57} - x_{25} - x_{75} = 0$$
$$x_{67} + x_{68} - x_{36} - x_{46} = 0$$
$$x_{75} + x_{78} - x_{47} - x_{57} - x_{67} = 0$$

$$(iii) \quad -x_{68} - x_{78} = -1$$

$$(iv) \quad x_{ij} = \begin{cases} 0 \\ 1 \end{cases}$$

Modell 6-25: Standardmodell zum Problem des kürzesten Weges aus Beispiel 12

6.3.1.3 <u>Modellösung und Interpretation der von einem Standardprogrammpaket
erzeugten Druckausgabe</u>

Bei Verwendung der in Kapitel 3.1.1 Abb. 3-1 angeführten Bezeichnungen ergibt sich für Modell 6-25 (Beispiel 12) das in Abb. 6-94 wiedergegebene

	X12	X13	X23	X24	X25	X36	X43	X46	X47	X54	X57	X67	X68	X75	X78	Typ	RS
ZIEL	1	2	5	3	3	2	1	7	3	1	3	2	4	2	1	Min.	
R1	1	1														=	1
R2	-1		1	1	1											=	0
R3		-1	-1			1	-1									=	0
R4				-1			1	1	1	-1						=	0
R5					-1					1	1			-1		=	0
R6						-1		-1				1	1			=	0
R7									-1		-1	-1		1	1	=	0
R8													-1		-1	=	-1
BD	BV	BV	BV	BV	BV	BV	BV	BV	BV	BV	BV	BV	BV	BV	BV		

Abb. 6-94: *MPS-Tableau zu Modell 6-25 (Beispiel 12)*

```
NAME              WEG
ROWS
 N  ZIEL
 E  R1
 E  R2
 E  R3
 E  R4
 E  R5
 E  R6
 E  R7
 E  R8
COLUMNS
    X12       ZIEL        1.
    X12       R1          1.              R2        -1.
    X13       ZIEL        2.
    X13       R1          1.              R3        -1.
    X23       ZIEL        5.
    X23       R2          1.              R3        -1.
    X24       ZIEL        3.
    X24       R2          1.              R4        -1.
    X25       ZIEL        3.
    X25       R2          1.              R5        -1.
    X36       ZIEL        2.
    X36       R3          1.              R6        -1.
    X43       ZIEL        1.
    X43       R3         -1.              R4         1.
    X46       ZIEL        7.
    X46       R4          1.              R6        -1.
    X47       ZIEL        3.
    X47       R4          1.              R7        -1.
    X54       ZIEL        1.
    X54       R4         -1.              R5         1.
    X57       ZIEL        3.
    X57       R5          1.              R7        -1.
    X67       ZIEL        2.
    X67       R6          1.              R7        -1.
    X68       ZIEL        4.
    X68       R6         -1.              R8         1.
    X75       ZIEL        2.
    X75       R5         -1.              R7         1.
    X78       ZIEL        1.
    X78       R7          1.              R8        -1.
RHS
    RS        R1          1.              R8        -1.
BOUNDS
 BV BD        X12
 BV BD        X13
 BV BD        X23
 BV BD        X24
 BV BD        X25
 BV BD        X36
 BV BD        X43
 BV BD        X46
 BV BD        X47
 BV BD        X54
 BV BD        X57
 BV BD        X67
 BV BD        X68
 BV BD        X75
 BV BD        X78
ENDATA
```

Abb. 6-95: MPS-Datendeck zu Modell 6-25 (Beispiel 12)

```
                                      C O N S T R A I N T S

   PRINT OPTION = COMPLETE OUTPUT                            VALUE OF OBJECTIVE =          7.00000
NAME = WEG           OBJ = ZIEL       RHS  = RS      BNJ = BD     RPSOBJ  =     1.0000  RPSRHS  =     1.0000
DIR  = MINIMIZE      COBJ =           CRHS =         RNG =        RPCHOBJ =     0.0000  RPCHRHS =     0.0000

     NUMBER      NAME      TYPE   STATUS    ROW ACTIVITY      SLACK        RHS LOWER      RHS UPPER       MARGINAL
     ------    ---------   ----   -------   ------------   ------------   ------------   ------------   ------------

        1    ZIEL          FR     SLACK       7.00000      -7.00000         -INF           +INF              .
        2    R1            EQ     BINDING     1.00000          .          1.00000        1.00000         -8.00000
        3    R2            EQ     BINDING        .             .             .              .            -7.00000
        4    R3            EQ     BINDING        .             .             .              .            -6.00000
        5    R4            EQ     BINDING        .             .             .              .            -4.00000
        6    R5            EQ     BINDING        .             .             .              .            -4.00000
        7    R6            EQ     BINDING        .             .             .              .            -3.00000
        8    R7            EQ     BINDING        .             .             .              .            -1.00000
        9    R8            EQ     SLACK      -1.00000          .         -1.00000       -1.00000            .


                                      C O L U M N S

   PRINT OPTION = COMPLETE OUTPUT                            VALUE OF OBJECTIVE =          7.00000
NAME = WEG           OBJ = ZIEL       RHS  = RS      BND = BD     RPSOBJ  =     1.0000  RPSRHS  =     1.0000
DIR  = MINIMIZE      COBJ =           CRHS =         RNG =        RPCHOBJ =     0.0000  RPCHRHS =     0.0000

     NUMBER      NAME      TYPE   STATUS    COL ACTIVITY     OBJ COEF      BND LOWER      BND UPPER       MARGINAL
     ------    ---------   ----   -------   ------------   ------------   ------------   ------------   ------------

        1    X12           BV     ACTIVE        .          1.00000          .           1.00000            .
        2    X13           BV     ACTIVE     1.00000       2.00000          .           1.00000            .
        3    X23           BV     LOWER         .          5.00000          .           1.00000         4.00000
        4    X24           BV **  LOWER         .          3.00000          .           1.00000            .
        5    X25           BV     ACTIVE        .          3.00000          .           1.00000            .
        6    X36           BV     UPPER      1.00000       2.00000          .           1.00000        -1.00000
        7    X43           BV     LOWER         .          1.00000          .           1.00000         3.00000
        8    X46           BV     LOWER         .          7.00000          .           1.00000         6.00000
        9    X47           BV     ACTIVE        .          3.00000          .           1.00000            .
       10    X54           BV     LOWER         .          1.00000          .           1.00000         1.00000
       11    X57           BV     ACTIVE        .          3.00000          .           1.00000            .
       12    X67           BV     ACTIVE     1.00000       2.00000          .           1.00000            .
       13    X68           BV     LOWER         .          4.00000          .           1.00000         7.00000
       14    X75           BV     LOWER         .          2.00000          .           1.00000         5.00000
       15    X78           BV     ACTIVE     1.00000       1.00000          .           1.00000            .
```

Abb. 6-96: OUTPUT REPORT
CONSTRAINTS und COLUMNS zu Modell 6-25 (Beispiel 12)

MPS-Tableau.

Verwendet man in der NAME-Karte als Identifikation "WEG", dann erhält man zu dem MPS-Tableau aus Abb. 6-94 das in Abb. 6-95 dargestellte MPS-Datendeck.

Die die Lösungen betreffenden Sektionen CONSTRAINTS und COLUMNS sind in der Abb. 6-96 enthalten.

Für die Lösung von Beispiel 12 ergibt sich somit:

Optimalwert der Zielfunktion

     7 LE

Optimalwerte der Problemvariablen

     X12 = 0
     X13 = 1
     X23 = 0
     X24 = 0
     X25 = 0
     X36 = 1
     X43 = 0
     X46 = 0
     X47 = 0
     X54 = 0
     X57 = 0
     X67 = 1
     X68 = 0
     X75 = 0
     X78 = 1.

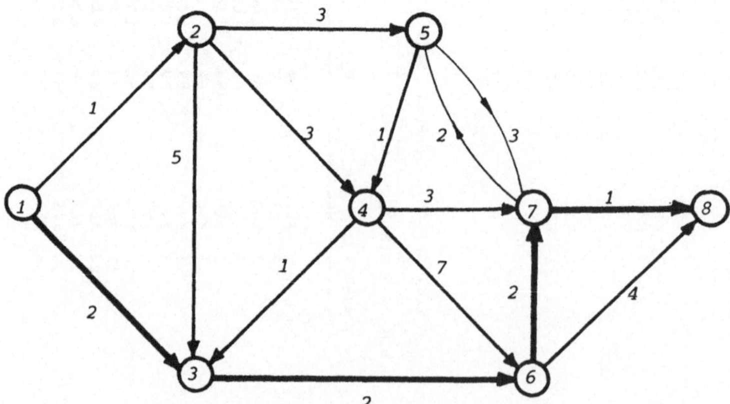

Abb. 6-97: Graphische Darstellung der Optimallösung zum
Problem des kürzesten Weges aus Beispiel 12

Die minimale Weglänge von O(1) nach O(8) beträgt somit 7 LE, ein Weg dieser Länge ist durch die Verbindungsfolge O(1)-O(3)-O(6)-O(7)-O(8) gegeben.

Abb. 6-97 veranschaulicht die Lösung noch einmal.

6.3.1.4 Abriß zum Algorithmus für das Problem des kürzesten Weges von FORD

Zur Lösung des Problems des kürzesten Weges existieren zahlreiche Verfahren, wie etwa die von BELLMAN, DIJKSTRA, FORD, HU, MOORE, um einige zu nennen.

Im folgenden soll auf das Verfahren von FORD eingegangen werden. Es wird nicht nur ein Weg minimaler Länge von O(1) nach O(n) bestimmt, sondern gleichzeitig Wege minimaler Länge von O(1) zu allen anderen Orten O(i), i = 2, 3, ..., n-1.

Der Grundgedanke besteht darin - ausgehend von O(1) - durch Anfügen jeweils einer einzigen Verbindungskante und Vergleich der Längen der so entstandenen Wege mit eventuell bereits vorhandenen Wegen, die im selben Orte enden, sukzessive kürzeste Wege von O(1) zu allen anderen Orten O(i), i = 2, 3, ..., n, zu konstruieren.

Im ersten Schritt verbindet man O(1) mit allen seinen Nachbarn, d.h. mit allen Orten, die von O(1) aus mittels einer einzigen Kante erreicht werden können. Die entsprechenden Entfernungen stellen dann die bisher kürzesten Längen eines Weges von O(1) zu dessen Nachbarorten dar. Anschließend verbindet man die Nachbarn von O(1) mit ihren Nachbarn. Haben sich zu einem Ort nun mehrere Wege ergeben, dann wird lediglich der mit der geringeren Weglänge vermerkt. Die entsprechenden Entfernungen stellen dann wieder die bis dahin kürzesten Weglängen dar.

Indem man so fortfahrend die Endpunkte bisher kürzester Wege mit ihren Nachbarn verbindet und jeweils einen Weg kürzester Länge von O(1) zu allen bisher erreichten Orten notiert, erhält man schließlich kürzeste Wege von O(1) zu allen anderen Orten O(i), i = 2, 3, ..., n. Daß es sich hierbei wirklich um Wege kürzester Länge handelt, folgt - wie man leicht überlegt - aus der Tatsache, daß jedes Teilstück eines solchen Weges von O(1) zu einem Zwischenpunkt selbst einen kürzesten Weg von O(1) zu diesem Zwischenpunkt darstellt.

Anhand des Netzwerkes zu Beispiel 12 aus Abb. 6-92, das nachfolgend noch einmal wiedergegeben ist, soll der Algorithmus von Ford erläutert werden. Die einzelnen Schritte sind in Abb. 6-98 zusammengestellt, wobei die jeweils von einem vorliegenden Weg durch Verbindung mit einem Nachbarort erzeugten

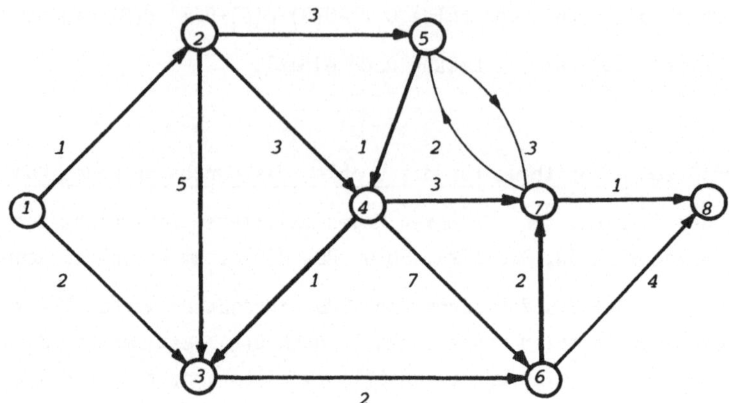

Wege in Gruppen zusammengefaßt sind.

Schritt Nr.	Kantenfolge	Länge	Bemerkung
1	1-2	1	kürzester Weg von O(1) nach O(2)
2	1-3	2	kürzester Weg von O(1) nach O(3)
3	1-2-3	1+5=6	ohne Belang wegen Nr. 2
4	1-2-4	1+3=4	kürzester Weg von O(1) nach O(4)
5	1-2-5	1+3=4	kürzester Weg von O(1) nach O(5)
6	1-3-6	2+2=4	kürzester Weg von O(1) nach O(6)
7	1-2-4-3	4+1=5	ohne Belang wegen Nr. 2
8	1-2-4-6	4+7=11	ohne Belang wegen Nr. 6
9	1-2-4-7	4+3=7	ohne Belang wegen Nr. 12
10	1-2-5-4	4+1=5	ohne Belang wegen Nr. 4
11	1-2-5-7	4+3=7	ohne Belang wegen Nr. 9
12	1-3-6-7	4+2=6	kürzester Weg von O(1) nach O(7)
13	1-3-6-8	4+4=8	ohne Belang wegen Nr. 15
14	1-3-6-7-5	6+2=8	ohne Belang wegen Nr. 5
15	1-3-6-7-8	6+1=7	kürzester Weg von O(1) nach O(8)

Abb. 6-98: Algorithmus von FORD zum Problem des kürzesten Weges aus Beispiel 12

Das Problem des kürzesten Weges kann auch als Umladetransportproblem interpretiert werden. Faßt man nämlich den Startort O(1) als Produktionszentrum
mit einem Produktionsumfang von einer Einheit auf, den Zielort O(n) als Verbrauchszentrum mit einer Produktionsnachfrage von einer Einheit und die Län-
genangaben bzgl. der Verbindungswege als Transportkosten für eine Produk-
tionseinheit, dann stellt das Problem des kürzesten Weges ein spezielles Umladetransportproblem dar. Somit lassen sich die Ausführungen bzgl. des Umladetransportproblems, d.h. die Überlegungen aus Kapitel 6.1.2.4 auf das Problem des kürzesten Weges übertragen. Das Problem des kürzesten Weges läßt
sich folglich auch mit den in Kapitel 6.1.2.4 angeführten Methoden lösen,
speziell gilt, daß die Ganzzahligkeitsbedingung redundant ist.

6.3.2 Problem des maximalen Flusses

Besteht - abstrakt gesprochen - das Problem des kürzesten Weges darin, zwischen zwei vorgegebenen Knoten eines Netzwerks einen Weg minimaler Länge zu
bestimmen, so besteht das Problem des maximalen Flusses darin, zwischen zwei
vorgegebenen Knoten eines Netzwerks - unter Beachtung der Kantenkapazitäten -
einen Fluß maximalen Durchlaufvolumens zu bestimmen. Beide Probleme sind
grundsätzlich verschiedener Natur, denn ein kürzester Weg enthält entweder
eine vorgegebene Kante - und die zugeordnete Entfernung geht dann voll in
den kürzesten Weg ein - oder aber er enthält sie nicht, wohingegen ein maxi-
maler Fluß eine Kante enthalten kann, ohne deren Kapazität voll auszuschöpfen.

6.3.2.1 Einführendes Beispiel

Beispiel 13
An einem Rohrleitungssystem, das vom Ort O(Q) zum Ort O(S) führt, sind die
Orte O(1), O(2) und O(3) angeschlossen. Für vorhandene Verbindungen zwischen
je zwei Orten sind die Kapazitäten in Mengeneinheiten ME der Rohrleitungen
bekannt. Die entsprechenden Angaben sind in dem in Abb. 6-99 wiedergegebenen Netzwerk enthalten.

Die Aufgabe besteht nun darin - unter Beachtung der Kapazitätsschranken sowie der Flußkonservierung an den Orten O(1), O(2) und O(3), nämlich daß die
Summe der einfließenden Mengeneinheiten übereinstimmt mit der Menge der ausfließenden Mengeneinheiten -, einen Fluß maximalen Volumens vom Orte O(Q)
zum Orte O(S) zu bestimmen.

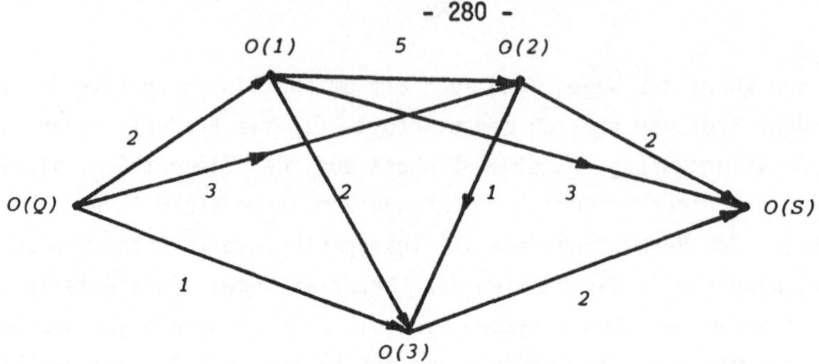

Abb. 6-99: Problemspezifische Angaben zu Beispiel 13

Vor der Formulierung dieses Beispiels als Aufgabe der linearen Optimierung und deren Lösung mittels eines Standardprogrammpaketes soll allgemein auf die Problemstellung sowie das Standardmodell zum Problem des maximalen Flusses eingegangen werden.

6.3.2.2 Allgemeine Problemstellung und Standardmodell zum Problem des maximalen Flusses

Das Problem des maximalen Flusses kann allgemein folgendermaßen formuliert werden:

Von einem Orte O(Q) führt ein Rohrleitungssystem zu einem Orte O(S), an dem die Orte O(i), i = 1, 2, ..., n, angeschlossen sind. Für vorhandene gerichtete Verbindungswege zwischen je zwei Orten O(k) und O(l) - gerichtet bedeutet, daß diese Verbindung nur von O(k) nach O(l) und nicht umgekehrt benutzt werden darf - sind die Kapazitäten c_{kl} in Mengeneinheiten (ME) bekannt. Die entsprechenden Angaben sind in dem folgenden Netzwerk enthalten.

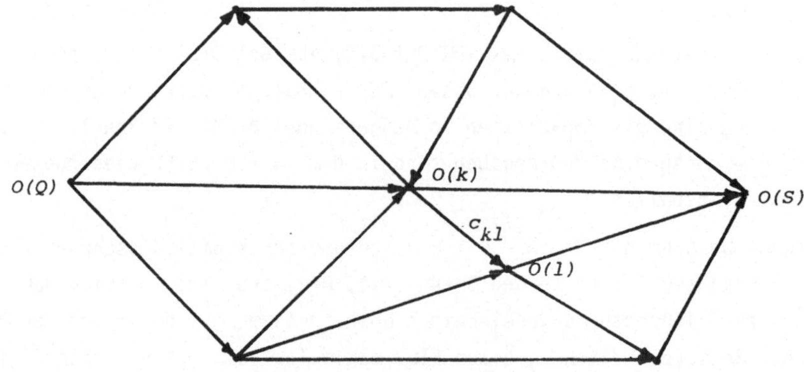

Abb. 6-100: Problemspezifische Angaben zum allgemeinen Problem des maximalen Flusses

Die Aufgabe besteht nun darin - unter Beachtung der Kapazitätsgrenzen sowie
der Flußkonservierung bzgl. der Orte $O(i)$, $i = 1, 2, \ldots, n$, nämlich, daß
die Summe der einfließenden ME übereinstimmt mit der Summe der ausfließenden ME -, einen Fluß maximalen Volumens vom Ort $O(Q)$ zum Ort $O(S)$ zu bestimmen.

Zu Zweck einer übersichtlichen Formulierung des zugehörigen mathematischen
Modells ergänzt man zunächst die verfügbaren Verbindungen zwischen je zwei
Orten durch sämtliche nicht verfügbaren Verbindungen zwischen je zwei Orten
und belegt diese mit der Kapazitätsgrenze Null, d.h. man setzt

$$c_{ij} = 0, \text{ falls keine direkte Verbindung vom Orte } O(i) \text{ zum Orte } O(j)$$
$$(i \neq j) \text{ existiert.}$$

Für die unbekannten Größen - das sind der Flußwert bzw. die Stromstärke, d.h.
die Anzahl der aus $O(Q)$ herausfließenden ME sowie die auf den Verbindungswegen transportierten Einheiten - sind anschließend Variablen einzuführen.

Es bezeichnet

f den Flußwert bzw. die Stromstärke

und für $i, j = 1, 2, \ldots, Q, S$

x_{ij} die Anzahl der vom Orte $O(i)$ zum Orte $O(j)$ $(i \neq j)$ zu transportierenden Einheiten.

Die Zielforderung - die Maximierung des Flußwertes bzw. der Stromstärke - ergibt sich dann zu

$$z = f = \text{Max!}$$

Da der Flußwert f gleich der Differenz aus den Summen der bzgl. des Ortes
$O(Q)$ ausfließenden und einfließenden Mengeneinheiten ist, erhält man mit
$M = \{1,2,\ldots,n,Q,S\}$ die Restriktion

$$\sum_{\substack{j \in M \\ j \neq Q}} x_{Qj} - \sum_{\substack{j \in M \\ j \neq Q}} x_{jQ} = f.$$

Die Flußkonservierung bzgl. eines jeden Ortes $O(i)$, $i = 1, 2, \ldots, n$, - nämlich daß die Summe der einfließenden ME übereinstimmt mit der Summe der ausfließenden ME - führt zu den Restriktionen

$$\sum_{\substack{j \in M \\ j \neq i}} x_{ij} = \sum_{\substack{j \in M \\ j \neq i}} x_{ji} \qquad i \neq Q, S$$

oder nach Zusammenfassung der Variablen

$$\sum_{\substack{j \in M \\ j \neq i}} x_{ij} - \sum_{\substack{j \in M \\ j \neq i}} x_{ji} = 0 \qquad i \neq Q, S.$$

Da der Flußwert in O(S) mit dem Flußwert in O(Q) übereinstimmt, ergibt sich in Analogie zu O(Q) die Restriktion

$$\sum_{\substack{j \in M \\ j \neq S}} x_{Sj} - \sum_{\substack{j \in M \\ j \neq S}} x_{jS} = -f.$$

Die Kapazitätsbeschränkungen schließlich führen zu den Restriktionen

$$0 \leq x_{ij} \leq c_{ij}, \qquad i, j \in M, i \neq j,$$

woraus unmittelbar folgt, daß höchstens die Variablen x_{ij} zu eingangs verfügbaren Verbindungen Werte ungleich Null annehmen können, die Werte der Variablen zu den nachträglich hinzugefügten Verbindungen müssen den Wert Null haben, da die zugehörigen Kapazitätsgrenzen Null sind.

Zusammenfassend ergibt sich somit für das Problem des maximalen Flusses das folgende mathematische Modell:

$$z = f = \text{Max}!$$

unter den Restriktionen

$$(i) \qquad \sum_{\substack{j \in M \\ j \neq Q}} x_{Qj} - \sum_{\substack{j \in M \\ j \neq Q}} x_{jQ} = f$$

$$(ii) \qquad \sum_{\substack{j \in M \\ j \neq i}} x_{ij} - \sum_{\substack{j \in M \\ j \neq i}} x_{ji} = 0 \qquad i \neq Q, S$$

$$(iii) \qquad \sum_{\substack{j \in M \\ j \neq S}} x_{Sj} - \sum_{\substack{j \in M \\ j \neq S}} x_{jS} = -f$$

$$(iv) \qquad 0 \leq x_{ij} \leq c_{ij} \qquad i, j \in M, i \neq j$$

$$M = \{1, 2, \ldots, n, Q, S\}$$

Modell 6-26: Standardmodell zum allgemeinen Problem des maximalen Flusses

Unterdrückt man die lediglich zur einfacheren Formulierung des allgemeinen Standardmodells eingeführten Kapazitätsgrenzen und Variablen, dann erhält man als Standardmodell des in Beispiel 13 angeführten Problems des maximalen Flusses bei Angabe der Restriktionen gemäß der Reihenfolge der Orte

$$f = \text{Max}!$$

unter den Restriktionen

(i) $\quad x_{Q1} + x_{Q2} + x_{Q3} = f$

(ii) $\quad x_{12} + x_{13} + x_{1S} - x_{Q1} = 0$

$\quad\quad x_{23} + x_{2S} - x_{Q2} - x_{12} = 0$

$\quad\quad x_{3S} - x_{Q3} - x_{13} - x_{23} = 0$

(iii) $\quad -x_{1S} - x_{2S} - x_{3S} = -f$

(iv)
$$0 \leq x_{Q1} \leq 2 \qquad 0 \leq x_{Q2} \leq 3 \qquad 0 \leq x_{Q3} \leq 1$$
$$0 \leq x_{12} \leq 5 \qquad 0 \leq x_{13} \leq 2 \qquad 0 \leq x_{1S} \leq 3$$
$$0 \leq x_{23} \leq 1 \qquad 0 \leq x_{2S} \leq 2 \qquad 0 \leq x_{3S} \leq 2$$

Modell 6-27: Standardmodell zum Problem des maximalen Flusses aus Beispiel 13

6.3.2.3 Modellösung und Interpretation der von einem Standardprogrammpaket erzeugten Druckausgabe

Bei Verwendung der in Kapitel 3.1.1 Abb. 3-1 angeführten Bezeichnungen ergibt sich für Modell 6-27 (Beispiel 13) das in Abb. 6-101 wiedergegebene MPS-Tableau. Wie man dem MPS-Tableau entnimmt, sind sämtliche rechten Seiten gleich Null. Standardprogrammpakete benötigen im allgemeinen jedoch in der RHS-Sektion mindestens eine Angabe ungleich Null. Dies läßt sich dadurch erreichen, daß man die Zielfunktion durch eine additive Konstante modifiziert, d.h. anstelle der Zielfunktion

$$z = f$$

betrachtet man z.B. die Zielfunktion

$$z = f - 1.$$

Da - wie in Kapitel 2.2.1 gezeigt wurde - beide Probleme denselben Optimalpunkt besitzen, unterscheiden sich die Optimalwerte der Zielfunktionen gerade um diese additive Konstante, d.h. in diesem Fall um Eins.

	XQ1	XQ2	XQ3	X12	X13	X1S	X23	X2S	X3S	F	Typ	RS
ZIEL										1	Max.	
R1	1	1	1							-1	=	0
R2	-1			1	1	1					=	0
R3		-1		-1			1	1			=	0
R4			-1		-1		-1		1		=	0
R5						-1		-1	1		=	0
BD	≥ 0 ≤ 2	≥ 0 ≤ 3	≥ 0 ≤ 1	≥ 0 ≤ 5	≥ 0 ≤ 2	≥ 0 ≤ 3	≥ 0 ≤ 1	≥ 0 ≤ 2	≥ 0 ≤ 2			

Abb. 6-101: MPS-Tableau zu Modell 6-27 (Beispiel 13)

```
NAME            FLUSS
ROWS
 N  ZIEL
 E  R1
 E  R2
 E  R3
 E  R4
 E  R5
COLUMNS
    XQ1         R1       1.            R2       -1.
    XQ2         R1       1.            R3       -1.
    XQ3         R1       1.            R4       -1.
    X12         R2       1.            R3       -1.
    X13         R2       1.            R4       -1.
    X1S         R2       1.            R5       -1.
    X23         R3       1.            R4       -1.
    X2S         R3       1.            R5       -1.
    X3S         R4       1.            R5       -1.
    F           ZIEL     1.
    F           R1       -1.           R5       1.
RHS
    RS          ZIEL     1.
BOUNDS
 UP BD          XQ1      2.
 UP BD          XQ2      3.
 UP BD          XQ3      1.
 UP BD          X12      5.
 UP BD          X13      2.
 UP BD          X1S      3.
 UP BD          X23      1.
 UP BD          X2S      2.
 UP BD          X3S      2.
ENDATA
```

Abb. 6-102: MPS-Datendeck zu Modell 6-27 (Beispiel 13)

CONSTRAINTS

```
PRINT OPTION = COMPLETE OUTPUT                                   VALUE OF OBJECTIVE =        5.00000
NAME = FLUSS        OBJ  = ZIEL       RHS  = RS      BND = BD     RPSOBJ  =    -1.0000  RPSRHS  =    1.0000
DIR  = MAXIMIZE     COBJ =            CRHS =         RNG =        RPCHOBJ =     0.0000  RPCHRHS =    0.0000
```

NUMBER	NAME TYPE	ROW ACTIVITY STATUS	SLACK MARGINAL	RHS LOWER RHS UPPER	LOWER ACT UPPER ACT	UNIT COST UNIT COST	OBJ_LOWER OBJ_UPPER	LIMITING PROCESS	OBJ COEF RANGE	OBJ_OBJ COEF RANGE
1 ZIEL		6.00000	−5.00000	−INF						
	FR	SLACK	.	+INF						
2 R1		.	.	.	.	−1.00000	5.00000 R2		+INF	5.00000
	EQ	BINDING	1.00000	.	.	1.00000	5.00000 R2		−INF	5.00000
3 R2		.	.	.	.	1.00000	5.00000 XQ3		1.00000	5.00000
	EQ	SLACK	.	.	.	.	5.00000 X3S		.	5.00000
4 R3		.	.	.	.	.	5.00000 X2S		.	5.00000
	EQ	SLACK	.	.	.	1.00000	5.00000 XQ2		−1.00000	5.00000
5 R4		.	.	.	.	.	5.00000 X3S		.	5.00000
	EQ	SLACK	.	.	.	.	5.00000 X23		.	5.00000
6 R5		.	.	.	.	.	5.00000 R2		+INF	5.00000
	EQ **	BINDING	.	.	.	.	5.00000 R2		−INF	5.00000

Abb. 6-103: OUTPUT REPORT
CONSTRAINTS zu Modell 6-27 (Beispiel 13)

C O L U M N S

```
     PRINT OPTION = COMPLETE OUTPUT                          VALUE OF OBJECTIVE =        5.00000
  NAME = FLUSS        OBJ  = ZIEL      RHS  = RS       BND = BD      RPSOBJ =   -1.0000  RPSRHS =    1.0000
  DIR  = MAX_MIZE     COBJ =           CRHS =          RNG =         RPCHOBJ =   0.0000  RPCHRHS =   0.0000
```

NUMBER	NAME TYPE	COL ACTIVITY STATUS	OBJ COEF MARGINAL	BND LOWER BND UPPER	LOWER ACT UPPER ACT	UNIT COST UNIT COST	OBJ_LOWER OBJ_UPPER	LIMITING PROCESS	OBJ COEF RANGE	OBJ_OBJ COEF RANGE
1 XQ1		2.00000	.	.	.	1.00000	3.00000	X1S	-1.00000	3.00000
	BPL	UPPER	1.00000	2.00000	3.00000	-1.00000	6.00000	X1S	+INF	+INF
2 XQ2		3.00000	.	.	3.00000	1.00000	5.00000	R3	-1.00000	2.00000
	BPL	UPPER	1.00000	3.00000	3.00000	-1.00000	5.00000	R3	+INF	+INF
3 XQ3		1.00000	.	.	1.00000	1.00000	5.00000	R4	-1.00000	4.00000
	BPL	UPPER	1.00000	1.00000	1.00000	-1.00000	5.00000	R4	+INF	+INF
4 X12		.	.	.	.	.	5.00000	R3	-INF	5.00000
	BPL **	LOWER	.	5.00000	.	.	5.00000	R3	.	5.00000
5 X13		.	.	.	.	.	5.00000	R4	-INF	5.00000
	BPL **	LOWER	.	2.00000	.	.	5.00000	R4	.	5.00000
6 X1S		2.00000	.	.	2.00000	1.00000	5.00000	XQ3	-1.00000	3.00000
	BPL	ACTIVE	.	3.00000	2.00000	.	5.00000	X3S	.	5.00000
7 X23		1.00000	.	.	1.00000	.	5.00000	R4	.	5.00000
	BPL **	UPPER	.	1.00000	1.00000	.	5.00000	R4	+INF	+INF
8 X2S		2.00000	.	.	2.00000	.	5.00000	R3	.	5.00000
	BPL **	UPPER	.	2.00000	2.00000	.	5.00000	R3	+INF	+INF
9 X3S		2.00000	.	.	2.00000	.	5.00000	R4	.	5.00000
	BPL **	UPPER	.	2.00000	2.00000	.	5.00000	R4	+INF	+INF
10 F		6.00000	1.00000	.	6.00000	1.00000	5.00000	XQ3	.	-1.00000
	PL	ACTIVE	.	+INF	6.00000	+INF	5.00000	NONE	+INF	+INF

Abb. 6-104: OUTPUT REPORT
COLUMNS zu Modell 6-27 (Beispiel 13)

Das MPS-Tableau des so modifizierten Problems ergibt sich aus dem in Abb. 6-101 wiedergegebenen MPS-Tableau dadurch, daß man - in Matrixnotation gesprochen - dem Tupel (ZIEL,RS) den Wert Eins zuordnet.

Verwendet man in der NAME-Karte als Identifikation "FLUSS", dann hat das MPS-Datendeck des modifizierten Problems etwa die in Abb. 6-102 gezeigte Gestalt.

Die die Lösungen betreffenden Sektionen CONSTRAINTS und COLUMNS sind in den Abb. 6-103 und 6-104 enthalten.

Für die Lösung von Beispiel 13 ergibt sich somit:

Optimalwert der Zielfunktion

6 ME.

Da - wie bei der Erläuterung der COLUMNS-Sektion in Kapitel 3.2 erwähnt wurde - bei Verwendung des BOUNDS-Abschnitts auch Nichtbasisvariablen positive Werte annehmen können, sollen die Werte sämtlicher Variablen angeführt werden.

Optimalwerte der Variablen:

Basisvariablen

$$
\left.\begin{array}{l}
R2 = 0\ aME \\
R3 = 0\ aME \\
R4 = 0\ aME
\end{array}\right\} \quad \text{SLACK aus CONSTRAINTS}
$$

$$
\left.\begin{array}{l}
X1S = 2\ ME \\
F\ \ = 6\ ME
\end{array}\right\} \quad \text{ACTIVE aus COLUMNS}
$$

Nichtbasisvariablen

$$
\left.\begin{array}{l}
R1 = 0\ aME \\
R5 = 0\ aME
\end{array}\right\} \quad \text{BINDING aus CONSTRAINTS}
$$

$$
\left.\begin{array}{l}
XQ1 = 2\ ME \\
XQ2 = 3\ ME \\
XQ3 = 1\ ME \\
X12 = 0\ ME \\
X13 = 0\ ME \\
X23 = 1\ ME \\
X2S = 2\ ME \\
X3S = 2\ ME
\end{array}\right\} \quad \text{LOWER/UPPER aus COLUMNS}
$$

Die nachfolgende Abbildung soll die Lösung noch einmal verdeutlichen:

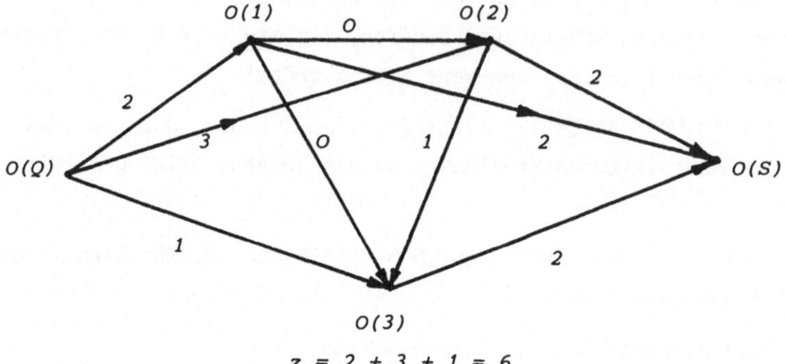

Abb. 6-105: Graphische Darstellung der Optimallösung zum Problem des maximalen Flusses aus Beispiel 13

6.3.2.4 Abriß zum Algorithmus für das Problem des maximalen Flusses von FORD und FULKERSON

Zunächst soll auf die Existenz einer Optimallösung zum Problem des maximalen Flusses eingegangen werden. Die mathematische Formulierung lautet nach Modell 6-26:

$$z = f = \text{Max}!$$

unter den Restritktionen

$$(i) \qquad \sum_{\substack{j \in M \\ j \neq Q}} x_{Qj} - \sum_{\substack{j \in M \\ j \neq Q}} x_{jQ} = f$$

$$(ii) \qquad \sum_{\substack{j \in M \\ j \neq i}} x_{ij} - \sum_{\substack{j \in M \\ j \neq i}} x_{ji} = 0 \qquad i \neq Q, S$$

$$(iii) \qquad \sum_{\substack{j \in M \\ j \neq S}} x_{Sj} - \sum_{\substack{j \in M \\ j \neq S}} x_{jS} = -f$$

$$(iv) \quad 0 \leq x_{ij} \leq c_{ij} \qquad\qquad i, j \in M, i \neq j$$
$$M = \{1,2,\ldots,n,Q,S\}.$$

Wie man unmittelbar erkennt, stellt

$$x_{ij} = 0 \qquad i, j \in M, i \neq j \text{ mit } f = 0$$

eine zulässige Lösung dar. Nach Restriktion (iv) gilt ferner, daß die Variablenwerte beschränkt sind. Damit ist der zulässige Bereich zum Problem des maximalen Flusses nicht leer und beschränkt. Nach Satz 2-2 besitzt das Problem des maximalen Flusses somit eine Optimallösung.

Nachdem die Existenz einer Optimallösung sichergestellt ist, soll nun auf die Bestimmung einer Optimallösung mittels eines speziellen Verfahrens eingegangen werden.

Vorweg sollen jedoch einige für die Netzwerktheorie fundamentale Begriffe eingeführt werden:

Definition 6-2

Unter einem Fluß bzgl. Modell 6-26 versteht man einen Punkt mit den Koordinaten x_{ij}, i, $j \in M$ und $i \neq j$, der den Restriktionen

$$(i) \quad \sum_{\substack{j \in M \\ j \neq Q}} x_{Qj} - \sum_{\substack{j \in M \\ j \neq Q}} x_{jQ} = \sum_{\substack{j \in M \\ j \neq S}} x_{jS} - \sum_{\substack{j \in M \\ j \neq S}} x_{Sj}$$

$$(ii) \quad \sum_{\substack{j \in M \\ j \neq i}} x_{ij} - \sum_{\substack{j \in M \\ j \neq i}} x_{ji} = 0 \qquad i \neq Q, S$$

$$(iii) \quad 0 \leq x_{ij} \leq c_{ij} \qquad\qquad i, j \in M, i \neq j$$

genügt.

Unter dem Wert ϕ eines Flusses versteht man den Ausdruck

$$\phi = \sum_{\substack{j \in M \\ j \neq Q}} x_{Qj} - \sum_{\substack{j \in M \\ j \neq Q}} x_{jQ}.$$

Anschaulich gesprochen ergibt sich somit der Wert eines Flusses als Differenz aus den Summen der bzgl. des Ortes O(Q) ausfließenden und einfließenden Mengeneinheiten.

Von besonderer Bedeutung ist ferner der Begriff des Schnitts.

Definition 6-3

Eine Teilmenge von Variablen x_{ij} aus Modell 6-26 mit positiven Kapazitätsgrenzen c_{ij} heißt ein Schnitt (zwischen O(Q) und O(S)), wenn für jeden Fluß positiven Wertes mindestens eine dieser Variablen positiv ist. Unter dem

Schnittwert versteht man die Summe der Kapazitätsgrenzen c_{ij} der dem Schnitt angehörigen Variablen x_{ij}.

Anschaulich gesprochen ist ein Schnitt eine Kantenmenge eines Netzwerkes, deren Elimination das Netzwerk zerfallen läßt.

Bezüglich des zu Beispiel 13 gegebenen Netzwerkes stellen etwa die in der nachfolgenden Abbildung gestrichelt eingezeichneten Kanten einen Schnitt zwischen O(Q) und O(S) dar,

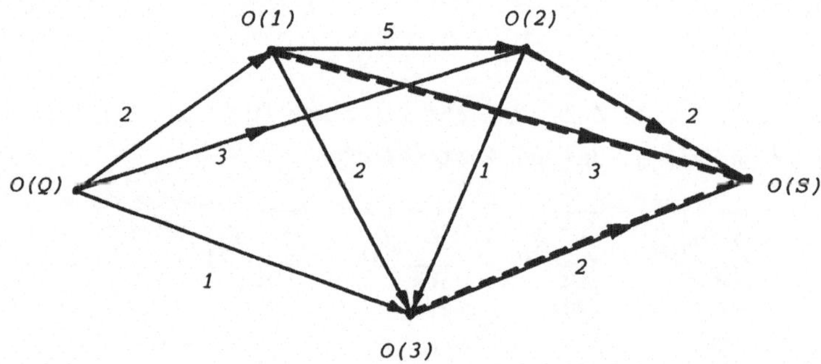

Abb. 6-106: Schnitt zwischen O(Q) und O(S) zum Problem des maximalen Flusses aus Beispiel 13

denn jeder positive Fluß von O(Q) nach O(S) enthält mindestens eine dieser Kanten mit positivem Durchfluß. Der zugehörige Schnittwert, d.h. die Summe der diesen Kanten zugehörigen Kapazitätsgrenzen, beträgt sieben.

Da jeder positive Fluß bzgl. eines jeden Schnittes mindestens eine Schnittkante mit positivem Durchfluß enthält, ergibt sich unmittelbar der folgende Satz:

Satz 6-14
Der Wert eines jeden Flusses ist kleiner oder höchstens gleich dem Wert eines jeden Schnittes.

Jeder Schnittwert bildet somit eine obere Schranke für den Wert des maximalen Flusses.

Der Schnittwert des in Abb. 6-106 angegebenen Schnitts beträgt sieben, folglich ist der Wert eines maximalen Flusses kleiner oder höchstens gleich sieben.

Eine Präzisierung des in Satz 6-14 zum Ausdruck gebrachten Sachverhaltes be-

inhaltet das nachfolgend wiedergegebene berühmte "Max-flow-min-cut Theorem"
von FORD und FULKERSON, das auch als Hauptsatz der Netzwerktheorie bezeichnet wird:

Satz 6-15 (Hauptsatz der Netzwerktheorie)
Der maximale Wert eines Flusses ist gleich dem minimalen Wert eines Schnit-
tes.

Der Beweis dieses Satzes beinhaltet - ausgehend von einem beliebigen Fluß,
z.B. dem mit $x_{ij} = 0$ - ein Verfahren zur Konstruktion eines maximalen Flusses. Er basiert auf dem Begriff des verstärkenden Pfades bzgl. eines Flusses.

Definition 6-4
Eine Folge $O(Q)$, ..., $O(i)$, $O(k)$, ..., $O(S)$ von Knoten eines Netzwerkes
heißt ein Pfad von $O(Q)$ nach $O(S)$, wenn für je zwei aufeinanderfolgende Kno-
ten $O(i)$ und $O(k)$ mindestens jeweils eine der Variablen x_{ik} bzw. x_{ki} aus Mo-
dell 6-26 positive Kapazitätsgrenzen c_{ik} bzw. c_{ki} besitzt.

So stellen etwa in dem durch Abb. 6-99 gegebenen Netzwerk zu Beispiel 13
die Kantenfolgen

$$O(Q), O(1), O(2), O(S) \text{ und } O(Q), O(3), O(1), O(S)$$

jeweils einen Pfad von $O(Q)$ nach $O(S)$ dar.

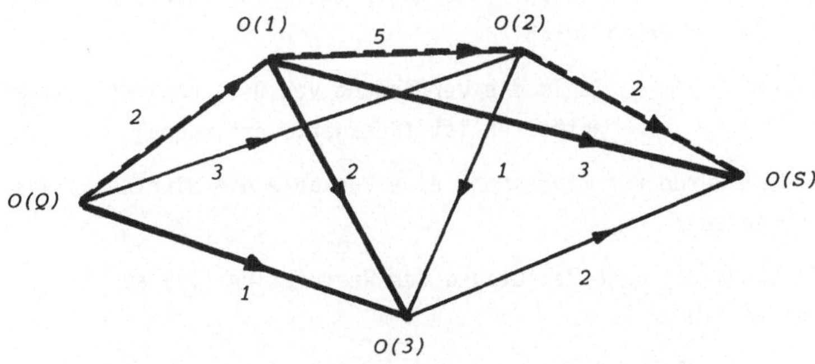

Abb. 6-107: Pfade von $O(Q)$ nach $O(S)$ zum Problem des
maximalen Flusses aus Beispiel 13

Definition 6-5
Ein Pfad $O(Q)$, ..., $O(i)$, $O(k)$, ..., $O(S)$ heißt <u>verstärkend</u> bzgl. eines Flus-
ses x_{ij}^{o}, wenn für jede Verbindung zwischen je zwei Knoten des Pfades gilt:

$$x_{ik}{}^{0} < c_{ik} \qquad \textit{falls die Verbindung von O(i) nach O(k) im Pfad enthalten ist;}$$

$$x_{ki}{}^{0} > 0 \qquad \textit{falls die Verbindung von O(k) nach O(i) im Pfad enthalten ist.}$$

Anschaulich gesprochen bedeutet das, daß auf allen vorwärts gerichteten Verbindungen die Kapazität nicht ausgeschöpft ist und auf allen rückwärts gerichteten Verbindungen der Fluß nicht leer ist.

Die Vorgehensweise besteht darin - ausgehend von einem Fluß und einem verstärkenden Pfad -, unter Beachtung der Restriktion (iv) aus Modell 6-26, d.h. der Nichtnegativitätsbedingung und der Kapazitätsgrenzen, den Fluß auf allen Vorwärtsverbindungen des Pfades soweit wie möglich zu erhöhen und gleichzeitig auf allen Rückwärtsverbindungen soweit wie möglich (um dieselbe Größe) zu verringern. Der so bestimmte Fluß hat dann gegenüber dem Ausgangsfluß einen höheren Flußwert, woraus sich auch unmittelbar der Begriff des flußverstärkenden Pfades erklärt.

Ist O(Q), ..., O(i), O(k), ..., O(S) ein bzgl. des Flusses $x_{ij}{}^{0}$ verstärkender Pfad, dann ist die maximale Erhöhung gegeben durch

$$E_{+} = \min \left\{ (c_{ik} - x_{ik}{}^{0}) \; / \; \begin{array}{l} \text{falls die Verbindung von O(i) nach O(k) im Pfad} \\ \text{enthalten ist (Vorwärtsverbindung)} \end{array} \right\}$$

- ein größerer Wert würde mindestens eine Kapazitätsgrenze überschreiten - und die maximale Verringerung durch

$$E_{-} = \min \left\{ x_{ki}{}^{0} \qquad / \; \begin{array}{l} \text{falls die Verbindung von O(k) nach O(i) im Pfad} \\ \text{enthalten ist (Rückwärtsverbindung)} \end{array} \right\}$$

- ein größerer Wert würde für mindestens eine Variable die Nichtnegativitätsbedingung verletzen.

Die maximale Flußänderung ohne Verletzung der Restriktion (iv) aus Modell 6-26 ergibt sich dann zu

$$E = \min (E_{+}, E_{-}).$$

Definiert man nun als neuen Fluß

$$\overline{x}_{ij} = x_{ij}{}^{0} \qquad \text{falls die Verbindung von O(i) nach O(j) nicht im Pfad enthalten ist;}$$

$$\overline{x}_{ik} = x_{ik}{}^{0} + E \qquad \text{falls die Verbindung von O(i) nach O(k) im Pfad enthalten ist (Vorwärtsverbindung);}$$

$$\overline{x}_{ki} = x_{ki}^{\,0} - E$$

falls die Verbindung von O(k) nach O(i) im Pfad enthalten ist (Rückwärtsverbindung);

dann hat dieser Fluß einen gegenüber dem Fluß $x_{ij}^{\,0}$ um E höheren Flußwert.

Im Beweis des Hauptsatzes wird nun gezeigt, daß man einen vorgegebenen Fluß entweder mittels eines Pfades verstärken kann, oder aber einen Schnitt konstruieren kann, so daß der Wert des Schnitts gleich dem Wert des Flusses ist.

Hieraus ergibt sich unmittelbar der für die Anwendung bedeutsame Satz:

Satz 6-16
Ein Fluß ist genau dann maximal, wenn kein bzgl. dieses Flusses verstärkender Pfad existiert.

Auf diesem Satz beruht auch der Algorithmus von FORD und FULKERSON, bei dem es sich - ausgehend von einem beliebigen Fluß, etwa dem Fluß $x_{ij} = 0$ mit dem Flußwert Null - um eine systematische Untersuchung bzgl. der Existenz flußverstärkender Pfade handelt.

Anhand des in Abb. 6-108 dargestellten Flusses zu Beispiel 13 mit dem Flußwert 4 - der besseren Übersicht wegen sind der augenblickliche Fluß sowie die Kapazitätsgrenzen in der Form $x_{ij}(c_{ij})$ angefügt - soll die Vorgehensweise der Flußänderung erläutert werden.

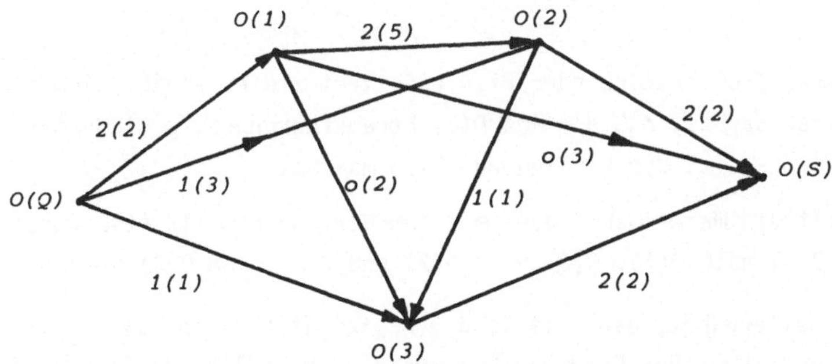

Abb. 6-108: Fluß mit dem Flußwert 4 zum Problem des maximalen Flusses aus Beispiel 13

Aus Abb. 6-108 ergibt sich O(Q), O(2), O(1), O(S) als flußverstärkender Pfad. Dieser Pfad enthält sowohl vorwärts als auch rückwärts gerichtete Verbindungen. Als maximale Flußerhöhung ergibt sich aus den vorwärts gerichteten Verbindungen O(Q), O(2) und O(1), O(S)

$$E_+ = \min \{3\text{-}1,3\} = 2.$$

Als maximale Flußverringerung ergibt sich aus der rückwärts gerichteten Verbindung O(2), O(1)

$$E_- = \min \{2\} = 2.$$

Die maximale Flußänderung ergibt sich somit zu

$$E = \min \{E_+,E_-\} = 2.$$

Durch Addition von E zu den vorwärts gerichteten Verbindungen O(Q), O(2) und O(1), O(S) sowie Subtraktion von E von der rückwärts gerichteten Verbindung O(2), O(1) ergibt sich bereits der aus Abb. 6-105 bekannte maximale Fluß mit dem Flußwert 6, der nachfolgend noch einmal wiedergegeben wird.

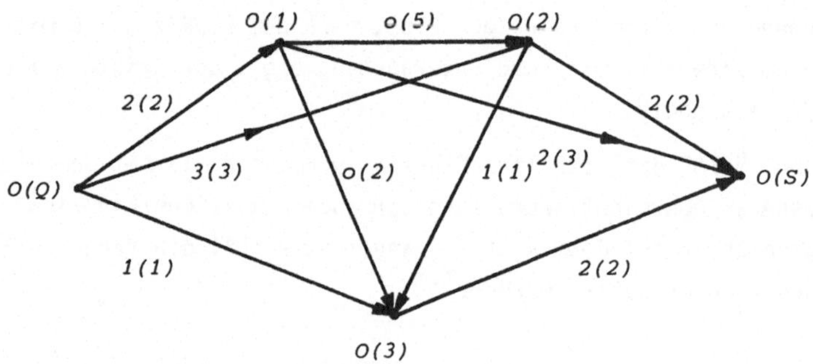

Da kein weiterer flußverstärkender Pfad existiert - dies ergibt sich hier auch unmittelbar daraus, daß die aus O(Q) herausführenden Verbindungen voll ausgelastet sind -, ist der vorliegende Fluß maximal.

Ein Schnitt mit minimalem Wert, d.h. mit dem Wert sechs, ist etwa durch die Verbindungen O(Q) nach O(1), O(Q) nach O(2) und O(Q) nach O(3) gegeben.

Abschließend sei erwähnt, daß - falls die Kapazitätsgrenzen c_{ij} ganzzahlig sind - der Algorithmus von Ford und Fulkerson nach endlich vielen Schritten einen ganzzahligen maximalen Fluß erzeugt, d.h. die Zusatzforderung der Ganzzahligkeit ist in diesem Falle redundant. Sind die Kapazitätsgrenzen jedoch nicht alle ganze Zahlen, dann braucht der Algorithmus nicht endlich zu sein und kann sogar gegen einen falschen Grenzwert konvergieren, wie Ford und Fulkerson (S. 21-22) anhand eines Beispiels zeigten. Dies zeigt, daß der Algorithmus von Ford und Fulkerson kein spezielles Simplexverfahren ist. Es sei jedoch bemerkt, daß der Algorithmus von Ford und Fulkerson mittels Mo-

difikation auch bei nicht ganzzahligen Kapazitätsgrenzen nach endlich vielen
Schritten einen maximalen Fluß liefert.

6.3.3 Literatur

Bellmann, R.	"On a routing problem" Quart. Appl. Math. XVI, 87-90 (1958)
Dantzig, J.B.	"Lineare Programmierung und Erweiterungen" Berlin - Heidelberg - New York (1966)
Dijkstra, E.W.	"A note on two problems in connection with graphes" Numer. Math. 1, 269-271 (1959)
Ford, L.R. Fulkerson, D.R.	"Flows in Networks" Princeton (1974)
Hu, T.C.	"Ganzzahlige Programmierung und Netzwerkflüsse" München - Wien (1972)
Knödel, W.	"Graphentheoretische Methoden und ihre Anwendungen" Berlin - Heidelberg - New York (1969)
Moore, E.F.	"The shortest path through a maze" Ann. Comp. Lab. Harvard Univ. 30, 285-292 (1957)
Tinhofer, G.	"Methoden der angewandten Graphentheorie" Wien - New York (1976)

7. Probleme mit geordneten Mengen von Variablen (Special Ordered Sets)

Die in Kapitel 6 angeführten Probleme zeichnen sich dadurch aus, daß die entsprechenden Restriktionsmatrizen spezielle Strukturen aufweisen. Im Gegensatz hierzu werden im folgenden Probleme behandelt, bei denen lediglich einzelne Restriktionen von spezieller Gestalt sind. Es existiert bzgl. solcher Probleme kein Standardmodell, sondern nur eine Standardformulierung des entsprechenden Restriktionstyps. In diesem Kapitel werden Restriktionstypen behandelt, die speziell bei "Multiple-Choice-" bzw. "separablen" Optimierungsproblemen auftreten. Solche Probleme, die auf gemischt ganzzahlige lineare Modelle führen, lassen sich - wie im Kapitel 5 beschrieben - mittels eines Standardprogrammpaketes lösen. Die konventionellen Branch und Bound Methoden sind jedoch zur Lösung von "Multiple-Choice-" und "separablen" Optimierungsproblemen nicht sehr geeignet. Es wurden deshalb speziell hierauf zugeschnittene Algorithmen entwickelt, die mit großem Erfolg zur Lösung solcher Probleme herangezogen wurden. Da sich diese Algorithmen ohne Schwierigkeiten in das allgemeine Branch und Bound Konzept der linearen Optimierung mit Ganzzahligkeitsbedingung einfügen lassen, wurden sie in die Standardprogrammpakete aufgenommen. Wie erwähnt, sind diese Algorithmen auf spezielle Restriktionstypen ausgerichtet. Ihre Verwendung erfordert somit lediglich eine Erweiterung des MPS-Formats. Da sich bzgl. Eingabeformat bzw. Druckausgabe nichts ändert, soll die bisher separat behandelte Lösung mittels ADV in das jeweilige Kapitel mit eingeschlossen werden; aus demselben Grund kann ferner auf die geschlossene Behandlung eines Beispiels verzichtet werden.

7.1 Multiple-Choice Probleme

7.1.1 Einführendes Beispiel und Abriß zum SOS1-Algorithmus von BEALE und TOMLIN

7.1.1.1 Problemstellung und Modellbildung

Beispiel 14

Eine Unternehmung benötigt für 20 Mengeneinheiten (ME) eines Produktes Lagerraum. Die Unternehmung steht vor der folgenden Alternative:

. Keine Einrichtung eines eigenen Lagerraums, d.h. Fremdunterbringung bzw.
  Anmietung eines Lagerraumes für die 20 ME;
. Errichtung eines eigenen Lagers sowie - falls noch erforderlich - Anmie-
  tung von Lagerraum.

Aus technischen Gründen kann Lagerraum nur in bestimmten Größen errichtet
werden. Die verfügbaren Größen und die hiermit verbundenen Kosten sind in
der folgenden Tabelle zusammengestellt:

Lagertyp

	1	2	3	4	5	6
Fassungs- vermögen in ME	1	7	14	19	25	30
Kosten in GE	1	2	3	4	5	6

Abb. 7-1: Problemspezifische Angaben zu Beispiel 14

Die Kosten bei vollständiger bzw. teilweiser Fremdunterbringung betragen in
beiden Fällen 0.22 GE pro ME. Bei Errichtung eines Lagers wird gefordert,
daß die Fremdunterbringung sich auf maximal die Hälfte der Eigenunterbringung beschränkt.

Das Problem besteht nun darin, genau eine Entscheidung zu treffen - d.h. entweder den gesamten benötigten Lagerraum anzumieten oder aber genau einen Lagerraum zu errichten und falls erforderlich durch Anmietung zu ergänzen -,
so daß die Gesamtkosten minimal werden.

Zur Herleitung des mathematischen Modells sind zunächst für die unbekannten
Größen Variablen einzuführen.

Da entweder eigener Lagerraum errichtet wird oder nicht, benötigt man eine
Variable, die dies anzeigt.

Es bezeichnet

$$x_0 = \begin{cases} 1 & \text{falls kein eigener Lagerraum errichtet wird;} \\ 0 & \text{sonst.} \end{cases}$$

Falls eigener Lagerraum errichtet wird, muß zum Ausdruck gebracht werden, welcher Lagertyp erstellt wird.

Für $i = 1, 2, \ldots, 6$ bezeichnet

$$x_i = \begin{cases} 1 & \text{falls Lagerraum vom Typ } i \text{ errichtet wird;} \\ 0 & \text{sonst.} \end{cases}$$

In Verbindung hiermit ist es zweckmäßig, für das Fassungsvermögen des errichteten Lagerraums eine Variable einzuführen.

Es bezeichnet

k Fassungsvermögen des Lagerraums in ME.

Da ferner die Anzahlen der im eigenen bzw. gemieteten Lagerraum untergebrachten ME unbekannt sind, führt man auch hierfür Variablen ein.

Es bezeichnen

y_e Anzahl der im eigenen Lager untergebrachten ME,

y_m Anzahl der im gemieteten Lager untergebrachten ME.

Die Zielforderung - nämlich die Minimierung der Gesamtkosten - ergibt sich dann zu

$$z = x_1 + 2x_2 + 3x_3 + 4x_4 + 5x_5 + 6x_6 + 0.22y_m = \text{Min!}$$

Bezüglich der Lagerraumkapazität erhält man die Restriktion

$$k = x_1 + 7x_2 + 14x_3 + 19x_4 + 25x_5 + 30x_6.$$

Da insgesamt Lagerraum für 20 ME benötigt wird, gilt

$$y_e + y_m = 20.$$

Die Eigenunterbringung kann die Kapazität des errichteten Lagerraums nicht überschreiten, d.h. es gilt

$$k - y_e \geqq 0.$$

Falls kein Lager errichtet wird, ist die Eigenunterbringung Null, d.h. $x_o = 1$ impliziert $y_e = 0$, was - wegen $y_e \leqq 20$ - durch

$$y_e \leqq 20 (1 - x_o)$$

bzw.

$$20x_o + y_e \leqq 20$$

zum Ausdruck gebracht werden kann.

Wird Lagerraum errichtet, dann kann die Fremdunterbringung maximal die Hälfte der Eigenunterbringung betragen, d.h. - da mit der Errichtung von Lagerraum ($x_0 = 0$) Eigenunterbringung verbunden ist - muß gelten

$$y_e > 0 \text{ impliziert } 2y_m \leqq y_e$$

bzw.

$$y_e > 0 \text{ impliziert } 2y_m - y_e \leqq 0.$$

Wählt man eine Zahl, die stets größer ist als diese Differenz, etwa 50, dann läßt sich dies wie folgt zum Ausdruck bringen:

$$2y_m - y_e \leqq 50x_0$$

bzw.

$$-50x_0 - y_e + 2y_m \leqq 0.$$

Daß genau eine Entscheidung getroffen wird, bewirkt die Restriktion

$$x_0 + x_1 + x_2 + \ldots + x_6 = 1$$

in Verbindung mit der Ganzzahligkeitsbedingung.

Zusammenfassend hat sich somit für Beispiel 14 das folgende mathematische Modell ergeben:

$$z = x_1 + 2x_2 + 3x_3 + 4x_4 + 5x_5 + 6x_6 + 0.22y_m = \text{Min!}$$

unter den Restriktionen

(i) $\quad x_1 + 7x_2 + 14x_3 + 19x_4 + 25x_5 + 30x_6 - k = 0$

$\qquad y_e + y_m = 20$

$\qquad k - y_e \geqq 0$

$\qquad 20x_0 + y_e \leqq 20$

$\qquad -50x_0 - y_e + 2y_m \leqq 0$

$\qquad x_0 + x_1 + x_2 + x_3 + x_4 + x_5 + x_6 = 1$

(ii) $\quad x_i = \begin{cases} 0 \\ 1 \end{cases} \qquad i = 0, 1, 2, \ldots, 6$

$\qquad k, y_e, y_m \geqq 0$

Modell 7-1: Mathematisches Modell zu Beispiel 14

Das Entscheidungsproblem aus Beispiel 14 hat auf ein gemischt ganzzahliges lineares Modell geführt und kann somit mittels eines Standardprogrammpaketes gelöst werden.

Die Restriktionen

$$\sum_{i=0}^{6} x_i = 1$$

und

$$x_i = \begin{cases} 0 \\ 1 \end{cases} \qquad i = 0, 1, 2, \ldots, 6.$$

die die Auswahl genau einer Entscheidung zum Ausdruck bringen, faßt man unter der Bezeichnung "Multiple-Choice-Restriktion" zusammen. Zur Lösung von "Multiple-Choice-Problemen", d.h. Problemen mit "Multiple-Choice-Restriktionen", verfügen - wie bereits in der Einleitung dieses Kapitels bemerkt - die Standardprogrammpakete über sehr effiziente Lösungsalgorithmen.

7.1.1.2 Special Ordered Sets vom Typ 1 (SOS1) und Abriß zum SOS1-Algorithmus von BEALE und TOMLIN

Die "Multiple-Choice-Restriktion" kann allgemein folgendermaßen formuliert werden:

$$\sum_{i=1}^{n} x_i = 1$$

mit

$$x_i = \begin{cases} 0 \\ 1 \end{cases} \qquad i = 1, 2, \ldots, n.$$

Modell 7-2: Allgemeine "Multiple-Choice-Restriktion"

Im Gegensatz zu den im Kapitel 4.2 angeführten Lösungsmethoden zur linearen Optimierung mit Ganzzahligkeitsbedingung, bei denen jede Variable einzeln für sich betrachtet wird, fassen BEALE und TOMLIN Variablen zu Gruppen - innerhalb derer die Variablen eine feste Reihenfolge besitzen - zusammen und betrachten dann jede dieser Gruppen als ein Ganzes.

Ausgehend von der "Multiple-Choice-Restriktion" führt diese Betrachtungsweise zum Begriff des "Special Ordered Set vom Typ 1".

Definition 7-1

Eine Menge von Variablen mit fester Reihenfolge

$$x_1, \ x_2, \ \dots, \ x_n,$$

von denen genau eine einen Wert ungleich Null annehemn muß, heißt "Special Ordered Set vom Typ 1" oder abgekürzt SOS1 bzw. SOS(1).

Die Multiple-Choice-Restriktion aus Modell 7-2 kann dann wie folgt formuliert werden:

$$\sum_{i=1}^{n} x_1 = 1$$

mit

$$x_i \geqq 0, \ i = 1, 2, \dots, n \text{ und SOS1.}$$

Modell 7-3: Allgemeine Multiple-Choice-Restriktion bei Verwendung von SOS1

Der wesentliche Unterschied der Formulierung der Multiple-Choice-Restriktion mittels SOS1 gegenüber der aus Modell 7-2 besteht darin, daß die Ganzzahligkeitsbedingung redundant ist.

Wegen

$$\sum_{i=1}^{n} x_i = 1 \text{ und SOS1}$$

könnte auf die explizite Angabe der Nichtnegativitätsbedingung verzichtet werden; es ist jedoch zweckmäßig sie mit anzuführen, da bei Unterdrückung der SOS1-Bedingung - dies ist gerade die Relaxation im SOS1-Algorithmus von Beale und Tomlin - die Nichtnegativitätsbedingung wieder hinzugefügt werden muß.

Bei Verwendung von SOS1 ergibt sich aus Modell 7-1

$$z = x_1 + 2x_2 + 3x_3 + 4x_4 + 5x_5 + 6x_6 + 0.22y_m = \text{Min!}$$

unter den Restriktionen

$$
\begin{aligned}
\text{(i)} \quad & x_1 + 7x_2 + 14x_3 + 19x_4 + 25x_5 + 30x_6 - k = 0 \\
& y_e + y_m = 20 \\
& k - y_e \geqq 0 \\
& 20x_0 + y_e \leqq 20 \\
& -50x_0 - y_e + 2y_m \leqq 0 \\
& x_0 + x_1 + x_2 + x_3 + x_4 + x_5 + x_6 = 1
\end{aligned}
$$

$$(ii) \quad x_i \geqq 0, \; i = 0, 1, \ldots, 6 \text{ und SOS1}$$
$$k, \, y_e, \, y_m \geqq 0$$

Modell 7-4: Mathematisches Modell zu Beispiel 14 bei Verwendung
von SOS1

Aus der Definition des SOS1 entnimmt man, daß ein Punkt $(x_1^0, x_2^0, \ldots, x_n^0)$ bzgl. des SOS1

$$x_1, \, x_2, \, \ldots, \, x_n$$

zulässig ist, wenn ein i_0 existiert mit

$$x_{i_0}^0 \neq 0 \text{ und } x_i^0 = 0 \text{ für } i \neq i_0,$$

d.h. wenn genau eine Komponente ungleich Null ist.

Mittels der Reihenfolge der Variablen ergibt sich ein unmittelbar einsich-
tiges Kriterium bzgl. der zulässigen Punkte eines SOS1. Dieses Kriterium,
das den Kern des SOS1-Algorithmus von Beale und Tomlin bildet, beinhaltet
der folgende Satz.

Satz 7-1

*Ein bzgl. eines SOS1 zulässiger Punkt ist dadurch gekennzeichnet, daß für
jedes Paar benachbarter Variablen x_i, x_{i+1} genau eine der folgenden Alter-
nativen gilt:*

*Entweder haben sämtliche Variablen oberhalb x_i, d.h. x_{i+1}, x_{i+2}, $\ldots$, x_n,
den Wert Null,*
*oder sämtliche Variablen unterhalb x_{i+1}, d.h. x_i, x_{i-1}, $\ldots$, x_1, haben
den Wert Null.*

Für ein Minimierungsproblem - in Anlehnung an Beispiel 14 - läßt sich hieraus der folgende Branch und Bound Algorithmus ableiten:

Als <u>Relaxation</u> verwendet man das entsprechende Problem ohne SOS1-Bedingung,
d.h. ohne die Forderung, daß genau eine der Variablen einen positiven Wert,
nämlich 1, annehmen muß.

Zur <u>Separation</u> wählt man ein Problem, für das der Wert der Zielfunktion der
entsprechenden Relaxation minimal ist. Die Separation selbst geht aus von
einem Paar benachbarter Variablen x_i, x_{i+1}. Die Betrachtung der Fälle

$$x_{i+1} = x_{i+2} = \ldots = x_n = 0$$

und

$$x_i = x_{i-1} = \ldots = x_1 = 0$$

liefert dann im allgemeinen zwei neue Teilprobleme. Für den Fall, daß neben der Beziehung

$$\sum_{i=1}^{n} x_i = 1$$

aus der Multiple-Choice-Restriktion noch eine sogenannte "Referenz-Restriktion", d.h. eine Restriktion der Form

$$\overline{a} = \sum_{i=1}^{n} a_i x_i$$

vorhanden ist, kann der "Separationsindex" i_o durch die Forderung

$$a_{i_o} \leq \overline{a} \leq a_{i_o+1}$$

festgelegt werden.

Beim <u>Ausloten</u> werden alle Teilprobleme, für die der Minimalwert der zugehörigen Relaxation größer oder gleich dem Zielfunktionswert einer bzgl. des SOS1 zulässigen Lösung ist, von den weiteren Betrachtungen ausgeschlossen.

Anhand von Modell 7-4 (Beispiel 14) soll dieser Algorithmus erläutert werden, wobei - in Analogie zu Kapitel 4.2.3 - für Probleme mit SOS1-Bedingung die Bezeichnungen P bzw. P_i, für die zugehörige Relaxation - das ist das entsprechende Problem ohne SOS1-Bedingung - P_R bzw. P_{iR} verwandt werden.

Bezeichnet man Modell 7-4 mit P, dann erhält man für die zugehörige Relaxation:

P_R: $m'(P_R) = 4.09$

SOS1-Variablen

$$x_0'(P_R) = 0$$
$$x_1'(P_R) = 0$$
$$x_2'(P_R) = 0$$
$$x_3'(P_R) = 0.45$$
$$x_4'(P_R) = 0$$
$$x_5'(P_R) = 0.55$$
$$x_6'(P_R) = 0.$$

Da innerhalb des SOS1 zwei Variablen ungleich Null sind, ist diese Lösung
unzulässig. Es ist folglich eine Separation durchzuführen. Aus der Referenz-
Restriktion, nämlich

$$k = 0x_0 + 1x_1 + 7x_2 + 14x_3 + 19x_4 + 25x_5 + 30x_6$$

erhält man durch Einsetzen der $x_i'(P_R)$, $i = 0, 1, \ldots, 6$

$$\overline{k} = 14 \cdot 0.45 + 25 \cdot 0.55 = 20.05.$$

Wegen

$$19 < \overline{k} < 25$$

hat der Separationsindex i_0 den Wert 4.

Indem man die Restriktionen

$$x_i = 0, \qquad i = 0, 1, \ldots, 4,$$

bzw.

$$x_i = 0, \quad i = 5, 6,$$

anfügt, ergeben sich die beiden Teilprobleme P_1 bzw. P_2. Für die zugehörigen
Relaxationen erhält man:

P_{1R}: $m'(P_{1R}) = 5$

        SOS1-Variablen

$$x_i'(P_{1R}) = 0, \qquad i = 0, 1, \ldots, 4,$$
$$x_5'(P_{1R}) = 1$$
$$x_6'(P_{1R}) = 0$$

P_{2R}: $m'(P_{2R}) = 4.22$

        SOS1-Variablen

$$x_1'(P_{2R}) = 0$$
$$x_2'(P_{2R}) = 0$$
$$x_3'(P_{2R}) = 0$$
$$x_4'(P_{2R}) = 1$$
$$x_i'(P_{2R}) = 0, \qquad i = 5, 6.$$

Beide Lösungen sind zulässig, und somit enthalten die zugehörigen Probleme
bzgl. des Ausgangsproblems keine weitere relevante Information. Ein Vergleich
der Zielfunktionswerte zeigt, daß die Optimallösung durch P_2 gegeben ist.
Der zugehörige Entscheidungsbaum hat die in Abb. 7-2 gezeigte Gestalt.

Die Lösungen der einzelnen Probleme sind - auf zwei Stellen hinter dem Komma

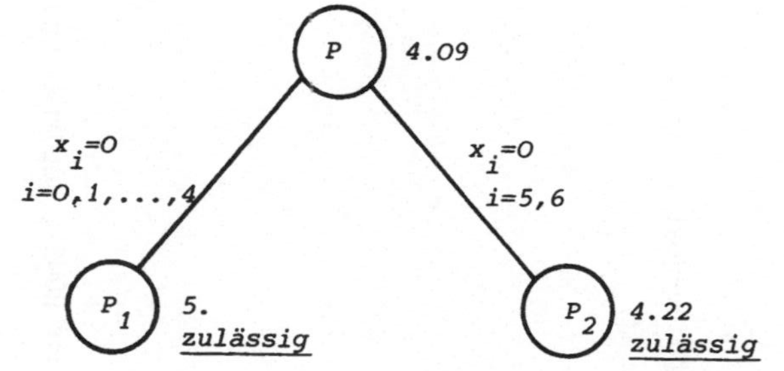

Abb. 7-2: Entscheidungsbaum zur Lösung des Modells 7-4 (Beispiel 14)

Prob.	Vor. Prob.	Problem-Beschreibung							Lösung der Relaxation										Wert	Separations-	
		x_0	x_1	x_2	x_3	x_4	x_5	x_6	x_0	x_1	x_2	x_3	x_4	x_5	x_6	k	y_e	y_m		Problem	Index
P	–	$\geq$0	$\geq$0	$\geq$0	$\geq$0	$\geq$0	$\geq$0	$\geq$0	0.	0.	0.	0.45	0.	0.55	0.	20.	20.	0.	4.09	P	4
P_1	P	=0	=0	=0	=0	=0	$\geq$0	$\geq$0	0.	0.	0.	0.	0.	1.	0.	25.	20.	0.	5.00	zulässig	
P_2	P	$\geq$0	$\geq$0	$\geq$0	$\geq$0	$\geq$0	=0	=0	0.	0.	0.	0.	1.	0.	0.	19.	19.	1.	4.22	zulässig	

Abb. 7-3: Lösungen und Angaben bzgl. der Separation für die im
Entscheidungsbaum aus Abb. 7-2 auftretenden Teilprobleme

gerundet - in der in Abb. 7-3 wiedergegebenen Tabelle zusammengestellt.

Multiple-Choice-Probleme sind speziell die Zuordnungsprobleme. Die Anwendung des SOS1-Algorithmus von Beale und Tomlin auf Zuordnungsprobleme ist aber bei weitem nicht so effizient wie die eines speziellen Zuordnungsalgorithmus. Während diese Zuordnungsalgorithmen nämlich die Gesamtstruktur berücksichtigen, ist der Algorithmus von Beale und Tomlin lediglich allgemein auf Multiple-Choice-Restriktionen ausgerichtet.

7.1.2 Lösung von SOS1-Problemen mittels automatisierter Datenverarbeitung

7.1.2.1 Beschreibung des MPS-Formats

Bei Verwendung von SOS1 hat die allgemeine Multiple-Choice-Restriktion nach Modell 7-3 folgende Gestalt:

$$\sum_{i=1}^{n} x_i = 1$$

mit

$$x_i \geq 0, \ i = 1, 2, \ldots, n \text{ und SOS1}.$$

Die MPS-Formulierung der Restriktion

$$\sum_{i=1}^{n} x_i = 1$$

erfolgt in der üblichen Weise, d.h. unter Verwendung der ROWS-, COLUMNS- und RHS-Abschnitte.

Die Angabe, daß die Variablen

$$x_1, \ x_2, \ \ldots, \ x_n$$

ein SOS1 bilden, erfolgt - wie sämtliche Spezifizierungen bzgl. der Variablen - im BOUNDS-Abschnitt. Fordert man, daß die Variablen eines SOS1 innerhalb des COLUMNS-Abschnitts unmittelbar aufeinander folgen, dann ist es nicht nötig, jede SOS1 Variable einzeln anzuführen, sondern es genügt, den Namen der ersten und der letzten SOS1 Variablen bzgl. der Reihenfolge im COLUMNS-Abschnitt anzugeben.

Die genaue Beschreibung der SOS1-Karte ist in Anhang A enthalten.

7.1.2.2 Modellösung und Interpretation der von einem Standardprogrammpaket erzeugten Druckausgabe

Bei Verwendung der in Kapitel 3.1.1 Abb. 3-1 angeführten Bezeichnungen ergibt sich für Modell 7-4 (Beispiel 14) das folgende MPS-Tableau:

	XO	X1	X2	X3	X4	X5	X6	K	YE	YM	Typ	RS
ZIEL		1	2	3	4	5	6			0.22	Min.	
R1		1	7	14	19	25	30	-1			=	0
R2									1	1	=	20
R3								1	-1		≥	0
R4	20								1		≤	20
R5	-50								-1	2	≤	0
R6	1	1	1	1	1	1	1				=	0
BD				SOS1								

Abb. 7-4: MPS-Tableau zu Modell 7-4 (Beispiel 14)

Verwendet man in der NAME-Karte als Identifikation "SOS1", dann erhält man zu dem MPS-Tableau aus Abb. 7-4 das in Abb. 7-5 dargestellte MPS-Datendeck.

```
NAME          SOS1
ROWS
   N ZIEL
   E R1
   E R2
   G R3
   L R4
   L R5
   E R6
COLUMNS
   X0        R4         20.            R5         -50.
   X0        R6         1.
   X1        ZIEL       1.
   X1        R1         1.             R6         1.
   X2        ZIEL       2.
   X2        R1         7.             R6         1.
   X3        ZIEL       3.
   X3        R1         14.            R6         1.
   X4        ZIEL       4.
   X4        R1         19.            R6         1.
   X5        ZIEL       5.
   X5        R1         25.            R6         1.
```

```
        X5        ZIEL        6.
        X5        R1         30.              R6         1.
        K         R1         -1.              R3         1.
        YE        R2          1.              R3        -1.
        YE        R4          1.              R5        -1.
        YM        ZIEL        0.22
        YM        R2          1.              R5         2.
RHS
        RS        R2         20.              R4        20.
        RS        R6          1.
BOUNDS
 S1 BD           X0                           X6
ENDATA
```

Abb. 7-5: MPS-Datendeck zu Modell 7-4 (Beispiel 14)

Die die Lösungen betreffenden Sektionen CONSTRAINTS, COLUMNS und MIXINT NODE LOG sind in den Abb. 7-6 und 7-7 wiedergegeben.

Für die Lösung von Beispiel 14 ergibt sich somit:

Optimalwert der Zielfunktion

    4.22 GE

Optimalwerte der Problemvariablen

    K = 19 ME
    YE = 19 ME
    YM = 1 ME

Optimalwerte der SOS(1)-Variablen

    $X0$ = 0
    $X1$ = 0
    $X2$ = 0
    $X3$ = 0
    $X4$ = 1
    $X5$ = 0
    $X6$ = 0.

Wie der Druckausgabe zu entnehmen ist, sind - der besseren Übersicht wegen - die "Special Ordered Sets" besonders gekennzeichnet.

Der zugehörige Entscheidungsbaum ergibt sich aus dem MIXINT NODE LOG, wobei lediglich die Angaben unter SEPARATION VARIABLE, den Ausführungen von Kapitel 7.1.1.2 entsprechend, zu interpretieren sind:

. TYPE   SOS(1)

C O N S T R A I N T S

```
PRINT OPTION = COMPLETE OUTPUT                          VALUE OF OBJECTIVE =              4.22000
NAME = SOS1        OBJ = ZIEL        RHS = RS      BND = BD      RPSOBJ =    1.0000  RPSRHS =    1.0000
DIR = MINIMIZE     COBJ =            CRHS =        RNG =         RPCHOBJ =   0.0000  RPCHRHS =   0.0000
```

NUMBER	NAME	TYPE	STATUS	ROW ACTIVITY	SLACK	RHS LOWER	RHS UPPER	MARGINAL
1	ZIEL	FR	SLACK	4.22000	-4.22000	-INF	+INF	.
2	R1	EQ	BINDING	.	.	.	.	-.22000
3	R2	EQ	BINDING	20.00000	.	20.00000	20.00000	-.22000
4	R3	GE	BINDING	.	.	.	+INF	-.22000
5	R4	LE	SLACK	19.00000	1.00000	-INF	20.00000	.
6	R5	LE	SLACK	-17.00000	17.00000	-INF	.	.
7	R6	EQ	BINDING	1.00000	.	1.00000	1.00000	.18000

C O L U M N S

```
PRINT OPTION = COMPLETE OUTPUT                          VALUE OF OBJECTIVE =              4.22000
NAME = SOS1        OBJ = ZIEL        RHS = RS      BND = BD      RPSOBJ =    1.0000  RPSRHS =    1.0000
D.R = MINIMIZE     COBJ =            CRHS =        RNG =         RPCHOBJ =   0.0000  RPCHRHS =   0.0000
```

NUMBER	NAME	TYPE	STATUS	COL ACTIVITY	OBJ COEF	BND LOWER	BND UPPER	MARGINAL	
	***** SPECIAL ORDERED SET TYPE 1 START								
1	X0	S1	LOWER	.	.	.	+INF	.18000	
2	X1	S1	LOWER	.	1.00000	.	+INF	.96000	
3	X2	S1	LOWER	.	2.00000	.	+INF	.64000	
4	X3	S1	LOWER	.	3.00000	.	+INF	.10000	
5	X4	S1	ACTIVE	1.00000	4.00000	.	+INF	.	
6	X5	S1	LOWER	.	5.00000	.	+INF	-.32000	ARB SOS MB
7	X6	S1	LOWER	.	6.00000	.	+INF	-.42000	ARB SOS MB
	***** SPECIAL ORDERED SET TYPE 1 END								
8	K	PL	ACTIVE	19.00000	.	.	+INF	.	
9	YE	PL	ACTIVE	19.00000	.	.	+INF	.	
10	YM	PL	ACTIVE	1.00000	.22000	.	+INF	.	

Abb. 7-6: OUTPUT REPORT
CONSTRAINTS und COLUMNS zu Modell 7-4 (Beispiel 14)

```
        PARENT                                                    - - - - - - SEPARATION  VARIABLE - - - - - - -
 NODE    NODE   ARB.                   OBJECTIVE      SUM OF      -
 NO.     NO.    DIR.  STATUS        FUNCTION VALUE   FRACTIONS    - TYPE    NUMBER   LOWER LIMIT   UPPER LIMIT -

   1      0          DEVELOPED        -4.090303        .455
   2      1    DOWN   INTEGER         -4.220000       0.000        SOS(1)     1          1             5
INTEGER SOLUTION NUMBER       1
  IS WITHIN            .C20 UNITS (   .48 PER CENT) OF OPTIMUM
CANNOT FIND ANY BETTER INTEGER SOLUTION
INTEGER SOLUTION FOUND AT NODE     2, WITH FUNCTIONAL VALUE        -4.220000,
  IS ASSUMED OPTIMAL
```

Abb. 7-7: OUTPUT REPORT
MIXINT NODE LOG zu Modell 7-4 (Beispiel 14)

. NUMBER

Nummer der ersten Variablen des SOS(1), entsprechend der Reihenfolge im COLUMNS-Abschnitt, wodurch eine Identifikation verschiedener SOS(1) gegeben ist.

. LOWER LIMIT ⎫
  UPPER LIMIT ⎭

Nummer der ersten bzw. letzten Variablen, die bzgl. des durch NUMBER gegebenen SOS(1) einen Wert ungleich Null annehmen darf, die übrigen Variablen des SOS(1) erhalten den Wert Null; die Reihenfolge der Variablen ist durch den COLUMNS-Abschnitt festgelegt.

Nach diesen Erläuterungen ergibt sich der zugehörige Entscheidungsbaum wie folgt:

Für das Ursprungsproblem, das mit P_1 bezeichnet ist, liefert die zugehörige Relaxation den Zielfunktionswert

$$z = 4.09.$$

Die zugehörige Lösung ist unzulässig, was durch STATUS gleich DEVELOPED zum Ausdruck kommt. Das Problem P_2 entsteht aus P_1 dadurch, daß man in dem SOS(1) - die erste Variable dieses SOS(1) ist die erste Variable des COLUMNS-Abschnitts, nämlich x_0 - lediglich den ersten fünf Variablen, d.h. x_0, x_1, x_2, x_3 und x_4, gestattet, einen Wert ungleich Null anzunehmen; man erreicht das dadurch, daß man zu P_1 die Restriktionen

$$x_5 = x_6 = 0$$

hinzufügt. Die zugehörige Relaxation liefert den Zielfunktionswert

$$z = 4.22$$

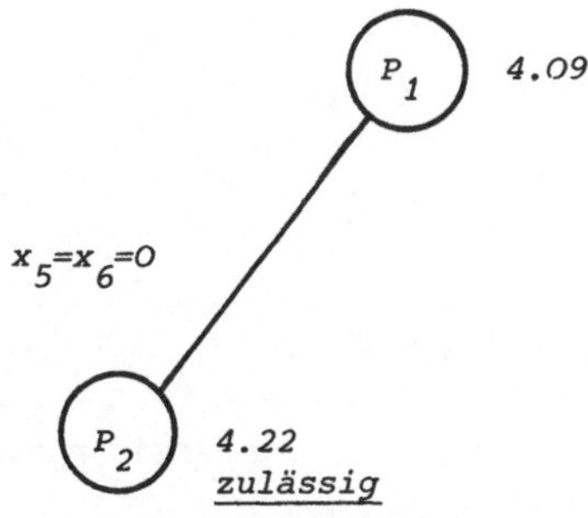

Abb. 7-8: *Entscheidungsbaum zur Lösung von Modell 7-4 (Beispiel 14) nach den Angaben der Sektion MIXINT NODE LOG aus Abb. 7-7*

sowie eine zulässige Lösung, was durch STATUS gleich INTEGER zum Ausdruck kommt. Der Fall, daß in dem SOS(1) die sechste und siebte Variable, d.h. x_5 und x_6, einen Wert ungleich Null annehmen dürfen, ist - ähnlich wie bei der gemischt ganzzahligen Optimierung - aufgrund subtilerer Untersuchungen von vorneherein ausgeschlossen worden.

Als gesamten Entscheidungsbaum erhält man somit den in Abb. 7-8 gezeigten.

7.2 Separable Optimierung

7.2.1 Einführendes Beispiel und Abriß zum SOS2-Algorithmus von BEALE und TOMLIN

7.2.1.1 Problemstellung und Modellbildung

Beispiel 15

Ein Fertigungsbetrieb benötigt 20 Mengeneinheiten (ME) eines beliebig teilbaren Halbproduktes. Als Lieferanten stehen zwei Großhändler G_1 und G_2 zur Verfügung. Die Kosten in Geldeinheiten (GE), abhängig von der jeweiligen Menge, sind bei G_1 durch

$$k_1(x) = 0.22x$$

und bei G_2 durch

$$k_2(x) = \begin{cases} x & 0 \leq x \leq 1 \\ \frac{1}{3}x + \frac{2}{3} & 1 \leq x \leq 4 \\ \frac{1}{5}x + \frac{6}{5} & 4 \leq x \leq 9 \\ \frac{1}{7}x + \frac{12}{7} & 9 \leq x \leq 16 \\ \frac{1}{9}x + \frac{20}{9} & 16 \leq x \leq 25 \end{cases}$$

gegeben. Aufgrund von Lieferverträgen mit anderen Fertigungsbetrieben kann G_1 maximal 10 ME und G_2 maximal 17 ME erübrigen.

Das Problem besteht nun darin, die Bestellmengen bzgl. G_1 und G_2 so festzulegen daß die Gesamtkosten minimal werden.

Zur Herleitung des entsprechenden mathematischen Modells sind zunächst für die unbekannten Größen - das sind die Bestellmengen bzgl. G_1 und G_2 - Variablen einzuführen.

Für i = 1, 2 bezeichnen

m_i Anzahl der bestellten Mengeneinheiten bzgl. G_i.

Diese Abweichung von der bisherigen Notation, nämlich unbekannte Größen mit x und y zu benennen, ist darin begründet, daß im folgenden noch Hilfsvariablen benötigt werden, die man üblicherweise mit x und y bezeichnet.

Die Zielforderung, d.h. die Minimierung der Gesamtkosten, ergibt sich zu

$$z = k_1(m_1) + k_2(m_2) = \text{Min!}$$

Die Gestalt der Kostenfunktion $k_2(m_2)$ impliziert unmittelbar, daß diese Form der Zielfunktion bzgl. der linearen Optimierung nicht verwendbar ist. Zur Formulierung von $k_2(m_2)$ in einer für die lineare Optimierung zugänglichen Form geht man am zweckmäßigsten von der entsprechenden graphischen Darstellung aus.

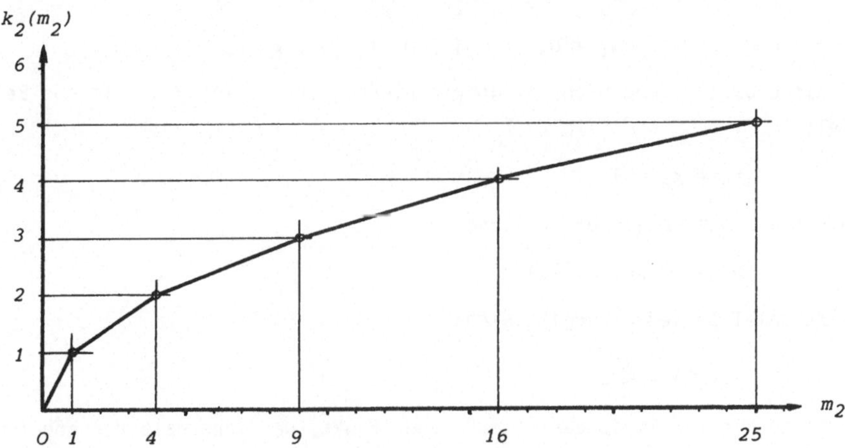

Abb. 7-9: Graphische Darstellung der Kostenfunktion $k_2(m_2)$

Die Kostenfunktion $k_2(m_2)$ setzt sich aus Geradenabschnitten zusammen. Es genügt also die Kenntnis der Punktepaare, in denen ein Geradenabschnitt beginnt

m_2	0	1	4	9	16	25
$k_2(m_2)$	0	1	2	3	4	5

Abb. 7-10: Geradenabschnittspunkte bzgl. der
Kostenfunktion $k_2(m_2)$

bzw. endet, d.h. $k_2(m_2)$ ist durch die Punktepaare in Abb. 7-10 gegeben.

Führt man für jedes Punktepaar $(m_2, k_2(m_2))$ aus Abb. 7-10 eine Hilfsvariable ein, etwa

$$x_0 \text{ zu } (0,0)$$
$$x_1 \text{ zu } (1,1)$$
$$x_2 \text{ zu } (2,4)$$
$$x_3 \text{ zu } (3,9)$$
$$x_4 \text{ zu } (16,4)$$
$$x_5 \text{ zu } (25,5),$$

dann lassen sich m_2 und $k_2(m_2)$ bzgl. dieser Punkte, d.h. wenn ein x_i den Wert eins hat, wie folgt in geschlossener Form darstellen:

$$m_2 = 0x_0 + 1x_1 + 4x_2 + 9x_3 + 16x_4 + 25x_5$$
$$k_2(m_2) = 0x_0 + 1x_1 + 2x_2 + 3x_3 + 4x_4 + 5x_5$$
$$1 = x_0 + x_1 + x_2 + x_3 + x_4 + x_5$$
$$x_i \geq 0, \qquad i = 0, 1, \ldots, 5$$

Daß diese Darstellung nicht allgemein richtig ist, zeigt das folgende Beispiel:

$$x_2 = x_4 = \frac{1}{2}$$

liefert aus der obigen Darstellung

$$m_2 = 10 \text{ und } k_2(10) = 3.$$

Aus Beispiel 15 jedoch ergibt sich:

$$k_2(10) = \frac{22}{7}.$$

Der Grund hierfür liegt darin, daß jeder Punkt, der innerhalb der angeführten m_2-Werte liegt, dargestellt werden muß durch die unmittelbar benachbarten, d.h. $m_2 = 10$ darf nicht dargestellt werden als

$$4x_2 + 16x_4 = 10$$
$$x_2 + x_4 = 1$$
$$x_2, x_4 \geq 0,$$

woraus sich

$$x_2 = x_4 = \frac{1}{2}$$

ergibt, sondern wegen

$$9 < 10 < 16$$

als

$$9x_3 + 16x_4 = 10$$
$$x_3 + x_4 = 1$$
$$x_3, x_4 \geq 0.$$

Hieraus erhält man

$$x_3 = \frac{6}{7} \text{ und } x_4 = \frac{1}{7}$$

und somit

$$k_2(10) = 3 \cdot \frac{6}{7} + 4 \cdot \frac{1}{7} = \frac{22}{7},$$

d.h. genau den Wert, der sich auch aus der Form der Kostenfunktion aus Beispiel 15 ergeben hat.

Die Bedingung, die also noch anzufügen ist, ist die, daß höchstens zwei benachbarte x_i ungleich Null sein dürfen. Ordnet man jeder Variablen x_i, $i = 0, 1, \ldots, 4$ - also mit Ausnahme der "letzten" Variablen x_5 -, eine $0 - 1$ Variable y_i, $i = 0, 1, \ldots, 4$, zu, dann wird diese Forderung durch folgende Restriktionen erzwungen:

$$x_0 \leq y_0$$
$$x_1 \leq y_0 + y_1$$
$$x_2 \leq y_1 + y_2$$
$$x_3 \leq y_2 + y_3$$
$$x_4 \leq y_3 + y_4$$
$$x_5 \leq y_4$$
$$y_0 + y_1 + y_2 + y_3 + y_4 = 1$$
$$y_i = \begin{cases} 0 \\ 1 \end{cases} \quad i = 0, 1, \ldots, 4$$

Die Zielfunktion

$$z = k_1(m_1) + k_2(m_2)$$

läßt sich nach diesen Überlegungen - unter Berücksichtigung der entsprechenden Zusatzrestriktionen - in der für die lineare Optimierung anwendbaren Form

$$z = 0.22m_1 + x_1 + 2x_2 + 3x_3 + 4x_4 + 5x_5 = \text{Min!}$$

angeben.

Aus der Aufgabenstellung ergeben sich noch bzgl. der Gesamtbestellmenge sowie den Lieferbeschränkungen die Restriktionen

$$m_1 + m_2 = 20$$

$$m_1 \qquad \leq 10$$
$$m_2 \leq 17.$$

Zusammenfassend hat sich somit für Beispiel 15 das folgende mathematische Modell ergeben:

$$z = 0.22m_1 + x_1 + 2x_2 + 3x_3 + 4x_4 + 5x_5 = \text{Min!}$$

unter den Restriktionen

$$\begin{aligned}
\text{(i)} \quad & m_1 + m_2 = 20 \\
& m_1 \qquad \leq 10 \\
& \qquad m_2 \leq 17 \\
& m_2 - x_1 - 4x_2 - 9x_3 - 16x_4 - 25x_5 = 0 \\
& x_0 + x_1 + x_2 + x_3 + x_4 + x_5 = 1 \\
& x_0 \leq y_0 \\
& x_1 \leq y_0 + y_1 \\
& x_2 \leq \qquad y_1 + y_2 \\
& x_3 \leq \qquad\qquad y_2 + y_3 \\
& x_4 \leq \qquad\qquad\qquad y_3 + y_4 \\
& x_5 \leq \qquad\qquad\qquad\qquad y_4 \\
& y_0 + y_1 + y_2 + y_3 + y_4 = 1
\end{aligned}$$

$$\begin{aligned}
\text{(ii)} \quad & x_i \geq 0, & & i = 0, 1, \ldots, 5 \\
& y_i = \begin{cases} 0 \\ 1 \end{cases} & & i = 0, 1, \ldots, 4 \\
& m_i \geq 0, & & i = 1, 2
\end{aligned}$$

Modell 7-5: Mathematisches Modell zu Beispiel 15

Das Beispiel 15 hat auf ein gemischt ganzzahliges lineares Modell geführt und kann somit mittels eines Standardprogrammpaketes gelöst werden.

Die Restriktionen

$$\begin{aligned}
& x_0 + x_1 + x_2 + x_3 + x_4 + x_5 = 1 \\
& x_0 \leq y_0 \\
& x_1 \leq y_0 + y_1 \\
& x_2 \leq \qquad y_1 + y_2 \\
& x_3 \leq \qquad\qquad y_2 + y_3 \\
& x_4 \leq \qquad\qquad\qquad y_3 + y_4 \\
& x_5 \leq \qquad\qquad\qquad\qquad y_4 \\
& y_0 + y_1 + y_2 + y_3 + y_4 = 1
\end{aligned}$$

$$x_i \geqq 0, \qquad i = 0, 1, \ldots, 5,$$

$$y_i = \begin{cases} 0 \\ 1 \end{cases} \qquad i = 0, 1, \ldots, 4,$$

die bewirken, daß höchstens zwei benachbarte x_i einen positiven Wert annehmen können, sollen im folgenden als "Konvexitätsrestriktion bzgl. der separablen Optimierung" bezeichnet werden.

Zur Lösung von Problemen mit Restriktionen dieser Art verfügen die Standard-programmpakete - ähnlich wie bei den Multiple-Choice-Restriktionen - über äußerst effiziente Lösungsalgorithmen.

7.2.1.2 Special Ordered Sets vom Typ 2 (SOS2) und Abriß zum SOS2-Algorithmus von BEALE und TOMLIN

Die im vorausgegangenen Abschnitt verwendete Vorgehensweise zur Darstellung stückweise linearer Funktionen - d.h. Funktionen, die sich aus Geradenstücken zusammensetzen - läßt sich auch zur Approximation von Funktionen einer Variablen verwenden.

Geht man von einer Funktion $f(m)$ mit einer Variablen aus und approximiert diese durch eine stückweise lineare Funktion $\overline{f}(m)$ - die folgende Abbildung veranschaulicht diesen Sachverhalt -

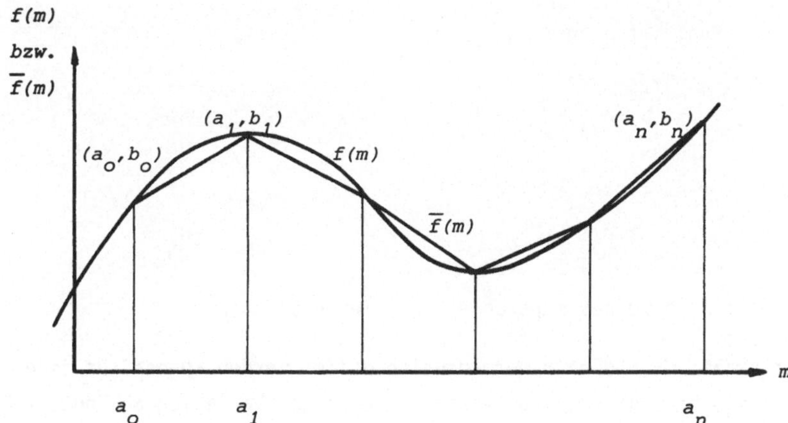

Abb. 7-11: Approximation der Funktion $f(m)$ mittels der stückweise linearen Funktion $\overline{f}(m)$

dann erhält man als Darstellung von m und $\overline{f}(m)$:

$$m = a_0 x_0 + a_1 x_1 + \ldots + a_n x_n$$

$$\overline{f}(m) = b_0 x_0 + b_1 x_1 + \ldots + b_n x_n$$

$$1 = x_0 + x_1 + \ldots + x_n$$

$$x_0 \leq y_0$$

$$x_1 \leq y_0 + y_1$$

$$x_2 \leq y_1 + y_2$$

$$\vdots \qquad \vdots$$

$$x_{n-1} \leq y_{n-2} + y_{n-1}$$

$$x_n \leq y_{n-1}$$

$$1 = y_0 + y_1 + \ldots + y_{n-1}$$

$$x_i \geq 0, \qquad i = 0, 1, \ldots, n,$$

$$y_i = \begin{cases} 0 \\ 1 \end{cases} \qquad i = 0, 1, \ldots, n-1.$$

Die Bedeutung dieser Approximationsmöglichkeit liegt darin, daß hiermit "separable" Optimierungsprobleme, d.h. Probleme der Art

$$z = \sum_{j=1}^{n} f_j(x_j) = \text{Opt!}$$

unter den Restriktionen

$$(i) \quad \sum_{j=1}^{n} g_{ij}(x_j) :: b_i, \qquad i = 1, 2, \ldots, m,$$

wobei :: für $\leq$, $\geq$ bzw. = steht,

$$(ii) \quad x_j \geq 0, \qquad j = 1, 2, \ldots, n,$$

Modell 7-6: Allgemeines separables Optimierungsproblem

wenn nicht exakt, dann doch näherungsweise gelöst werden können. Da jede Funktion $f_j(x_j)$ bzw. $g_{ij}(x_j)$ nur von einer einzigen Variablen abhängt, läßt sie sich - wie eingangs beschrieben - mittels einer stückweisen linearen Funktion $\overline{f}_j(x_j)$ bzw. $\overline{g}_{ij}(x_j)$ approximieren. Setzt man diese Approximationen in Modell 7-6 ein, so erhält man ein gemischt ganzzahliges lineares Modell, das mittels eines Standardprogrammpaketes gelöst werden kann. Die zugehörige Optimallösung kann als Näherungslösung des Ausgangsproblems betrachtet werden.

Bei der Darstellung einer stückweise linearen Funktion spielt die Konvexitätsrestriktion bzgl. der separablen Optimierung eine entscheidende Rolle. Diese Restriktion kann allgemein wie folgt formuliert werden:

$$\sum_{i=1}^{n} x_i = 1$$

$$x_1 \leqq y_1$$
$$x_2 \leqq y_1 + y_2$$
$$x_3 \leqq y_2 + y_3$$
$$\vdots$$
$$x_{n-1} \leqq y_{n-2} + y_{n-1}$$
$$x_n \leqq y_{n-1}$$

$$\sum_{i=1}^{n-1} y_i = 1$$

mit

$$x_i \geqq 0, \qquad i = 1, 2, \ldots, n,$$
$$y_i = \begin{cases} 0 \\ 1 \end{cases} \qquad i = 1, 2, \ldots, n-1.$$

Modell 7-7: Allgemeine Konvexitätsrestriktion bzgl. der separablen
         Optimierung

Die Bedingung, daß höchstens zwei benachbarte x_i einen positiven Wert annehmen können - das wird gerade durch die Restriktionen mit den 0 - 1 Variablen y_i erzwungen -, führt beim Zusammenfassen von Variablen zu Gruppen, innerhalb derer die Variablen eine feste Reihenfolge besitzen, zum Begriff des "Special Ordered Set vom Typ 2".

Definition 7-2

Eine Menge von Variablen mit fester Reihenfolge

$$x_1, x_2, \ldots, x_n$$

von denen mindestens eine, aber höchstens zwei benachbarte, einen Wert ungleich Null annehmen müssen, heißt "Special Ordered Set vom Typ 2" oder abgekürzt SOS2 bzw. SOS(2).

Die Konvexitätsrestriktion bzgl. der separablen Optimierung kann dann wie folgt formuliert werden:

$$\sum_{i=1}^{n} x_i = 1$$

mit

$$x_i \geq 0, \quad i = 1, 2, \ldots, n \text{ und SOS2}.$$

Modell 7-8: Allgemeine Konvexitätsrestriktion bzgl. der separablen
Optimierung bei Verwendung von SOS2

In Analogie zur Multiple-Choice-Restriktion besteht der Vorteil der Verwendung von SOS2 bei der Konvexitätsrestriktion bzgl. der separablen Optimierung darin, daß keine Ganzzahligkeitsbedingungen auftreten.

Bei Verwendung von SOS2 ergibt sich aus Modell 7-5:

$$z = 0.22m_1 + x_1 + 2x_2 + 3x_3 + 4x_4 + 5x_5 = \text{MIN!}$$

unter den Restriktionen

$$\begin{aligned}
\text{(i)} \quad & m_1 + m_2 = 20 \\
& m_1 \leq 10 \\
& m_2 \leq 17 \\
& m_2 - x_1 - 4x_2 - 9x_3 - 16x_4 - 25x_5 = 0 \\
& x_0 + x_1 + x_2 + x_3 + x_4 + x_5 = 1 \\
\text{(ii)} \quad & m_i \geq 0, \quad i = 1, 2 \\
& x_i \geq 0, \quad i = 0, 1, \ldots, 5 \text{ und SOS2}.
\end{aligned}$$

Modell 7-9: Mathematisches Modell zu Beispiel 15 bei Verwendung von
SOS2

Aus der Definition des SOS2 entnimmt man, daß ein Punkt $(x_1^o, x_2^o, \ldots, x_n^o)$ bzgl. des SOS2

$$x_1, x_2, \ldots, x_n$$

zulässig ist, wenn ein i_o existiert mit

entweder

$$x_{i_o}^o \neq 0 \text{ und } x_i^o = 0 \text{ für } i \neq i_o$$

oder

$$x_{i_o}^o \neq 0, \, x_{i_o+1}^o \neq 0 \text{ und } x_i^o = 0 \text{ für } i \neq i_o, \, i_o+1,$$

d.h. wenn entweder eine Komponente oder zwei benachbarte Komponenten ungleich Null sind.

Als Kriterium bzgl. der zulässigen Punkte eines SOS2 ergibt sich dann der folgende Satz, der - in Analogie zum SOS1 - den Kern des SOS2-Algorithmus von Beale und Tomlin beinhaltet:

Satz 7-2

Ein bzgl. eines SOS2 zulässiger Punkt ist dadurch gekennzeichnet, daß für jedes Paar benachbarter Variablen x_i, x_{i+1} bzgl. der beiden folgenden Alternativenpaare genau je eine Aussage gilt:

Entweder haben sämtliche Variablen unterhalb x_i, d.h. x_{i-1}, x_{i-2}, ..., x_1, den Wert Null,

oder sämtliche Variablen oberhalb x_i, d.h. x_{i+1}, x_{i+2}, ..., x_n, haben den Wert Null,

und ferner haben

entweder sämtliche Variablen unterhalb x_{i+1}, d.h. x_i, x_{i-1}, ..., x_1, den Wert Null,

oder sämtliche Variablen oberhalb x_{i+1}, d.h. x_{i+2}, x_{i+3}, ..., x_n, haben den Wert Null.

Für ein Minimierungsproblem - in Anlehnung an Beispiel 15 - leitet sich hieraus der folgende Branch und Bound Algorithmus ab:

Als <u>Relaxation</u> verwendet man das entsprechende Problem ohne SOS2-Bedingung, d.h. ohne die Forderung, daß mindestens eine aber höchstens zwei benachbarte Variablen positive Werte annehmen müssen.

Zur <u>Separation</u> wählt man ein Problem, für das der Wert der Zielfunktion der entsprechenden Relaxation minimal ist. Die Separation selbst geht aus von einem Paar benachbarter Variablen x_i, x_{i+1}. Die Betrachtung der Fälle

$$x_{i-1} = x_{i-2} = \ldots = x_1 = 0$$
$$x_{i+1} = x_{i+2} = \ldots = x_n = 0$$

sowie

$$x_i = x_{i-1} = \ldots = x_1 = 0$$

$$x_{i+2} = x_{i+3} = \ldots = x_n = 0$$

liefert dann im allgemeinen vier neue Teilprobleme. Der "Separationsindex" i_o kann mittels der "Referenz-Restriktion"

$$\overline{a} = \sum_{i=1}^{n} a_i x_i$$

- bei separablen Problemen werden die Variablen gerade in dieser Form dargestellt - durch die Forderung

$$a_{i_0} \leq \overline{a} \leq a_{i_0+1}$$

festgelegt werden.

Beim <u>Ausloten</u> werden alle Teilprobleme, für die der Minimalwert der zugehörigen Relaxation größer oder gleich dem Zielfunktionswert einer bzgl. des SOS2 zulässigen Lösung ist, von den weiteren Betrachtungen ausgeschlossen.

Die Anwendung dieses Algorithmus auf Modell 7-9 (Beispiel 15) liefert den in Abb. 7-12 dargestellten Entscheidungsbaum, wobei auf Grund der zum SOS1-Algorithmus analogen Vorgehensweise auf eine detaillierte Betrachtung der auftretenden Teilprobleme verzichtet werden soll.

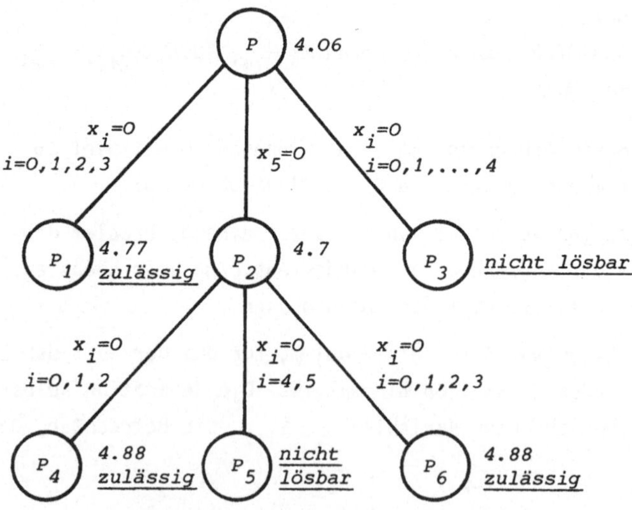

Abb. 7-12: Entscheidungsbaum zur Lösung von Modell 7-12 (Beispiel 15)

Die Lösungen der einzelnen Probleme sind - auf zwei Stellen hinter dem Komma gerundet - in der in Abb. 7-13 wiedergegebenen Tabelle zusammengestellt.

- 323 -

Prob.	Vor. Prob.	Problem-Beschreibung						Lösung der Relaxation									Separations-	
		x_0	x_1	x_2	x_3	x_4	x_5	x_0	x_1	x_2	x_3	x_4	x_5	m_1	m_2	Wert	Problem	Index
P	-	≥ 0	≥ 0	≥ 0	≥ 0	≥ 0	≥ 0	0.32	0.	0.	0.	0.	0.68	3.	17.	4.06	P	4
P_1	P	$=0$	$=0$	$=0$	$=0$	≥ 0	≥ 0	0.	0.	0.	0.	0.89	0.11	3.	17.	4.77	zulässig	
P_2	P	≥ 0	≥ 0	≥ 0	≥ 0	≥ 0	$=0$	0.38	0.	0.	0.	0.62	0.	10.	10.	4.7	P_2	3
P_3	P	$=0$	$=0$	$=0$	$=0$	$=0$	≥ 0	0.	0.	0.	0.	0.	-	-	-	-	nicht lösbar	
P_4	P_2	$=0$	$=0$	$=0$	≥ 0	≥ 0	$=0$	0.	0.	0.	0.	1.	0.	4.	16.	4.88	zulässig	
P_5	P_2	≥ 0	≥ 0	≥ 0	≥ 0	$=0$	$=0$	-	-	-	-	0.	0.	-	-	-	nicht lösbar	
P_6	P_2	$=0$	$=0$	$=0$	$=0$	≥ 0	$=0$	0.	0.	0.	0.	1.	0.	4.	16.	4.88	zulässig	

Abb. 7-13: Lösungen und Angaben bzgl. der Separation für die im Entscheidungsbaum aus Abb. 7-12 auftretenden Teilprobleme

7.2.2 Lösung von SOS2-Problemen mittels automatisierter Datenverarbeitung

7.2.2.1 Beschreibung des MPS-Formats

Bei Verwendung von SOS2 hat die allgemeine Konvexitätsrestriktion bzgl. der separablen Optimierung nach Modell 7-8 folgende Gestalt:

$$\sum_{i=1}^{n} x_i = 1$$

mit

$$x_i \geq 0, \qquad i = 1, 2, \ldots, n \text{ und SOS2.}$$

Die MPS-Formulierung von

$$\sum_{i=1}^{n} x_i = 1$$

erfolgt in üblicher Weise. Die Angabe, daß die Variablen

$$x_1, x_2, \ldots, x_n$$

ein SOS2 bilden, erfolgt im BOUNDS-Abschnitt. Fordert man - in Analogie zu SOS1 -, daß die Variablen eines SOS2 innerhalb des COLUMNS-Abschnitts unmittelbar aufeinander folgen, dann genügt es, den Namen der ersten und der letzten SOS2-Variablen bzgl. der Reihenfolge im COLUMNS-Abschnitt anzugeben. Die genaue Beschreibung der SOS2-Karte ist in Anhang A enthalten.

7.2.2.2 Modellösung und Interpretation der von einem Standardprogrammpaket erzeugten Druckausgabe

Bei Verwendung der in Kapitel 3.1.1 Abb. 3-1 angeführten Bezeichnungen ergibt sich für Modell 7-9 (Beispiel 15) das MPS-Tableau in Abb. 7-14.

Verwendet man in der NAME-Karte als Identifikation "SOS2", dann erhält man zu dem MPS-Tableau aus Abb. 7-14 das in Abb. 7-15 wiedergegebene MPS-Datendeck.

Die die Lösungen betreffenden Sektionen CONSTRAINTS, COLUMNS und MIXINT NODE LOG sind in den Abb. 7-16 und 7-17 dargestellt.

	M1	M2	X0	X1	X2	X3	X4	X5	Typ	RS
ZIEL	0.22			1	2	3	4	5	Min.	
R1	1	1							=	20
R2	1								≤	10
R3		1							≤	17
R4		1		-1	-4	-9	-16	-25	=	0
R5			1	1	1	1	1	1	=	1
BD			SOS2							

Abb. 7-14: MPS-Tableau zu Modell 7-9 (Beispiel 15)

```
NAME                SOS2
ROWS
   N ZIEL
   E R1
   L R2
   L R3
   E R4
   E R5
COLUMNS
     M1          ZIEL          0.22
     M1          R1            1.              R2            1.
     M2          R1            1.              R3            1.
     M2          R4            1.
     X0          R5            1.
     X1          ZIEL          1.
     X1          R4           -1.              R5            1.
     X2          ZIEL          2.
     X2          R4           -4.              R5            1.
     X3          ZIEL          3.
     X3          R4           -9.              R5            1.
     X4          ZIEL          4.
     X4          R4          -16.              R5            1.
     X5          ZIEL          5.
     X5          R4          -25.              R5            1.
RHS
     RS          R1           20.              R2           10.
     RS          R3           17.              R5            1.
BOUNDS
  S2 BD          X0                            X5
ENDATA
```

Abb. 7-15: MPS-Datendeck zu Modell 7-9 (Beispiel 15)

```
                              C O N S T R A I N T S

  PRINT OPTION = COMPLETE OUTPUT                       VALUE OF OBJECTIVE =        4.77111
NAME = SOS2        OBJ = ZIEL        RHS = RS      BND = BD      RPSOBJ =     1.0000  RPSRHS =     1.0000
DIR = MINIMIZE     COBJ =            CRHS =        RNG =         RPCHOBJ =    0.0000  RPCHRHS =    0.0000

   NUMBER      NAME      TYPE    STATUS    ROW ACTIVITY     SLACK      RHS LOWER      RHS UPPER      MARGINAL
   ------    --------    ----   --------   ------------   ---------   ------------   ------------   ----------

      1    ZIEL         FR      SLACK        4.77111      -4.77111     -INF           +INF             .
      2    R1           EQ      BINDING     20.00000          .        20.00000       20.00000       -.22000
      3    R2           LE      SLACK        3.00000       7.00000     -INF           10.00000          .
      4    R3           LE      BINDING     17.00000          .        -INF           17.00000        .10889
      5    R4           EQ      BINDING          .            .            .              .           .11111
      6    R5           EQ      BINDING      1.00000          .         1.00000        1.00000       -2.22222


                               C O L U M N S                                                              - 326 -

  PRINT OPTION = COMPLETE OUTPUT                       VALUE OF OBJECTIVE =        4.77111
NAME = SOS2        OBJ = ZIEL        RHS = RS      BND = BD      RPSOBJ =     1.0000  RPSRHS =     1.0000
DIR = MINIMIZE     COBJ =            CRHS =        RNG =         RPCHOBJ =    0.0000  RPCHRHS =    0.0000

   NUMBER      NAME      TYPE    STATUS    COL ACTIVITY     OBJ COEF    BND LOWER      BND UPPER      MARGINAL
   ------    --------    ----   --------   ------------   ---------   ------------   ------------   ----------

      1    M1           PL      ACTIVE       3.00000        .22000        .           +INF             .
      2    M2           PL      ACTIVE      17.00000          .           .           +INF             .

           ***** SPECIAL ORDERED SET TYPE 2 START
      3    X0           S2      LOWER            .            .           .           +INF         -2.22222  ARB SOS MB
      4    X1           S2      LOWER            .         1.00000        .           +INF         -1.33333  ARB SOS MB
      5    X2           S2      LOWER            .         2.00000        .           +INF          -.66667  ARB SOS MB
      6    X3           S2      LOWER            .         3.00000        .           +INF          -.22222  ARB SOS MB
      7    X4           S2      ACTIVE        .88889      4.00000        .           +INF             .
      8    X5           S2      ACTIVE        .11111      5.00000        .           +INF             .
           ***** SPECIAL ORDERED SET TYPE 2 END
```

Abb. 7-16: OUTPUT REPORT
CONSTRAINTS und COLUMNS zu Modell 7-9 (Beispiel 15)

	PARENT				OBJECTIVE	SUM OF	- - - - - - - SEPARATION VARIABLE - - - - - - -			
NODE NO.	NODE NO.	ARB. DIR.	STATUS	FUNCTION VALUE		FRACTIONS	- TYPE	NUMBER	LOWER LIMIT	UPPER LIMIT -
1	0		DEVELOPED	-4.050000		.320				
2	1	DOWN	INFEASIBLE	-.062500		.320	SOS(2)	3	1	4
3	1	UP	DEVELOPED	-4.650000		.500	SOS(2)	3	4	6
4	3	UP	INTEGER	-4.771111		0.000	SOS(2)	3	5	6

```
INTEGER SOLUTION NUMBER     1
   IS WITHIN          .000 UNITS (   .00 PER CENT) OF OPTIMUM
CANNOT FIND ANY BETTER INTEGER SOLUTION
INTEGER SOLUTION FOUND AT NODE     4, WITH FUNCTIONAL VALUE          -4.771111,
   IS ASSUMED OPTIMAL
```

Abb. 7-17: OUTPUT REPORT
MIXINT NODE LOG zu Modell 7-9 (Beispiel 15)

Für die Lösung von Beispiel 15 ergibt sich somit:

Optimalwert der Zielfunktion

4.77111

Optimalwerte der Problemvariablen

M1 = 3
M2 = 17

Optimalwerte der SOS2-Variablen

X0 = 0
X1 = 0
X2 = 0
X3 = 0
X4 = 0.88889
X5 = 0.11111.

Wie bereits die SOS(1), so sind auch die SOS(2) - der besseren Übersicht wegen - besonders gekennzeichnet.

Der zugehörige Entscheidungsbaum ergibt sich aus dem MIXINT NODE LOG bei Interpretation der Angaben unter SEPARATION VARIABLE entsprechend den Ausführungen von Kapitel 7.2.1.2:

. TYPE   SOS(2)

. NUMBER   Nummer der ersten Variablen des SOS(2), entsprechend
                         der ersten Reihenfolge im COLUMNS-Abschnitt, wodurch
                         eine Identifikation verschiedener SOS(2) gegeben
                         ist.

. LOWER LIMIT   Nummer der ersten bzw. letzten Variablen, die bzgl.
  UPPER LIMIT   des durch NUMBER gegebenen SOS(2) einen Wert un-
                         gleich Null annehmen darf, die übrigen Variablen des
                         SOS(2) erhalten den Wert Null; die Reihenfolge der
                         Variablen ist durch den COLUMNS-Abschnitt festge-
                         legt.

Nach diesen Erläuterungen ergibt sich der zugehörige Entscheidungsbaum wie folgt:

Für das Ursprungsproblem, das mit P_1 bezeichnet ist, liefert die zugehörige Relaxation den Zielfunktionswert

z = 4.06.

Die entsprechende Lösung ist unzulässig, was durch STATUS gleich DEVELOPED zum Ausdruck kommt. Das Problem P_2 entsteht aus P_1 dadurch, daß man in dem SOS(2) - die erste Variable dieses SOS(2) ist die dritte Variable des CO-LUMNS-Abschnitts - lediglich den ersten vier Variablen, d.h. x_0, x_1, x_2 und x_3, gestattet, einen Wert ungleich Null anzunehmen; man erreicht das dadurch, daß man zu P_1 die Restriktionen

$$x_4 = x_5 = 0$$

hinzufügt.

Dieses Problem ist nicht lösbar, was durch STATUS gleich INFEASIBLE zum Ausdruck kommt. Problem P_3 entsteht aus P_1 dadurch, daß lediglich die vierte bis sechste Variable, d.h. x_3, x_4 und x_5 einen Wert ungleich Null annehmen dürfen; zu diesem Zweck erweitert man P_1 durch die Restriktionen

$$x_0 = x_1 = x_2 = 0.$$

Die zugehörige Relaxation liefert den Zielfunktionswert

$$z = 4.66.$$

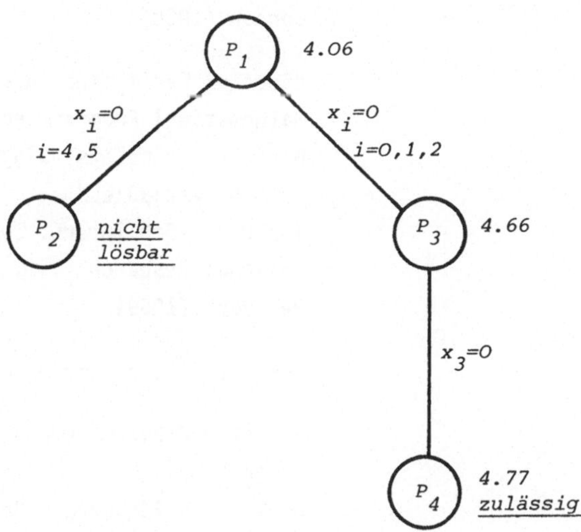

Abb. 7-18: Entscheidungsbaum zur Lösung von Modell 7-9 (Beispiel 15) nach den Angaben der Sektion MIXINT NODE LOG aus Abb. 7-17

Wegen STATUS gleich DEVELOPED ist diese Lösung unzulässig. Problem P_4 entsteht aus Problem P_3 dadurch, daß lediglich die fünfte und sechste Variable, d.h. x_4 und x_5 einen Wert ungleich Null annehmen können. Problem P_4 ergibt sich somit aus P_3 durch Anfügen der Restriktion

$$x_3 = 0.$$

Die zugehörige Relaxation liefert den Zielfunktionswert

$$z = 4.7711$$

sowie - wegen STATUS gleich INTEGER - eine zulässige Lösung. Wie bereits bei der gemischt ganzzahligen Optimierung sowie den SOS(1) konnten auch hier - aufgrund subtilerer Untersuchungen - weitere Separationen von vornherein ausgeschlossen werden.

Der gesamte Entscheidungsbaum ist in Abb. 7-18 wiedergegeben.

7.3 Literatur

Beale, E.M.L.   "Mathematical Programming in Practice"
London (1968)

Beale, E.M.L.
Tomlin, J.A.   "Special Facilities in a General Mathematical Programming System for Nonconvex Problems using ordered Sets of Variables"
In: Proc. 5th Intern. Conf. on Operational Research
New York (1969)

CDC (Hrsg.)   "APEX-III Reference Manual"

Dantzig, J.B.   "Lineare Programmierung und Erweiterungen"
Berlin - Heidelberg - New York (1966)

IBM (Hrsg.)   "IBM Mathematical Programming System Extended/370 (MPSX/370), Program Reference Manual"

Tomlin, J.A.   "Branch and Bound Methods for Integer

- 331 -

and Non-convex Programming"
In: J. Abadie (Hrsg.) "Integer and
Nonlinear Programming"
Amsterdam - London (1970)

UNIVAC (Hrsg.)   "Functional Mathematical Programming System - Users Reference
Manual"

Anhang A

Beschreibung des MPS-Formats

Bei der nachfolgenden Beschreibung werden nicht benutzbare Spalten schraffiert gekennzeichnet.

NAME-Abschnitt

Die NAME-Karte ist die erste Abschnittskarte des MPS-Datendecks und dient zu dessen Identifikation.

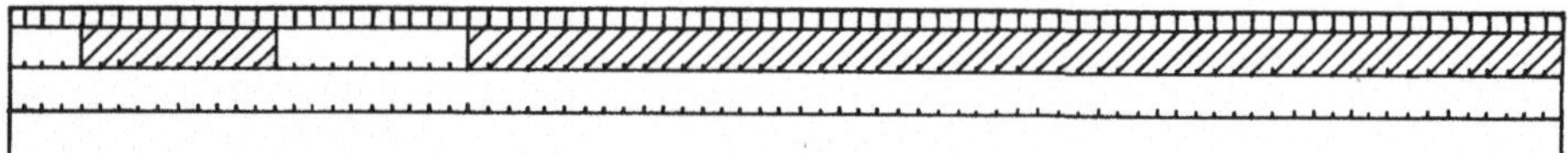

Abb. A-1: NAME-Karte

> *Sp.   1- 4:   NAME*
> *15-24:   Problembezeichnung*

Zusätzliche Datenkarten enthält dieser erste Abschnitt nicht.

ROWS-Abschnitt

Die ROWS-Karte ist die zweite Abschnittskarte des MPS-Datendecks.

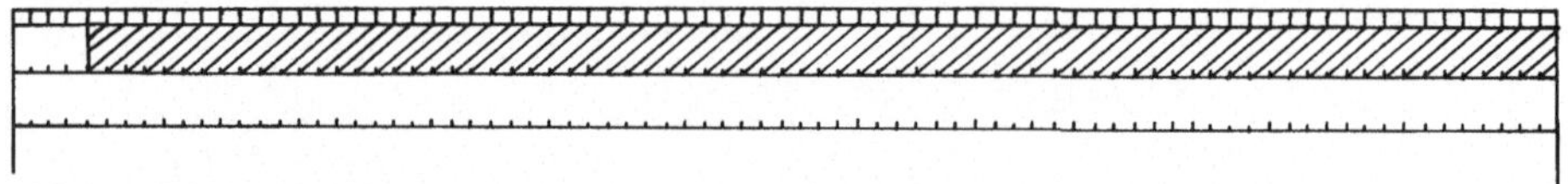

Abb. A-2: ROWS-Karte

> *Sp.   1- 4:   ROWS*

Die nachfolgenden Datenkarten enthalten Angaben über Namen und Typ der Restriktionszeilen.

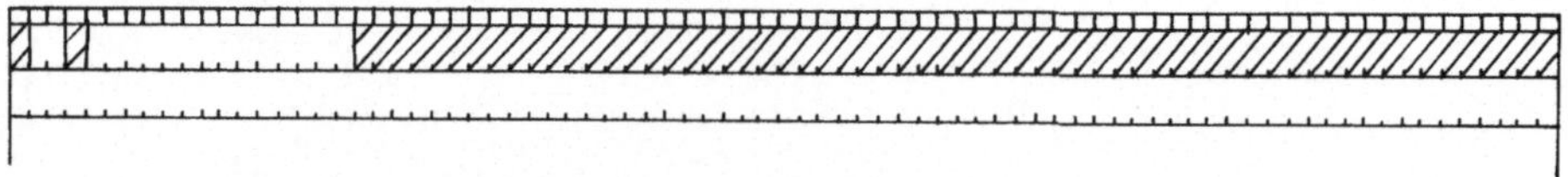

Abb. A-3: Datenkarte des ROWS-Abschnitts

> *Sp.   2- 3:   N Zielfunktion*
> *E "="-Restriktion*
> *G "≥"-Restriktion*
> *L "≤"-Restriktion*
> *5-14:   Zeilenname, d.h. Zielfunktions-*
> *bzw. Restriktionsbezeichnung*

COLUMNS-Abschnitt

Die COLUMNS-Karte ist die dritte Abschnittskarte des MPS-Datendecks.

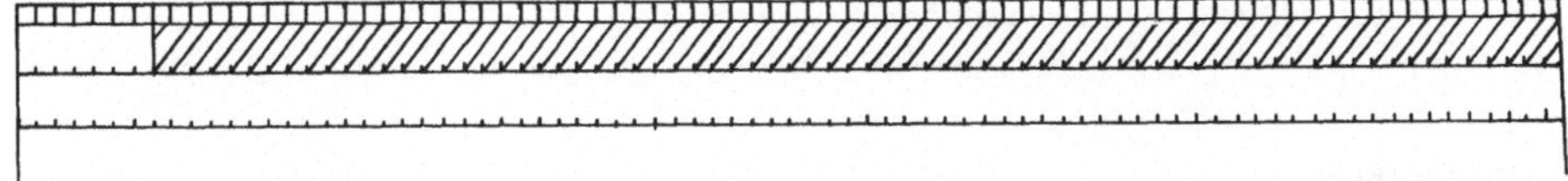

Abb. A-4: COLUMNS-Karte

> *Sp.   1- 7:   COLUMNS*

Die zugehörigen Datenkarten enthalten spaltenweise - unter Verwendung der in Kapitel 3.1.1 erläuterten Matrixnotation - die Elemente ungleich Null der Zielfunktion und der Restriktionen.

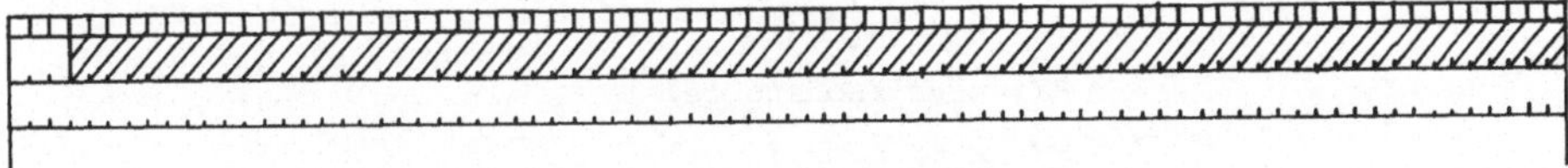

Abb. A-5: Datenkarte des COLUMNS-Abschnitts

> *Sp.   5-14:   Variablenbezeichnung*
> *15-24:   Zeilenbezeichnung*
> *25-36:   zugehöriger Wert*
> *40-49:   Zeilenbezeichnung*
> *50-61:   zugehöriger Wert*

Eine solche Datenkarte des COLUMNS-Abschnitts kann also maximal zwei Koeffizienten zu ein und derselben Variablen aufnehmen.

RHS-Abschnitt

Die RHS-Karte ist die vierte Abschnittskarte des MPS-Datendecks.

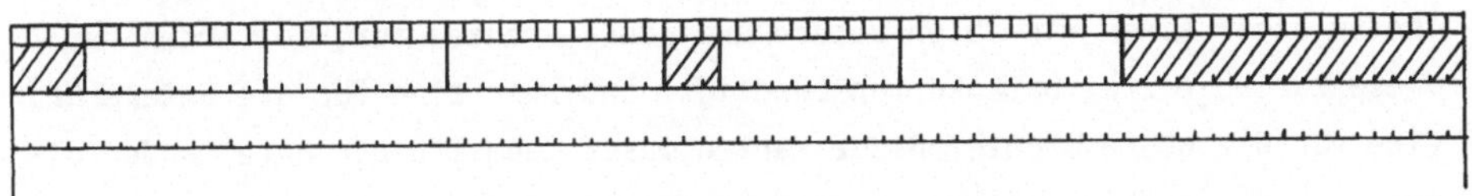

Abb. A-6: RHS-Karte

> *Sp.   1- 3:   RHS*

Die zugehörigen Datenkarten enthalten - analog den Datenkarten des COLUMNS-Abschnitts - Angaben über die rechten Seiten der Restriktionen.

Abb. A-7: Datenkarte des RHS-Abschnitts

Sp.   5-14:   Bezeichnung der rechten Seite
15-24:   Zeilenbezeichnung
25-36:   zugehöriger Wert
40-49:   Zeilenbezeichnung
50-61:   zugehöriger Wert

BOUNDS-Abschnitt

Die BOUNDS-Karte ist - falls Bounds auftreten - die fünfte Abschnittskarte, andernfalls tritt dieser Abschnitt nicht auf.

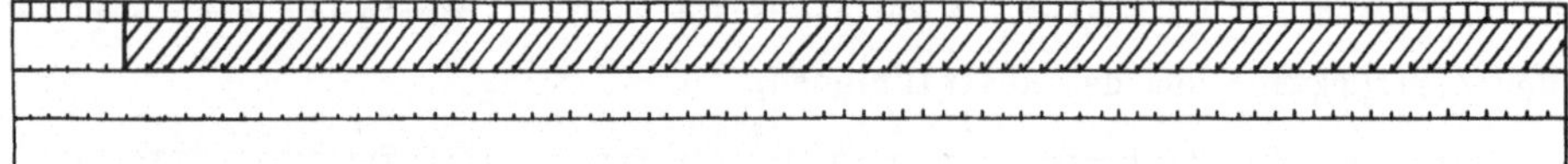

Abb. A-8: BOUNDS-Karte

Sp.   1- 6:   BOUNDS

Die entsprechenden Datenkarten enthalten Angaben über die Variablen und die Grenzen.

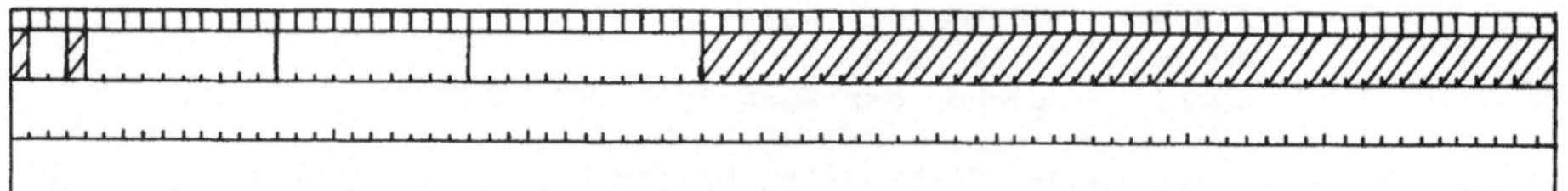

Abb. A-9: Datenkarte des BOUNDS-Abschnitts

Sp.   2- 3:   PL $x_j \geq 0$ (Standard)
MI $x_j \leq 0$
LO $l_j \leq x_j$
UP $0 \leq x_j \leq u_j$
FR $-\infty < x_j < +\infty$
FX $x_j = c$ (Konstante)
BV $x_j = 0$ oder 1
LI $l_j \leq x_j$ und x_j ganzzahlig
UI $0 \leq x_j \leq u_j$ und x_j ganzzahlig
5-14:   Boundsbezeichnung
15-24:   Variablenbezeichnung
25-36:   zugehöriger Wert

Treten bzgl. einer Variablen untere und obere Grenzen auf, so werden für diese Variable zwei Datenkarten benötigt, und zwar eine für die untere und eine für die obere Grenze. Beide Karten müssen unmittelbar aufeinanderfolgen, wobei die Karte für die untere Grenze der Karte für die obere Grenze vorausgeht. Bzgl. ganzzahliger Variablen ist zu beachten, daß die Grenzen

l_j und u_j ganzzahlig sein müssen, und daß für jede ganzzahlige Variable mindestens eine Datenkarte benötigt wird, wobei - falls keine Bounds vorhanden sind - diese künstlich erzeugt werden müssen, etwa dadurch, daß man bei UI einen sehr großen ganzzahligen Wert vorgibt.

Darüberhinaus beinhaltet der BOUNDS-Abschnitt Angaben über Special Ordered Sets (SOS). Variablen, die zu einem SOS gehören, müssen im COLUMNS-Abschnitt unmittelbar aufeinanderfolgen. Für jedes SOS ist im BOUNDS-Abschnitt eine Karte erforderlich.

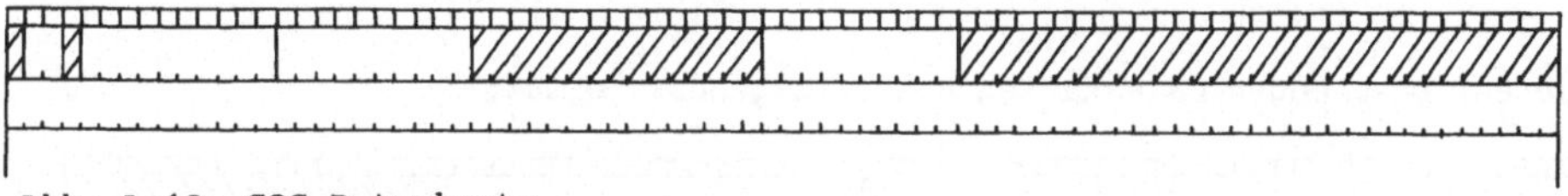

Abb. A-10: SOS-Datenkarte

Sp.   2- 3:   S1 für SOS1
S2 für SOS2
5-14:   Boundsbezeichnung
15-24:   Bezeichnung der ersten Variablen des SOS
40-49:   Bezeichnung der letzten Variablen des SOS

RANGES-Abschnitt

Die RANGES-Karte ist - falls RANGES auftreten - in Abhängigkeit vom BOUNDS-Abschnitt die fünfte oder sechste Abschnittskarte; sind keine RANGES vorhanden, so tritt dieser Abschnitt nicht auf.

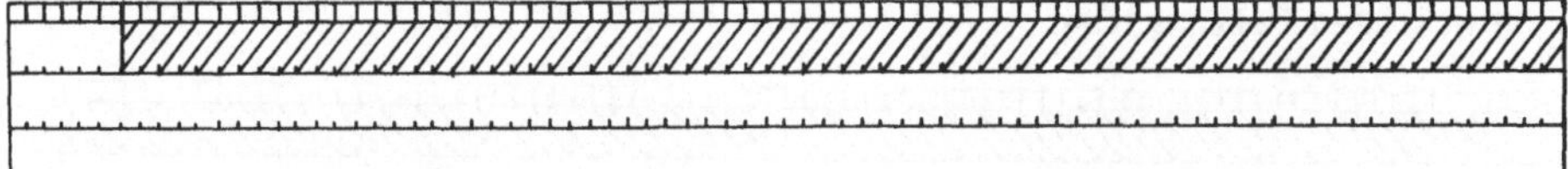

Abb. A-11: RANGES-Karte

Sp.   1- 6:   RANGES

Aus

$$l_i \leq \sum_{j=1}^{n} a_{ij} x_j \leq u_i$$

entnimmt man

$$r_i = u_i - l_i$$

als den Range der Restriktion. Der Wert u_i bzw. l_i ist im RHS-Abschnitt aufgeführt, der Rangewert r_i wird im RANGES-Abschnitt spezifiziert. Bezeichnet b_i den im RHS-Abschnitt angegebenen Wert, dann ist der Range in Abhängigkeit von r_i und vom Restriktionstyp wie folgt definiert:

Restrik-tionstyp	Vorzeichen von r_i	untere rechte Seite	obere rechte Seite
G ($\geq$)	+ bzw. -	b_i	$b_i + /r_i/$
L ($\leq$)	+ bzw. -	$b_i - /r_i/$	b_i
E (=)	+	b_i	$b_i + /r_i/$
E (=)	-	$b_i - /r_i/$	b_i

Die entsprechenden Datenkarten haben folgendes Format:

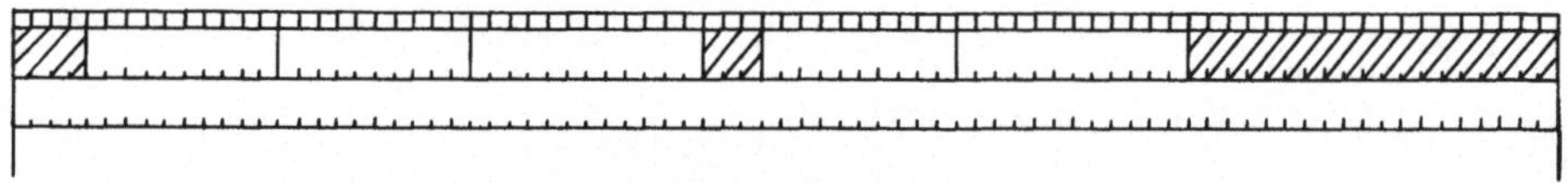

Abb. A-12: Datenkarte des RANGES-Abschnitts

    Sp.   5-14: Rangesbezeichnung
          15-24: Zeilenbezeichnung
          25-36: zugehöriger Rangewert
          40-49: Zeilenbezeichnung
          50-61: zugehöriger Rangewert

ENDATA-Abschnitt

Die ENDATA-Karte ist die letzte Abschnittskarte des Datendecks; ihr folgen keine weiteren Datenkarten.

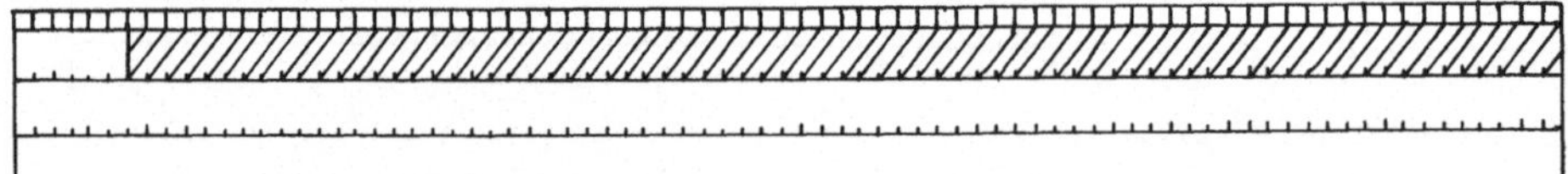

Abb. A-13: ENDATA-Karte

    Sp.   1- 6: ENDATA

Anhang C

Stichwortverzeichnis